人工智慧

張志勇、廖文華、石貴平、王勝石、游國忠　編著

全華圖書股份有限公司

國家圖書館出版品預行編目資料

人工智慧 / 張志勇, 廖文華, 石貴平, 王勝石,
    游國忠編著. -- 三版. -- 新北市 : 全華圖書股
份有限公司, 2023.09
    面 ； 公分
    ISBN 978-626-328-703-7(平裝)

    1.CST: 人工智慧

312.83   112014615

人工智慧

作者 / 張志勇、廖文華、石貴平、王勝石、游國忠

發行人 / 陳本源

執行編輯 / 劉暐承

封面設計 / 楊昭琅

出版者 / 全華圖書股份有限公司

郵政帳號 / 0100836-1 號

印刷者 / 宏懋打字印刷股份有限公司

圖書編號 / 0641702

三版二刷 / 2024 年 02 月

定價 / 新台幣 580 元

ISBN / 978-626-328-703-7 (平裝)

全華圖書 / www.chwa.com.tw

全華網路書店 Open Tech / www.opentech.com.tw

若您對本書有任何問題，歡迎來信指導 book@chwa.com.tw

臺北總公司(北區營業處)
地址：23671 新北市土城區忠義路 21 號
電話：(02) 2262-5666
傳真：(02) 6637-3695、6637-3696

南區營業處
地址：80769 高雄市三民區應安街 12 號
電話：(07) 381-1377
傳真：(07) 862-5562

中區營業處
地址：40256 臺中市南區樹義一巷 26 號
電話：(04) 2261-8485
傳真：(04) 3600-9806(高中職)
　　　(04) 3601-8600(大專)

推薦序 —趙涵捷校長

　　由於硬體(GPU、TPU)計算速度的進步、大數據的進展以及深度學習的技術發展，近年來人工智慧在圖像識別、自然語言處理、機器視覺及語音識別等技術的精進一日千里，也因此人工智慧已廣泛地應用在娛樂、醫療、製造、交通及機器人等領域，而人工智慧也漸漸從名詞被人們當作形容詞，代表著熱門、先進、創新、潛力與無所不能。在眾多人想更深入地一窺其奧秘的需求下，眾多相關的知識、教學影片及課程也漸漸的出現在網路與實體課程。由於這個領域涉及的知識既深且廣，較難以淺顯易懂、具邏輯思維及眾多實例的方式，一步步引導讀者融會貫通其技術、理論與工具，因此在學習上也造成了較高的門檻，使學習者不易踏入這個領域。

　　這本書可帶領讀者輕鬆的暢遊人工智慧這個領域，全書站在讀者的角度來介紹人工智慧，以概念及邏輯思考來引領讀者瞭解人工智慧的設計與原理，以應用範例來解說艱澀的理論，並以深入淺出的方式來介紹人工智慧的知識。本書的內容完整，包括應用篇、機器學習篇、深度學習篇及實務篇，以眾多的圖例來解說艱深的數理及統計理論，並以實用的技術來引領讀者進入人工智慧這個熱門的領域，適合學習者自學或是課堂教學。

　　透過這本書的知識傳達，我期望讀者能得到豐厚的收穫，也期待有更多的讀者能進入人工智慧這個領域，投入人工智慧的學術研發、產業智慧化及創新軟硬體產品的開發。

國立東華大學校長　趙涵捷

推薦序——曾煜棋院長

　　欣見張教授、廖教授、石教授、王教授、游教授團隊再度修訂「AI 人工智慧」一書內容，增定第二版，同時回應外界人工智慧發展之情況以及瓶頸，增加貼近產業應用、商品發展、生活應用內容，並且詳盡介紹最新的機器學習、深度學習相關理論以及技術，講解各大領域最新的應用，內容巧妙結合技術以及應用，並增加實作案例甚至相關影片資訊，相信對於讀者在理論思考、實務應用結合、未來省思方面，都有豐富的收穫。

國立陽明交通大學

AI 學院

曾煜棋　院長

2021.12

推薦序 —張榮貴董事長

　　人工智慧來了，人工智慧已存在我們生活周遭，我們每天接觸使用的各種應用都越來越懂你，越來越能提供貼心服務，這些都是 AI 的貼心與應用。自從 2016 年 Google 的 AlphaGo 在圍棋對弈上打敗了世界級棋王李世乭之後，人工智慧迅速地引起了人們的注意與廣泛的討論，這也加速讓人工智慧進入產業。2017 年台灣也正式宣告產業 AI 元年，從政府大力推動，創造產官學研的空前合作，共同來勾勒台灣產業 AI 化、AI 產業化的願景，我也在中華軟協擔任 AI 大數據智慧應用促進會會長，推動產業智慧應用的落地扎根，期望台灣產業能因人工智慧技術的發展而成長與獲益。推動至今 2 年多的時間，我們可以看見，舉凡在醫療、零售、娛樂、交通、教育、服務、工業製造、物流管理、安防等，幾乎各行各業均可見人工智慧著墨的痕跡，人工智慧儼然已充斥於我們的日常生活之中。

　　近年來人工智慧不僅在技術上有顯著的進步與突破，也逐漸形成一個完整的智慧應用發展產業鏈，讓產業能夠實現智慧應用來解決產業問題。但人工智慧的興起，也為我們產業帶來不小的衝擊與危機，人們在發現人工智慧技術的興起，也開始衝擊產業面貌，甚至引導產業改變與轉型。目前台灣的企業正面臨「數位轉型」的挑戰，數位轉型先行者已經創造新形態的數位服務與數位產品，產業正在改變，在這波變動中如何掌握，如何抓住轉型契機，這正是所有企業面臨的課題。這也是大家無不積極地投入人工智慧的研發，期以了解人工智慧的技術，進而提升產業的效能與競爭力。誰能掌握先機，誰就能取得領先地位，進而取得市場，將危機化為轉機並立於不敗之地，這也考驗著大家的智慧。

　　我在推動產業智慧應用時，也發現人們對於人工智慧技術的認識太少，對於人工智慧技術的本質與特性認識不足，自然就無法將人工智慧技術應用於適當的問題上，所以一本淺顯易懂的人工智慧書籍自然是各領域急迫需求的，目前市場上書籍大多是國外的翻譯書為主，一本為台灣人工智慧技術奠定基礎，貼近台灣智慧應用的書籍，也是產業急於看到的。

PREFACE

　　「人工智慧」正是適合扮演這角色，這本書從理論到實務，再到應用；從過去到現在，再到未來，深入淺出的介紹人工智慧的各個面向。透過生動活潑且貼近產業實務的例子，細膩清晰的圖片及淺顯易懂的文字說明，帶領讀者一窺人工智慧的神祕殿堂。許多人把人工智慧的運作當成一個黑盒子，常常知其然卻不知其所以然。而這本書剛好可以為你解惑，讓你更清楚人工智慧運作的原理，為你紮下紮實的基礎。

　　人工智慧技術在大家重視情況下，也因為對於人工智慧技術的認識不足，造成許多誤解以及錯誤的期待或恐懼，甚至神化了人工智慧，這些都是不必要的。就我個人心得，人工智慧技術之所以能夠創造這麼多可能，是因為人們終於有了將人類經驗系統化的技術，可以跟人一樣面對各種不同狀況，能夠學習人類經驗做出類似人的判斷與反應，這是過往資訊科技不容易做到的，現在終於有人工智慧技術可以用適當的成本來實現。要看清人工智慧本質，我們就需要好好的認識人工智慧技術，需要有人為我們揭開人工智慧的神秘面紗。而「人工智慧」這本書剛好可以滿足我們對人工智慧的追求，我們更可以透過這本書，來認清人工智慧的本質、特性及其運作。

　　「人工智慧」這本書非常適合初入人工智慧殿堂的初學者，也非常適合已經對人工智慧有初步認識，卻又想要更清楚了解人工智慧運作原理的學習者。這是一本不可多得的好書，讓我們一起進入人工智慧的殿堂。

中華軟協 AI 大數據智慧應用促進會會長
程曦資訊整合股份有限公司共同創辦人
人工智能股份有限公司董事長
工研院人工智慧應用策略諮議委員會委員
科技部「政府資料開放諮詢小組」委員

自從 2016 年 Google 的 AlphaGo 在圍棋對弈上，打敗世界級棋王之後，人工智慧迅速地引起人們的注意與廣泛的討論。至今，舉凡在醫療、娛樂、交通、教育、工業製造、物流管理等，幾乎各行各業均可見人工智慧著墨的痕跡，人工智慧儼然已悄悄地進入我們的日常生活之中，並以作詩、作畫、對答、畫漫畫、看圖說故事、玩遊戲等各種方式來表現其才華。

近年來人工智慧不僅在技術上有顯著的進步與突破，在實務應用上亦是方興未艾。人工智慧的興起，為各行各業，包括教育，帶來不小的衝擊與危機，如何將危機化為轉機並立於不敗之地，也考驗著大家的智慧。然而，當人工智慧被過於炒作時，許多光怪陸離、千奇百怪的說法紛紛出現，對人工智慧產生誤解及錯誤的期待或恐懼，甚至神化了人工智慧。因此，莘莘學子以正確的方式、積極的態度及有效的途徑來認識人工智慧，揭開人工智慧的神秘面紗，是當務之急。「人工智慧」這本書恰巧可以滿足我們對人工智慧的好奇心，對於有興趣的讀者，更可以透過這本書，深入淺出地進一步瞭解人工智慧的觀念、技術、理論、平台工具與產業應用。

這本書是由幾位師兄弟所合著，由於平日一同參加研究生的Meeting，不斷地透過討論、分享、舉例、驗證、問答攻防與交流等各種方式，將人工智慧的知識從點到線到面，逐步為參與 Meeting 的研究生，建構其人工智慧的知識體系，並以各種易懂的範例及觀念來嘗試詮釋艱澀的理論與計算。因緣際會，透過全華圖書的楊素華副理熱情邀請，因此師兄弟們決定全力投入撰寫這本書。本書共計有六個單元，包括人工智慧起源、應用篇、機器學習篇、深度學習篇、實務篇及人工智慧的未來與挑戰。這本書的完成，除了五位作者付出大量的時間與努力外，還需要感謝實驗室中的研究生，少了他們的協助，本書的出版便無法如期完成。

　　透過這本書的知識傳達，希望讀者能夠熟悉人工智慧的運作原理，並能掌握人工智慧的技術發展與產業應用，共同為人們的未來打造更優質的生活。

　　　　　　　　　　　　　　張志勇、廖文華、石貴平、王勝石、游國忠

作者簡介

張志勇教授

淡江大學資訊工程系特聘教授，畢業於中央大學資訊工程系取得博士學位。專長領域為物聯網、人工智慧與數據分析、健康照護等。出版全臺灣第一本《物聯網概論》的書籍，其物聯網作品多次受各電視、報紙、電台與數位媒體報導，並常受邀於科技類雜誌專稿發表物聯網相關評論，指導學生參加經濟部 AIGO 競賽獲全台灣第一名。

廖文華教授

國立台北商業大學資訊與決策科學研究所教授兼所長，中華民國資訊管理學會監事，畢業於中央大學資訊工程系取得博士學位。專長領域為物聯網、人工智慧、大數據分析、雲端運算和金融科技等。共同指導團隊參加經濟部 AIGO 競賽獲全台灣第一名。曾獲教育部「特殊優秀人才彈性薪資」和科技部「獎勵特殊優秀人才」的獎勵。

石貴平教授

淡江大學資訊工程系教授，畢業於中央大學資訊工程系取得博士學位。專長領域為人工智慧與物聯網、無線網路與行動計算。具多年主持科技部與教育部研究計畫經驗，並獲得科技部補助特殊優秀人才，優秀年輕學者研究計畫。

王勝石教授

　　龍華科技大學電子工程系教授，畢業於淡江大學資訊工程學系取得博士學位。專長領域為無線網路、物聯網與類神經網路等。曾多次榮獲科技部「大專院校特殊優秀人才」獎勵，並執行教育部資通訊相關之人才培育計畫，以及指導學生獲得全國競賽獎項。

游國忠教授

　　淡江大學人工智慧學系教授兼系主任，於中央大學資訊工程系取得博士學位。專長領域為人工智慧、深度學習、機器學習、數據分析、影像處理、物聯網及行動通訊等。指導團隊參加經濟部工業局人工智慧 AIGO 競賽獲優等獎。具多年主持科技部與教育部研究計畫經驗。

編輯部序

「系統編輯」是我們編輯方針,我們所提供給您的,絕不只是一本書,而是關於這門學問的所有知識,它們由淺入深,循序漸進。

人工智慧相關的議題歷史悠久,本書將詳盡敘述人工智慧過往的發展和遇到的瓶頸,並說明近年來為何又開始一波新的熱潮,在這波熱潮中,本書內容貼近產業應用,說明 AI 如何應用在各大產業、服務以及新商品與革新。此外,本書亦透過 AI 技術的發展與創新,引導讀者瞭解,隨著人工智慧持續發展,AI 對人們的未來生活可能帶來衝擊與影響。

本書巧妙的運用範例、圖例講解人工智慧的理論與技術,使理論架構變得淺顯易懂,不再因為艱澀難懂的數學公式抹滅了學習的興趣及成就。共有六個單元,包括人工智慧起源、應用篇、機器學習篇、深度學習篇、實務篇及人工智慧的未來與挑戰。

書中的部分圖片可用 QR Code 掃描觀看,以方便讀者辨別彩圖內的說明。

同時,為了使您能有系統且循序漸進研習相關方面的叢書,我們以流程圖方式,列出各有關圖書的閱讀順序,以減少您研習此門學問的摸索時間,並能對這門學問有完整的知識。若您在這方面有任何問題,歡迎來函連繫,我們將竭誠為您服務。

相關叢書介紹

書號：06148
書名：人工智慧－現代方法(附部份內容光碟)
編著：歐崇明.時文中.陳 龍

書號：06453
書名：深度學習－硬體設計
編著：劉峻誠.羅明健

書號：06487
書名：強化學習導論
編著：邱偉育

書號：05239
書名：模糊理論及其應用(精裝本)
編著：李允中.王小璠.蘇木春

書號：19412
書名：量子科技入門
編著：鴻海教育基金會.黃琮暐
　　　余怡青.陳宏斌.鄭宜帆

書號：06442
書名：深度學習－從入門到實戰
　　　(使用 MATLAB)(附範例光碟)
編著：郭至恩

書號：06492
書名：深度學習－使用TensorFlow 2.x
編著：莊啓宏

流程圖

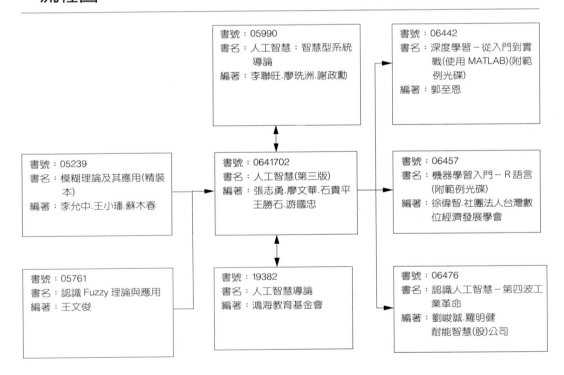

書號：05990
書名：人工智慧：智慧型系統導論
編著：李聯旺.廖珧洲.謝政勳

書號：06442
書名：深度學習－從入門到實戰(使用 MATLAB)(附範例光碟)
編著：郭至恩

書號：05239
書名：模糊理論及其應用(精裝本)
編著：李允中.王小璠.蘇木春

書號：0641702
書名：人工智慧(第三版)
編著：張志勇.廖文華.石貴平
　　　王勝石.游國忠

書號：06457
書名：機器學習入門－R語言(附範例光碟)
編著：徐偉智.社團法人台灣數位經濟發展學會

書號：05761
書名：認識 Fuzzy 理論與應用
編著：王文俊

書號：19382
書名：人工智慧導論
編著：鴻海教育基金會

書號：06476
書名：認識人工智慧－第四波工業革命
編著：劉峻誠.羅明健
　　　耐能智慧(股)公司

CHWA
TECHNOLOGY

目 錄

1 人工智慧起源   **1**

1-1 遍地開花的人工智慧 1

1-2 人工智慧的發展 10

1-3 人工智慧@臺灣 21

1-4 AI 創造的未來生活 24

參考資料 27

2 應用篇   **29**

2-1 影像處理 29

2-2 自然語言處理 36

2-3 邏輯推理 50

2-4 推薦系統 55

2-5 疾病預測與醫療 62

3 機器學習篇   **65**

3-1 建置 Python 開發環境 65

3-2 機器學習簡介(Introduction to Machine Learning) 72

3-3 機器學習演算法 82

目錄

4 **深度學習篇** **131**

4-1 深度學習簡介(Introduction to Deep Learning) 131

4-2 卷積神經網路(Convolution Neural Network, CNN) 140

4-3 類神經網路的學習方式(Artificial Neural Network, ANN)........... 174

4-4 遞歸神經網路(Recurrent Neural Network, RNN) 197

4-5 自編碼網路(Autoencoder Network, AE) 226

4-6 生成對抗網路(Generative Adversarial Network, GAN) 238

5 **實務篇** **245**

5-1 人工智慧實務應用-電腦視覺 245

5-2 人工智慧實務應用-自然語言處理 270

6 **人工智慧的未來與挑戰** **315**

6-1 人工智慧未來趨勢 316

6-2 人工智慧省思與挑戰 334

附錄 習題 **A-1**

習題 A-1

人工智慧起源

1

人工智慧(Artificial Intelligence, AI)真的來了！自從 2016 年 AlphaGo 打敗人類的那一刻起，人工智慧不再只是實驗室的研究對象，儼然成為全球新趨勢，再加上物聯網(Internet of Things, IoT)和大數據(Big Data)的推波助瀾，更加速了人工智慧的發展，進而創造出人工智慧在全球應用百家齊放的榮景。本書一開始先提到這幾年各式各樣的人工智慧應用，接著說明人工智慧的演進及人工智慧在臺灣的發展，最後以一個簡單的情節勾勒未來可能實現的 AI 生活。

1-1　遍地開花的人工智慧

● AlphaGo 電腦戰勝人腦

圍棋這棋藝遊戲相信大家都不陌生，規則雖簡單，但玩法千變萬化，難度遠超過西洋棋，被視為世界上最複雜的棋盤遊戲。雖然 1997 年 IBM 的超級電腦「深藍」曾擊敗世界西洋棋棋王，但要讓電腦可以進行圍棋對局且獲勝，並不是件容易的事情。然而在 2016 年，具備 AI 能力的 AlphaGo 於圍棋人機大戰中以 4:1 戰勝韓國職業棋士李世乭，隔年更以 3:0 完勝世界圍棋冠軍中國棋士柯潔。AlphaGo 使用人工智慧的深度學習架構，透過兩個獨立的神經網路來判斷對手最有可能下棋的位置，以及自己下

棋在某個位置的勝率，這兩場經典棋賽無疑宣告機器的思考能力已可超越人類大腦的思考能力，也為人工智慧帶來無限想像空間，圖 1-1 即為【人機大戰】史上的重要里程碑，具人工智慧之機器人所展現的能力，確實帶給人類相當大的震撼。

相關影片

人機大戰史！
AlphaGo 4 比 1
大勝棋王李世乭

◎ 圖 1-1　人工智慧在下棋方面的傑出表現

● **iPhone 手機辨識人臉**

　　iPhone 不斷的推陳出新，其中 2017 年所發表的 iPhone X 手機中搭載 Face ID 人臉辨識系統，主要用於進行身分驗證，可應用在手機解鎖上。Face ID 的運作靠的是人工智慧技術，也是採用深度學習架構。手機事先透過紀錄用戶的臉部進行訓練，並取得用戶的臉部特徵，當臉部靠近手機時，手機會先判斷是否為臉部，若為臉部，則接下來會進行辨識，以判斷是否為手機用戶。由於 iPhone X 手機採用具有神經網路引擎的先進仿生晶片，因此有能力可以處理臉部判別及人臉辨識的複雜程序。由於人臉辨識帶來的便利性與高安全性，華碩、三星、Google、HTC、小米、華為、OPPO 及 VIVO 等手機大廠，也陸續發表支援人臉辨識功能的智慧型手機。

● **AI 智慧金融客服**

隨著資通訊科技的進步、手機的普及和社群媒體的蓬勃發展，我們可以透過與 AI 聊天機器人(Chatbot)互動取得多元化金融服務資訊。玉山銀行於 2017 年推出國內第一個建置在 LINE 和 Facebook 的「玉山小 i 隨身金融顧問」，成爲國內人工智慧應用在金融科技領域的重要里程碑。

玉山小 i 的對話能力佳，與其對話彷彿跟眞人對話一樣，以貸款服務爲例，玉山小 i 會透過問答方式取得客戶的基本資料，並即時計算出可貸款額度、貸款利率等資訊，若客戶確定申請貸款，則可以直接在玉山小 i 上留下資訊，跟專員直接聯繫後續的作業。如果想要申辦信用卡，民衆可以先提供自己辦卡的需求，例如：現金回饋、休閒旅遊、百貨公司消費等，接著玉山小 i 會立刻推薦最佳信用卡，並可透過介面上的簡單操作就可進行線上辦卡。

玉山小 i 是玉山銀行與 IBM 共同合作的產品，它採用了機器學習技術，透過不斷的訓練讓自己變的更聰明，此外也採用語意分析技術使自己能理解顧客的問題，並給予正確且適當的回覆。除了玉山小 i 外，台新銀行推出「Rose」、中國信託銀行推出「小 C」以及國泰世華銀行推出「阿發」等智能客服機器人，均爲 AI 在金融領域應用開創嶄新的一頁，圖 1-2 即爲一些銀行所使用的 AI 聊天機器人。

相關影片

具有 AI 能力的玉山小 i 金融顧問

◎ 圖 1-2　人工智慧應用在臺灣各大銀行的智能客服

● **AI 智慧音箱**

隨著科技的進步，人們的生活越來越便利，語音控制的需求愈趨強烈，因而造就智慧音箱的誕生，例如 2014 年推出的 Amazon Echo、2016 年推出 Google Home、2017 年推出的小米 AI 智慧音箱，以及 2018 年推出的 Apple HomePod，如圖 1-3 所示。智慧音箱除了可以根據我們所在位置和環境狀況聰明的調節音量外，它同時也是一個智慧型語音助理，人們可以透過語音與智慧音箱互動，讓它撥放音樂、打電話、講故事、提供新聞資訊或購物等，目前在智慧家庭的應用上扮演了很重要的角色。AI 智慧音箱主要導入了語音辨識及自然語言處理等核心技術，並透過深度學習方式訓練大量的數據，因此可以和人們進行有效的溝通。

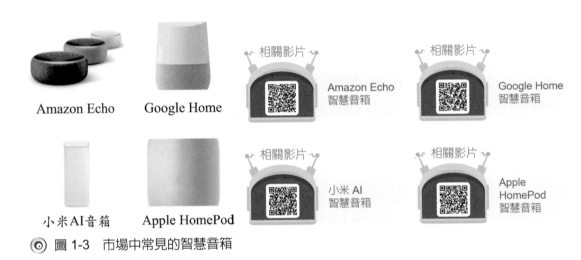

◎ 圖 1-3　市場中常見的智慧音箱

● **微軟小冰主持和創作**

機器人也可以寫詩、寫歌、唱歌和主持節目喔！微軟在 2014 年推出稱為「小冰」的 AI 聊天機器人，經過幾代的演進，從一開始的主持節目，一直到近期已經可以和人們打電話聊天。小冰可透過文字和語音與人類對話，值得一提的是小冰說話時語句平順，很貼近一般人的說話口氣。小冰在中國主持了好幾個節目，包括擔任天氣報導主播，以及直播新聞等，此外，小冰也會唱歌唷！它和馬來西亞歌手四葉草合唱的《好想你》便是人類和 AI 機器人合唱的創舉。另外，看圖寫詩也是小冰的專長，2017 年小冰出版自己的創作詩集《陽光失了玻璃窗》，如圖 1-4 所示。小冰的創作能力來自於學習以往多位詩人的作品，並使用圖像辨識、神經網路、自然語言處理等人工智慧技術。

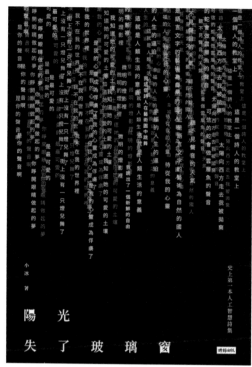

相關影片

微軟小冰和四葉草合唱《好想你》

◎ 圖 1-4　微軟以人工智慧所創作的小冰詩集

(資料來源：https://www.kingstone.com.tw/new/basic/2018510234400/)

● Amazon 無人商店

　　全球電商龍頭 Amazon 提出無人商店的概念，並於 2018 年在美國西雅圖正式對外營運。這個稱為 Amazon Go 的無人商店運用人工智慧技術，並搭配攝影機和傳感器等設備，可自動追蹤顧客在商店內的消費行為，包含從貨架取出或放回商品、商品種類及顧客移動路徑等。其中貨架商品識別和顧客取/放商品的動作辨識則是高度依賴人工智慧的深度學習技術。此外，美國跨國零售企業沃爾瑪 (Walmart)也於 2019 年在美國紐約推出人工智慧零售店，

相關影片

Amazon Go 無人商店

相關影片

Walmart 未來商店 IRL

稱為智慧零售實驗室(Intelligence Retail Labs，簡稱 IRL)，與 Amazon Go 一樣，IRL 中也安裝相機，但不同的是 IRL 使用相機的目的是監視貨架上商品的庫存狀況，以便及時通知服務人員進行補貨，或是更換放置過久的商品(例如：生鮮食品)。另外，Walmart 還希望利用人工智慧來判斷商品是否被擺錯貨架，以及商店入口處的購物車數量是否足夠。

● Google 無人車上路

　　說到自動駕駛，大家都會直接聯想到特斯拉(Tesla)吧？但你知道其實特斯拉並不是完全的自動駕駛嗎？它只有在特殊情況下(例如：高速公路)才能自動駕駛。為了發展自動駕駛汽車，Google 在 2009 年開始一個稱為 Waymo 的計畫，研發出來的無人駕駛汽車於 2012 年取得一張合法車牌，2016 年 Waymo 從 Google 獨立出來成為一家自動駕駛汽車公司。為了減少因錯誤辨識造成的事故，自駕車必須能夠自主辨識車輛、行人、號誌、樹木及障礙物的能力，Waymo 便是利用神經網路所建構的人工智慧模型完成這些工作，甚至預測其他駕駛者的行為以決定自己接下來的行為(例如：鬆開油門踏板降低車速、改變行駛方向等)。Waymo 已於 2017 年正式商業化，在美國進行有限度的載客，至 2018 年底也推出自駕叫車服務 Waymo One，圖 1-5 說明 Waymo 自駕車主要元件的運作和功能。

相關影片

親身體驗
Google 自駕車

Waymo 的三個激光雷達系統之一，可發射激光，使汽車可以看到周圍的環境。這個激光雷達可以檢測到兩個足球場的大小。

前置攝像頭與汽車周圍的其他 8 個攝像頭配合使用，可提供360度的視野

雷達傳感器可以檢測雨、蛙或雪中的物體

Waymo 的自動駕駛傳感器牢固的裝進由 Fiat Chrysler 製造的混合動力小型廂型車中

◎ 圖 1-5　Google 推出的自動駕駛車

● 天網智能監控系統

相關影片

天網系統強大的監控功能

　　大家有沒有想像過只要輸入某個人的照片，系統馬上就可以鎖定到他的位置，並顯示在畫面上，這種以往只能在電影出現的情節已經實現在我們的生活中。中國已經在全國 10 多個省市的火車站、飯店、商場等公眾場所，以及地鐵、巴士、計程車等交通工具架設近 2 億個監視器，並利用人臉辨識等人工智慧技術建立一個稱為「天網」的全國監控系統。值得一提的

是在 2018 年張學友演唱會現場，公安逮捕好幾十名的逃犯，此乃因為演唱會的入口都有裝設監視器，所有參加演唱會的人都被拍下來，天網系統將這些人臉與資料庫資料做比對，因此只要有通緝犯經過監視器的拍攝範圍，馬上就會被系統發現。一位外國記者為了挑戰天網系統的能力而進行一項實驗，結果記者約七分鐘後就被公安攔下，這是因為天網系統具備強大的臉部辨識能力，以及快速的處理能力。

● **AI 廚師烹飪**

機器人搬運貨物甚至煮咖啡已經不稀奇了！日本豪斯登堡於 2018 年正式引進一種稱為 Octo Chef 的自動化機器人攤車(如圖 1-6)，希望透過 Octo Chef 幫遊客烹煮美味的章魚燒來創造差異化以吸引遊客，並精簡人力。其實要製作好吃的章魚燒頗有難度，原因在於表皮熟度會影響成品的口感及風味，要準確拿捏翻面時間點便成為章魚燒製作過程的關鍵步驟。Octo Chef 以人工智慧學習章魚燒的製作過程，利用機器手臂將需要的麵糊注入章魚燒鐵模中進行烹煮，烹煮過程透過鏡頭擷取食品的圖像，並運用深度學習的圖像識別技術檢查章魚燒的熟度，並決定適當的翻面時間。Octo Chef 是由日本 Connected Robotics 公司所研發的 AI 機器人，除了 Octo Chef，該公司也研發出可製作冰淇淋的機器人，以及可製作炸雞塊等炸物的烹飪機器人，如圖 1-7 所示。

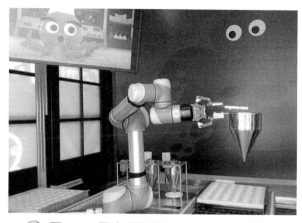

◎ 圖 1-6 日本豪斯登堡內的章魚燒機器人
(資料來源：https://www.huistenbosch.co.jp/aboutus/pdf/180719_htb08.pdf)

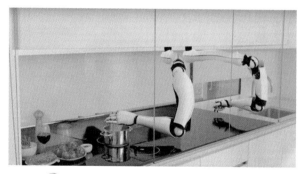

◎ 圖 1-7 人工智慧應用在食物烹飪
(出處：https://kknews.cc/tech/e9nqqeq.html)

相關影片

Octo Chef 機器人製作章魚燒

相關影片

製作冰淇淋的機器人

相關影片

調理炸物的機器人

● **麥當勞得來速點餐**

　　不論是麥當勞或星巴克的得來速(Drive-Thru)，還是肯德基的點餐車道，目的都是為了讓顧客可以不用花費尋找停車位的時間並步入店內，便可以快速取得餐點。不過大家應該有這樣的經驗，點餐車道常在用餐時段或是假日時大排長龍，原因可能是顧客不熟悉餐點商品、付款找零或是服務人員做促銷，以致於每輛車的服務過長。以麥當勞為例，他們正打算把語音辨識技術導入得來速服務中，顧客對著具有語音辨識的電子看板點自己想要的東西(如圖 1-8)，這樣可以減少顧客等待的時間，進而大幅縮短點餐時間，也可以節省員工的工作量，對公司和顧客來說算是雙贏的模式[1]。目前也在測試讓電子看板充分利用機器學習技術，可以彙整以往的商品銷售數據、天氣、當地交通等資訊，並推薦顧客當下適合的餐點。例如：寒冷的日子裡，它會建議顧客來一杯熱騰騰的拿鐵咖啡，當得來速大排長龍時，它會引導顧客選擇剛剛製作完成或是備餐較快的餐點。

◎ 圖 1-8　顧客在得來速的 AI 電子看板前方點餐

(資料來源：https://image.cnbcfm.com/api/v1/image/106120223-1568063945835gettyimages-1133268650.jpeg?v=1572888868&w=630&h=354)

● Google 智慧化搜尋

　　根據 SimilarWeb.com 網站的數據，Google 仍爲全球最受歡迎及使用率最高的搜尋引擎，市占率約超過 90%。身爲搜尋引擎龍頭的 Google 也隨著人工智慧的演進推出更多樣化的搜尋功能，從最早期根據使用者輸入關鍵字的文字搜尋，進一步推出使用 AI 自然語言處理技術的語音搜尋，此時使用者可以對著電腦或手機說話，裝置會將接收到的語音內容上傳到伺服器進行辨識，伺服器再根據辨識的結果進行搜尋。此外，Google 又推出圖片搜尋，這種搜尋功能也是採用人工智慧技術，並搭配圖像分析方式理解圖片中的重要項目，因此可以呈現使用者欲搜尋的圖案或文字之關聯內容的搜尋結果。圖 1-9 別呈現 Google 搜尋引擎提供之語音和圖片之智慧化搜尋功能。

◎ 圖 1-9　Google 語音搜尋和圖片搜尋之智慧化功能

1-2 人工智慧的發展

　　近年人工智慧發展最重要的一件大事便是 2016 年 Google 的 AlphaGo 戰勝韓國職業棋士，這件事震驚全球，也讓大家開始好奇，這個具備人工智慧的 AlphaGo 是怎樣誕生的呢？其實 AlphaGo 並非突然出現，它只是人工智慧發展過程中的一項產物，本書將人工智慧發展歷程概分為誕生期、成長期、重生期、進化期四個階段(如圖 1-10)，接下來，就讓我們進入時光隧道，回顧人工智慧的發展歷程吧！

相關影片

人工智慧發展史

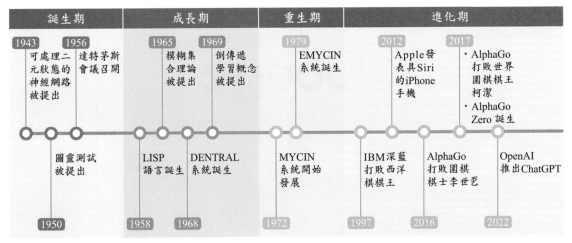

◎ 圖 1-10　人工智慧發展的重要歷程

時間軸內容：

誕生期
- 1943 可處理二元狀態的神經網路被提出
- 1956 達特茅斯會議召開
- 1950 圖靈測試被提出

成長期
- 1965 模糊集合理論被提出
- 1969 倒傳遞學習概念被提出
- 1958 LISP 語言誕生
- 1968 DENTRAL 系統誕生

重生期
- 1979 EMYCIN 系統誕生
- 1972 MYCIN 系統開始發展

進化期
- 2012 Apple 發表具 Siri 的 iPhone 手機
- 2017 ・AlphaGo 打敗世界圍棋棋王柯潔 ・AlphaGo Zero 誕生
- 1997 IBM 深藍打敗西洋棋棋王
- 2016 AlphaGo 打敗圍棋棋士李世乭
- 2022 OpenAI 推出 ChatGPT

● **誕生期**

　　談到人工智慧的發展，我們不得不提到艾倫・圖靈(Alan Turing)，他是一位英國的數學家，同時也是位科學家[2]，為了要判斷機器夠不夠聰明(也就是機器是否具有智慧)，艾倫・圖靈在 1950 年發表《機器會思考嗎？》(Can Machines Think?)的文章，提出一個稱為「圖靈測試」(Turing Test)的試驗方法[3]，這個方法主要是在判斷機器夠不夠聰明，是否具備「智慧」可跟人類進行對話，也就是說，如果一台機器能夠與人類進行對話，

◎ 圖 1-11　艾倫・圖靈(1912~1954)
(資料來源：https://en.wikipedia.org/wiki/Alan_Turing#/media/File:Alan_Turing_Aged_16)

而且不會被人類辨別出是一台機器的話，那麼這台機器就算通過測試。由於圖靈測試日後已成為測試機器是否具備智慧的重要準則，因此被視為是人工智慧發展歷程的一個重要里程碑，此外為了表彰艾倫．圖靈的貢獻，我們也尊稱他為「人工智慧之父」。

其實早在圖靈測試被提出之前，已有科學家開始研究機器模擬人類智慧的可行性，其中沃倫．麥卡洛克(Warren McCulloch)和沃爾特．皮茨(Walter Pitts)兩位科學家於 1943 年發表一篇重要論文，如圖 1-12。論文中提出二元狀態神經元(Neuron)的概念，以及具備學習能力的神經網路(Neural Network)架構[4]，這個研究成果帶動日後人工神經網路領域相關理論與實驗的發展，被視為人工智慧領域研究的開端。

目前常講的「人工智慧」這個名詞，其實是在 1956 年的一個重要會議中誕生。1956 年夏天，包含約翰．麥卡錫(John McCarthy)、馬文．閔斯基(Martin Minsky)和克勞德．向農(Claude Shannon)等研究人員在美國達特茅斯學院(Dartmouth College)(如圖 1-13)舉行會議，圖 1-14 是參與這次會議的人員，當時他們所關注的是要讓機器展現人類的智慧，因此在會議中討論許多人工智慧理論，更重要的是這次會議正式將「人工智慧」定義為一個新學科，圖 1-15 為該次會議的紀念牌匾。

Bulletin of Mathematical Biology Vol. 52, No. 1/2, pp. 99-115, 1990.
Printed in Great Britain.

Pergamon Press plc
Society for Mathematical Biology

A LOGICAL CALCULUS OF THE IDEAS IMMANENT IN NERVOUS ACTIVITY*

WARREN S. MCCULLOCH AND WALTER PITTS
University of Illinois, College of Medicine,
Department of Psychiatry at the Illinois Neuropsychiatric Institute,
University of Chicago, Chicago, U.S.A.

Because of the "all-or-none" character of nervous activity, neural events and the relations among them can be treated by means of propositional logic. It is found that the behavior of every net can be described in these terms, with the addition of more complicated logical means for nets containing circles; and that for any logical expression satisfying certain conditions, one can find a net behaving in the fashion it describes. It is shown that many particular choices among possible neurophysiological assumptions are equivalent, in the sense that for every net behaving under one assumption, there exists another net which behaves under the other and gives the same results, although perhaps not in the same time. Various applications of the calculus are discussed.

1. Introduction. Theoretical neurophysiology rests on certain cardinal assumptions. The nervous system is a net of neurons, each having a soma and an axon. Their adjunctions, or synapses, are always between the axon of one neuron and the soma of another. At any instant a neuron has some threshold, which excitation must exceed to initiate an impulse. This, except for the fact and the time of its occurence, is determined by the neuron, not by the excitation. From the point of excitation the impulse is propagated to all parts of the neuron. The velocity along the axon varies directly with its diameter, from $<1\ ms^{-1}$ in thin axons, which are usually short, to $>150\ ms^{-1}$ in thick axons, which are usually long. The time for axonal conduction is consequently of little importance in determining the time of arrival of impulses at points unequally remote from the same source. Excitation across synapses occurs predominantly from axonal terminations to somata. It is still a moot point whether this depends upon irreciprocity of individual synapses or merely upon prevalent anatomical configurations. To suppose the latter requires no hypothesis *ad hoc* and explains known exceptions, but any assumption as to cause is compatible with the calculus to come. No case is known in which excitation through a single synapse has elicited a nervous impulse in any neuron, whereas any neuron may be excited by impulses arriving at a sufficient number of neighboring synapses within the period of latent addition, which lasts <0.25 ms. Observed temporal summation of impulses at greater intervals

* Reprinted from the *Bulletin of Mathematical Biophysics*, Vol. 5, pp. 115-133 (1943).

99

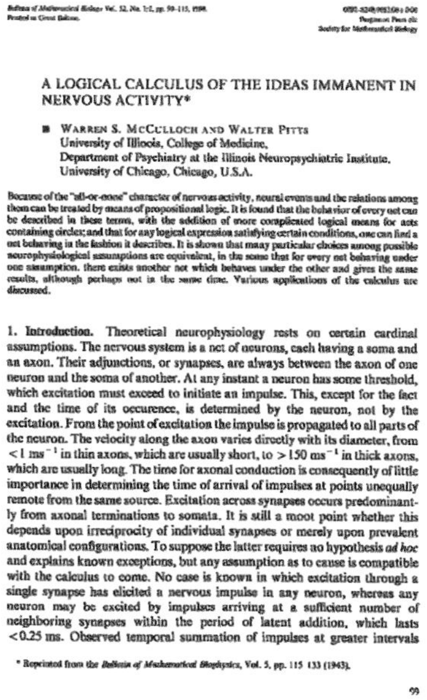

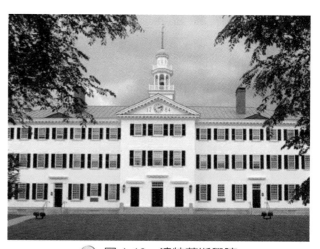

圖 1-12　沃倫．麥卡洛克(Warren McCulloch)和沃爾特．皮茨(Walter Pitts)發表的 AI 研究論文部分內容

圖 1-13　達特茅斯學院
(資料來源：https://www.semanticscholar.org/paper/The-Dartmouth-College-Artificial-Intelligence-The-Moor/d4869863b5da0fa4ff5707fa972c6e1dc92474f6)

1956 Dartmouth Conference: The Founding Fathers of AI

John MacCarthy   Marvin Minsky   Claude Shannon   Ray Solomonoff   Alan Newell

Herbert Simon   Arthur Samuel   Oliver Selfridge   Nathaniel Rochester   Trenchard More

◎ 圖 1-14　達特茅斯會議參與人員，上排由左至右前三位分別是約翰・麥卡錫、馬文・閔斯基和克勞德・向農(資料來源：https://www.sciencedirect.com/science/article/pii/B9780128191545000230)

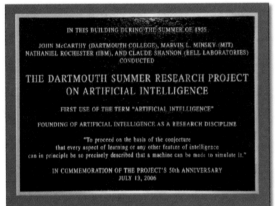

◎ 圖 1-15　達特茅斯會議紀念牌匾
(資料來源：https://www.semanticscholar.org/paper/The-Dartmouth-College-Artificial-Intelligence-The-Moor/d4869863b5da0fa4ff5707fa972c6e1dc92474f6)

● **成長期**

　　經過達特茅斯會議的正名後，人工智慧開始蓬勃發展，也創造出 AI 史上的第一波熱潮。這個時期的發展重點是人工智慧程式語言和演算法，主要的目的是要解決特定問題。1958 年，約翰・麥卡錫發展出一套稱為 LISP 的程式語言[5]，LISP 使用大量函數及具備符號結構等特性，而且程式語法為人們易於理解的高階語言，因此很快便成為人工智慧研究中最受歡迎的程式語言，至今仍被廣泛使用。基於 LISP 語言對人

工智慧的發展有著非常重要的貢獻，因此約翰‧麥卡錫於 1971 年獲頒被稱為計算機界諾貝爾獎的圖靈獎。

　　這個時期的另一項重要發展為語言理解，美國麻省理工學院於 1964 年發展出一套稱為 ELIZA 的對話程式，它可以說是目前對話型聊天機器人的始祖唷！ELIZA 是一位心理治療師，利用簡單的對話規則和人們聊天，而且會根據人們所提出問題中的關鍵字，採用匹配原則來回覆預先設定好的句子，圖 1-16 為 ELIZA 與人類的對話過程。雖然可和人類對話，但以目前 AI 的觀點來看，其實 ELIZA 的對話和理解能力算很遜，但在當時 ELIZA 的出現確實讓人們對人工智慧的發展充滿希望。

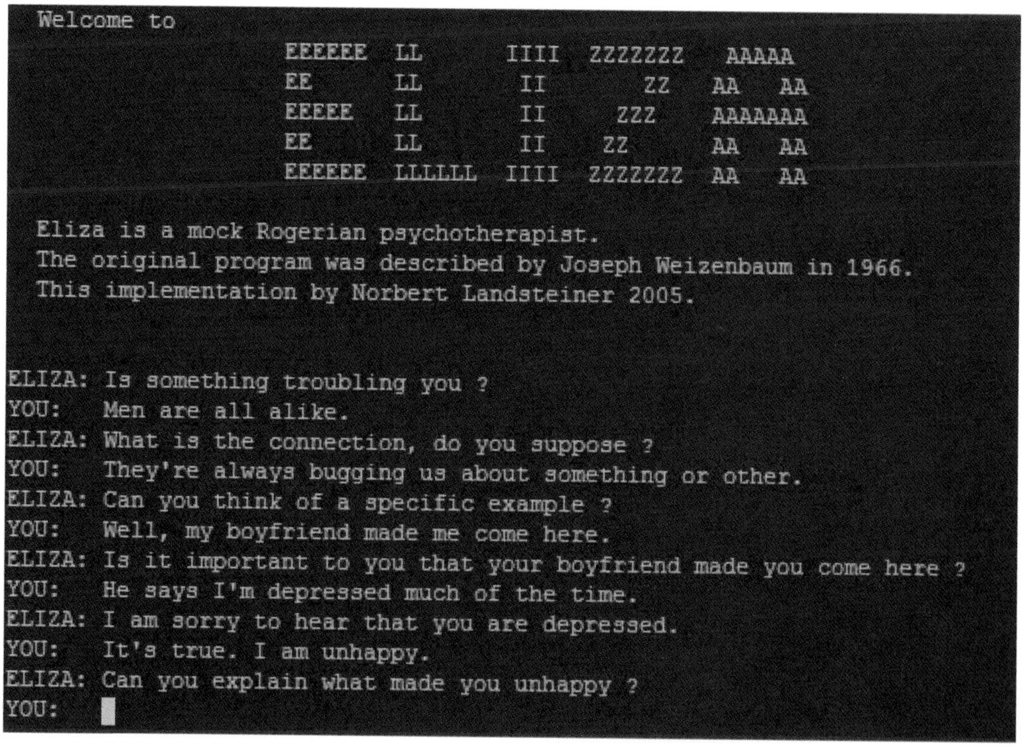

◎ 圖 1-16　ELIZA 與人類的對話過程

(資料來源：http://www.le-grenier-informatique.fr/medias/images/eliza-title)

　　前面提到這個時期人們熱衷於探究特定問題，例如：電腦走迷宮、西洋棋比賽等，而要解決這些問題主要靠的是演算法，也就是用來處理資料或解決問題的程序，其中搜尋演算法(Searching Algorithm)便是這個時期應用在解決特定問題的最重要技術。搜尋演算法的運作概念很簡單，就是從資料中找到符合問題的條件或特性的資料，也就是最後的答案。以西洋棋比賽為例，電腦必須考慮對手可能回應的所有狀況找出最好

的下棋點。值得一提的是 1966 年史丹佛大學開發世界上第一個通用移動機器人 SHAKEY(如圖 1-17)，它具備邏輯推理的能力，能夠推理自己的行為進而控制自己身體的動作。SHAKEY 的程式是採用 LISP 語言，而尋找行走路徑所使用的策略便是搜尋演算法。

◎ 圖 1-17　世界上第一個通用移動機器人
SHAKEY 機器人
(資料來源：https://www.sri.com/hoi/
shakey-the-robot/)

　　人們在成功解決上述的問題後，便試圖想去解決更複雜的問題，例如：疾病治療及診斷，此期間許多研究人員也陸續提出知識表達、學習演算法、神經計算等多種新穎的想法，以及開發出相關的應用，其中 1968 年誕生的 DENTRAL 便是一個重要的里程碑[6]。DENTRAL 是由 LISP 語言撰寫，利用規則(Rule)表示領域專家的化學分析專家系統，因此被視為是世界上第一個成功的專家系統。然而，許多當時被認為可以解決的問題，人們後來才發現並非如此，這是因為在解決問題的過程中，若可能的狀況增加時，計算複雜度也會隨之增加，因此要處理高複雜度的真實問題時，需要的計算時間和儲存空間會使得程式運作效率變得更差，就算是具備更快速計算能力及大量記憶體的機器，仍不容易解決這類問題。此外，由於整個人工智慧的發展不是很順利，美國和英國等政府停止挹注研究資金，使得許多研究計畫被迫暫停或取消，於是人工智慧的發展進入到第一個寒冬。

● **重生期**

　　DENTRAL 的成功帶動專家系統的發展，1970 年初期開始發展的 MYCIN 便是一個使用規則推論引擎(Rule-based Inference Engine)，並以 LISP 語言撰寫的專家系統[7]。MYCIN 中所有領域知識主要是以 IF-THEN 規則表示，可用來診斷血液中是否存在傳染病的細菌，然後根據診斷結果對病人開不同種類的抗生素，儘管 MYCIN 的診斷正確率約只有 65%，但已經比許多專家醫生的診斷正確率還高。接著發展的 EMYCIN(Empty MYCIN)系統能力比 MYCIN 更強大，它和 MYCIN 仍是採用推論引擎技術，但 EMYCIN 的知識庫中並沒有任何規則，開發人員可在處理問題時根據該領域的知識去新增或刪除相關規則，讓系統更具彈性。

　　儘管如此，專家系統是建構在領域專家的知識上，因此專家系統只能針對解決單一應用進行開發，也就是說應用在醫學診斷的專家系統並沒辦法應用到其他領域的問題。此外，由於系統是用規則來表達專家知識，因此專家知識是否充足將影響系統成效，舉例來說，如果病患同時感染其他疾病，那麼 MYCIN 的診斷結果有可能會是錯誤的。另一個問題是要將所有專家的知識建構在系統中是一件困難的事情，而且專家系統無法從經驗中學習，因此要發展一套專家系統通常要花費很多時間和人力。

　　模糊集合理論(Fuzzy Set Theory)概念也在此時期被廣泛研究並商品化，例如洗衣機、洗碗機、冷氣機等家電產品。模糊理論是由美國加州大學柏克萊分校 L. A. Zadeh 教授於 1965 年所提出，此理論主要是將問題中的模糊概念以量化方式處理[8]。其實在生活中常使用模糊的概念表示一些事情或現象，像「這本書很重」、「今天空氣不錯」、「這次考試有進步」。舉一個具體的例子，今天溫度 25℃算熱嗎？這個問題可看成是分類問題，如果使用明確集合的概念，那麼答案只有一個，也就是「熱」或「不熱」。但如果採用模糊集合理論，也就是用模糊的概念表示，那麼我們可以說「熱的程度是 0.3」，「不算熱的程度是 0.7」，這兩個數值便是模糊集合理論用來表示屬於某類別的程度。

　　前面提到神經計算模型的概念已於 1970 年前被提出，但當時並沒有適當的硬體設備可將這些概念實現，直到 1980 年左右，由於個人電腦的興起以及神經科學的進步，人們開始嘗試利用神經網路解決一些問題，也陸續發展出多種神經網路模型。此外，深度學習(Deep Learning)的概念也在當時被提出，進而發展出反向傳播學習(Backpropagation Learning)技術，這個技術也衍生出目前被廣泛應用的卷積神經網路

(Convolutional Neural Network，CNN)。儘管當時將反向傳播學習技術應用於小規模神經網路能得到不錯的效果，但此技術並不適合應用在多層神經網路中。由於運作在多層神經網路需要更複雜的處理，當時電腦的運算能力實在無法負荷，此外，進行深度學習需要大量的資料，但由於當時資料嚴重不足，進而降低了深度學習的成效，也因此人工智慧面臨第二個寒冬的到來。

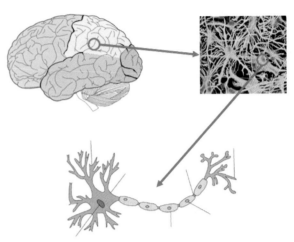

◎ 圖 1-18　人腦神經元的運作

● **進化期**

　　1997 年 IBM 發展一個超級電腦「深藍」(Deep Blue)(如圖 1-19)，它打敗當時世界西洋棋棋王加里‧卡斯帕洛夫(Garry Kasparov)(如圖 1-20)，也讓人們對人工智慧的能力重新燃起了希望。深藍超級電腦的成功，其中一個原因是它的運算能力很強，每秒可運算 2 億步棋，因此可以搜尋及預測對手之後的 12 步棋(比一般西洋棋好手多 2 步棋)，另一個原因是它輸入棋手們的兩百多萬個對局內容，吸取他們以往的落敗經驗來增強對奕功力。

◎ 圖 1-19　IBM 的超級電腦深藍
(資料來源：https://static.scientificamerican.
com/sciam/cache/file/A2BDA7F7-A70D-
4ED9-A87A1B431C04F357_source)

◎ 圖 1-20　IBM 深藍挑戰世界西洋棋王
(資料來源：https://static.scientificamerican.
com/sciam/cache/file/A2BDA7F7-A70D-
4ED9-A87A1B431C04F357_source)

　　「深藍」之後，IBM 於 2011 年推出新一代的超級電腦「華生」(IBM Watson)，如圖 1-21，後來華生參加益智問答節目「Jeopardy!」與人類進行問題搶答，這是該節目人機對決的首例。有別於深藍，華生能夠理解人類語言，且具備分析能力，因此可以使用自然語言來回答問題。此時，Apple 公司也開始將 Siri 語音助理軟體搭載在智慧型手機內，其中第一款發售的是 iPhone 4s，然而當時自然語言處理能力尚嫌不足，因此 Siri 與人們交談的回應較單調，只有幾種答案，不過現在的 Siri 已經更能理解人們的問題，並給予適當的回答。

相關影片

IBM 華生參加益智問答節目

相關影片

Apple 的 Siri 語音助理軟體

◎ 圖 1-21　IBM 超級電腦華生

(資料來源：https://watson2016.com/_images/ibm_watson_photo)

　　電腦運算速度不斷提升及網際網路蓬勃發展帶來大量的數據資料，開啟人工智慧的另一波發展，並持續到今日，其中深度學習是一個重要的關鍵技術。為了發展深度學習技術，曾擔任 Google 首席人工智慧科學家的李飛飛與團隊成員，透過各種方式收集影像資料，並於 2007 年開始創建 ImageNet 影像資料庫，近年來視覺辨識最具權威的國際電腦視覺辨識競賽(ILSVRC)便是使用 ImageNet 資料庫。值得一提的是 2012 年獲勝者 Alex Krizhevsky 設計的 AlexNet 則是採用深度學習架構，得到約 15%的辨識錯誤率(如圖 1-22)，雖不及人類辨識的極限(錯誤率為 5～10%)，但跟前一年獲勝者使用的模型比較，辨識正確率有很明顯的改善，這個重大進步使得大家對深度學習的能力刮目相看，日後獲勝隊伍所設計的創新神經網路模型也多以深度學習為核心技術。

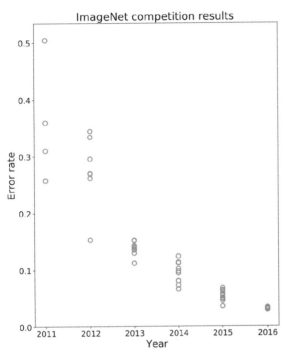

圖 1-22　2011~2016 年 ImageNet 挑戰賽前 10 名團隊的最佳結果
(資料來源：https://commons.wikimedia.org/wiki/File:ImageNet_error_rate_history_(just_systems).svg)

相關影片

AlphaGo 是如何戰勝
圍棋高手李世乭

　　2016 年 3 月，Google DeepMind 團隊開發的人工智慧圍棋軟體 AlphaGo 以 4 比 1 的成績擊敗南韓頂尖職業棋士李世乭，轟動全球，隔年進化版的 AlphaGo(或稱為 AlphaGo Master)挑戰世界圍棋棋王柯潔，又以 3 比 0 獲得壓倒性的勝利，柯潔也在落敗後提到：「它是一個可怕、冷靜、完美的對手！」、「我只能猜測出它一半的棋，另外一半是我猜不到的，這就是我和它的巨大差距。」，至此正式宣告機器的演算法可以勝過人腦的思維。基本上，AlphaGo 的核心技術為深度學習，藉由參考棋士歷史棋譜，並使用搜尋演算法尋找最佳的下棋點。至於 2017 年的 AlphaGo Zero 則不參考棋譜，僅透過與自己對奕的強化學習(Reinforcement Learning)方式進行自我訓練，其成效非常驚人，只用了三天便以 100 比 0 的成績贏過 2016 年版的 AlphaGo，只需 21 天便可與 AlphaGo Master 具備相同的能力。

　　2016 年起，許多公司紛紛加強擁抱 AI 的力度，值得一提的是蘋果、亞馬遜、臉書、Google、微軟及 IBM 等六家科技業重量級公司於 2016 年合組一個 AI 聯盟[9]，藉此促進 AI 技術的研發與 AI 應用的推廣，迄今已超過 100 個公司加入。此外，中國騰訊、百度、阿里巴巴等科技業巨頭，也於 2016 年起強化 AI 的佈局，主要投入在智慧城市、無人車、金融等領域，至於靠著人臉辨識技術崛起的商湯科技，則於 2018 年成為當時全球市值最高的 AI 創業公司。

　　2022 年底，OpenAI 公司的 ChatGPT 橫空出世，ChatGPT 代表的生成式人工智慧 (Generative AI)也掀起了全球熱潮。ChatGPT 的核心技術爲生成式自然語言處理，採用自然語言與人類進行互動，可以根據輸入的文字內容自動生成文章、歌曲、詩詞等，也可以根據輸入的問題自動生成答案，甚至可生成電腦程式。ChatGPT 的興起也帶動了生成式人工智慧的各類工具及應用，例如：Playground AI(官方網站：https://playgroundai.com/)便是一操作簡單且功能完整的 AI 繪圖工具，我們可以透過"下指令"的方式生成圖片，也可以在生成圖片中新增或刪除物件，此外還可根據使用者的需要產生生成圖片使用的模型，以及調整圖片大小或解析度。除了 Playground AI 的生成圖片功能外，我們還可使用 Pictory (官方網站：https://pictory.ai/)來生成影片，Pictory 使用人工智慧技術，能夠分析輸入的文字內容，並選擇與輸入文字有關的圖片和音樂，自動生成影片。

　　2022 年在網路上播出的《Nothing, Forever》可算是 AI 生成的一個節目，這個節目主要使用了機器學習和生成演算法等相關技術，生成的項目包含角色的對話、角色的移動、場景的長度、鏡頭的長度和方向、節目中的音樂等。

相關影片　阿里巴巴、騰訊、百度積極發展 AI

相關影片　Playground AI 如何生成圖片

相關影片　《Nothing, Forever》節目

相關影片　Pictory 如何生成影片

　　本小節的最後彙整人工智慧誕生期、成長期、重生期及進化期四個階段的重要事件，如表 1-1。

◎ 表 1-1　人工智慧發展歷程及各階段重要事件

階段	年份	重要事件
誕生期 (1943 年～1956 年)	1943	Warren McCulloch 和 Walter Pitts 提出具備可處理二元狀態神經元，且具有學習能力的神經網路模型。
	1950	Alan Turing 提出圖靈測試(Turing Test)。
	1956	達特茅斯會議正式定義人工智慧為一門新學科。
成長期 (1956 年～1970 年初期)	1958	John McCarthy 提出 LISP 人工智慧程式語言。
	1958	John McCarthy 提出結合知識表達與推論的 Advise Taker 電腦程式。
	1959	Allen Newell 等人開發出解決一般性問題的 GPS 的解題程式，並成功解決河內塔問題。
	1965	L.A. Zadeh 提出模糊集合理論。
	1966	美國政府經費補助的人工智慧相關計畫紛紛被取消。
	1968	世界上第一個成功的專家系統 DENTRAL 誕生。
	1969	反向傳播學習(Back-propagation Learning)概念被提出。
重生期 (1970 年初期～1990 年初期)	1972	MYCIN 系統開始發展。
	1975	Marvin Minsky 提出框架式知識表達的概念。
	1979	EMYCIN 系統誕生。
	1982	自我組織映射圖網路(Self-Organizing Map，SOM)誕生。
	1988	多層前饋式神經網路(Mulit-layer Feedforward Neural Network)神網路模型被提出。
進化期 (1990 年初期迄今)	1997	IBM 超級電腦「深藍」打敗世界西洋棋棋王。
	2007	ImageNet 影像資料庫開始建立。
	2011	IBM 超級電腦「華生」誕生，具備自然語言處理能力。
	2012	蘋果公司推出 Siri 語音助理軟體，並搭載在 iPhone 4s 智慧型手機。
	2012	AlexNet 於 ILSVRC 競賽脫穎而出，大幅提高圖像辨識的正確率。
	2016	AlphaGo 以 4:1 戰勝南韓頂尖圍棋棋士李世乭。
	2017	AlphaGo Master 以 3:0 打敗世界圍棋棋王柯潔。
	2017	AlphaGo Zero 誕生，能力遠超過 AlphaGo 和 AlphaGo Master。
	2022	OpenAI 推出 ChatGPT 生成式人工智慧聊天機器人。

1-3　人工智慧@臺灣

　　人工智慧在臺灣的發展起源於語音識別與合成，1980 年代李琳山教授鑽研相關技術的研究，後來也研發出漢語語音合成系統。而比較廣為人知的是臺灣在電腦象棋對局的研究，1981 年《人造智慧在電腦象棋的應用》的學位論文[10]可視為臺灣發展電腦象棋對局之濫觴，之後許舜欽教授於此領域的全心投入，其團隊開發出的軟體多次贏得世界象棋程式冠軍頭銜，因此被稱為「臺灣電腦象棋教父」。此外，IBM 於 1997 年開發出的深藍超級電腦，研發團隊成員中就有一位是台裔美國人喔！

　　不可否認，目前全球搜尋引擎龍頭非 Google 莫屬，其運作也已導入人工智慧技術。其實早在 1995 年左右網際網路發展之初，為了提供較佳的資訊搜尋服務，像是奇摩站(圖 1-23)、蕃薯藤(圖 1-24)等入口網站便如雨後春筍般紛紛成立，而這些網站均採用 Openfind 中文搜尋引擎，Openfind 搜尋引擎的前身是由臺灣發展搜尋引擎第一人的中正大學吳昇教授團隊於 1995 年研發完成的 GAIS(圖 1-25)，GAIS 一推出後便迅速成為國內搜尋入口網站龍頭，甚至 2002 年所發表的改良版 GAIS 使用的技術更勝過 Google。

◎ 圖 1-23　奇摩入口網站首頁

(資料來源：https://e.share.photo.xuite.net/winnie199064/1ec09eb/11600361/545473538_m)

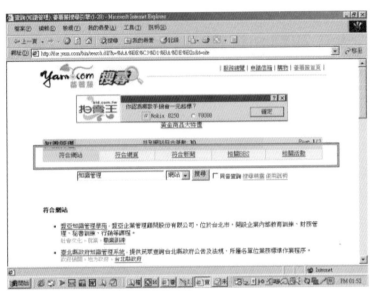

◎ 圖 1-24　蕃薯藤入口網站首頁

(資料來源：https://www.lis.ntu.edu.tw/~pnhsieh/courses/informationpower/images/4-3-3)

◎ 圖 1-25　GAIS 入口網站首頁

(資料來源：http://163.28.10.78/content/junior/computer/tp_lc/project/unit06/images/gais.gif)

前面提到基於深度學習架構的 AlphaGo 於 2016 年成為第一個打敗世界頂尖職業圍棋九段棋士的電腦，此新聞一舉登上科學界最頂尖的《Nature》雜誌封面(圖 1-26)，值得一提的是來自臺灣的黃士傑博士是這篇文章的其中一位作者，也是 AlphaGo 核心技術的主要貢獻者之一，隔年黃士傑博士更強化了 AlphaGo 的能力，並推出不需事先參考棋譜且只能夠透過與自己對奕進行強化的 Alpha Zero，其相關研究亦再次被刊登在《Nature》雜誌。

◎ 圖 1-26　AlphaGo 戰勝世界頂尖職業圍棋棋士的新聞舉登上《Nature》雜誌封面
(資料來源：https://pbs.twimg.com/media/CZzDIl4WIAAk42M)

2017 年發行的《人工智慧來了》這本書讓臺灣民眾對於人工智慧有更進一步的認知，也開啓各領域與行業應用人工智慧的風潮[11]。作者李開復先生在書中闡述人工智慧的發展歷史，並根據他們在此領域的專業告知人工智慧帶來的變革，以及會面臨到的挑戰，最後也提到未來人工智慧時代的可能機遇。

國內人工智慧人才的培育也在近幾年受到關注與重視，教育部於 2018 年推動「人工智慧技術及應用人才培育計畫」，這個計畫包含建構 AI 課程地圖與推廣 AI 科普知識、運用開源平台和資料、鼓勵學生參與 AI 競賽，目的是希望培育具備實務技術與應用能力的跨領域 AI 人才，以支援產業發展所需。此外，爲了將 AI 向下扎根，及早引入 AI 教育培育 AI 時代的人才，教育部將人工智慧納入最新的 12 年國教新課綱中的「資訊科技」課程，並邀請專家學者與授課教師共同完成 AI 教材。另外，鴻海教育基金會也集結多位國內大學知名人工智慧領域教授於 2019 年發行了一本《人工智慧導論》[12]，這本書被定位是人工智慧高中版補充教材，對於國內教育界造成不小的轟動。

爲了掌握 AI 發展契機，政府除宣示 2017 年爲臺灣 AI 元年外，並於 2018 年開始推動「臺灣 AI 行動計畫」，其中經濟部工業局也配合政府政策積極推動「AI 智慧應用新世代人才培育計畫」，此計畫是以 5+2 產業及服務業創新需求爲導向，透過多樣化的運作策略與行動方案，培養產業智慧化技術整合及創新應用人才，厚植國內 AI 人才實力及加速產業 AI 化。此外，科技部則是以「小國大戰略」的思維推動人工智慧，訂定研發服務、創新加值、創意實踐、產業領航及社會參與五項推展策略，分別包含建構 AI 研發平台、設立 AI 創新研究中心、打造智慧機器人創新基地、啓動半導體射月計畫及推動科技大擂台。

2017 年由中央研究院主導成立的「人工智慧學校」則是國內學術界、研究單位及產業界首次攜手合作所建構的平台，此平台提供 AI 專業師資授課、AI 人才媒合、AI 技術顧問諮詢等服務，對 AI 有興趣的人可利用此平台學習 AI 知識、進行互動交流、洽談產業合作等，目的是希望能快速且系統化培育國內 AI 人才，並導入人工智慧於產業界，以達到產業升級與轉型的目標。

相關影片

臺灣人工智慧學校校長
孔祥重院士開學典禮致詞

1-4　AI 創造的未來生活

在一個週五的早上，躺在床上的小明聽到耳邊傳來一個溫柔的聲音：「小明，現在已經 7 點了，快起床盥洗、吃早餐，然後準備上班囉！」，此時小明睜開眼睛，映入眼簾的是管家機器人 Rui，小明馬上回答：「Rui 早安，我要起床囉！」

Rui 一看到小明起床後，馬上問小明：「小明，冰箱裡面的食材可以做火腿蛋吐司、豬排蛋餅和鮪魚鬆餅，你今天早餐想吃什麼呢？」，小明回答：「我想吃火腿蛋吐司。」此時 Rui 已經瞭解小明的回覆內容，便轉身前往廚房準備製作火腿蛋土司的材料。

小明下床後，先到浴室刷牙和洗臉，完畢後走進廚房，此時看到 Rui 已經將火腿蛋吐司的材料都準備好放在桌上，於是小明迅速拿起這些材料製作火腿蛋吐司。當小明正在享用美味的早餐時，突然聽到 Rui 的提醒：「小明，請在二十分鐘內用完早餐，然後開車出發去上班，否則可能會遲到喔！」，當下小明迅速吃完火腿蛋吐司，接著帶上隨身物品後便走向車庫。當小明快抵達車庫時就聽到後面傳來 Rui 的聲音：「小明等一下，你忘了戴上手錶。」小明轉身後便看到 Rui 拿著手錶往自己靠近，小明一拿到手錶後便進入車庫。在快抵達自己的愛車時，車門自動打開，在小明進入車內後車門便自動關上。

在前往公司的路上，小明突然看到路邊一家義大利麵店的招牌，想到明天週末放假可以在家煮義大利麵來吃，於是拿起手機拍下義大利麵的照片後傳給 Rui。「義大利麵看起來很不錯唷！不過家裡還缺少義大利麵條、雞蛋和番茄。」原來 Rui 根據小明傳送的義大利麵照片辨認出製作這款義大利麵所需要的食材，並提醒小明。於是小明決定下班後先到超市買完材料後再回家。

當小明抵達公司，牆上的攝影機辨認出小明是公司員工後，大門便立刻開啟，此時攝影機旁的喇叭發出「小明早安，你的鞋帶鬆了，請記得繫上。」的聲音，聽到這麼親切的問候語，也讓小明的心情變得更加愉悅。

　　小明走到自己的座位後一坐下，一台載著文件的無人搬運車從遠處慢慢靠近，它送來一些要給小明處理的文件，小明拿起文件並很驚訝地說：「哇！有泰文的文件，還好有 Google 翻譯可以幫忙，真是謝天謝地。」，於是小明開啟電腦，並使用 Google 翻譯迅速將文件處理完畢。

　　午後休息時間，小明走進公司的茶水間想要喝杯熱咖啡，一抵達觸控點餐機前便聽到一個溫柔的聲音：「小明下午好，一樣來杯無糖的熱拿鐵嗎？今天有新推出的抹茶泡芙，要來一份嗎？」，小明點頭說「好」並繼續點餐，在取走餐點後，便找了一個空位坐下並享用。

　　小明一邊享用著熱拿鐵咖啡和抹茶泡芙，一邊上網瀏覽網路書店看看是否有一些感興趣的新書，經過十多分鐘瀏覽，最後選擇李開復先生撰寫的《人工智慧來了》這本書。由於小明對這個網路書店的購書流程並不是很清楚，於是透過與網站聊天機器人進行互動問答，終於瞭解詳細的付款和物品運送等流程。

　　下班後，小明開著車子到超市購買製作義大利麵的材料，當抵達超市附近並停好車後，小明帶著環保購物袋下車進入超市，並依序拿了雞蛋、義大利麵條、番茄，另外還買了一瓶牛奶準備當明天早餐喝，然後就直接走出超市。當一離開超市，小明的手機立刻響起簡訊的聲音，簡訊內容即為剛剛購買的物品清單、物品單價及總金額，確認物品和金額無誤後小明就開車準備回家。

　　當小明回到家下車時，Rui 便開啟大門說道：「小明，歡迎回家。你看起來好像很累，要不要先去洗個澡呢？」，略顯疲態的小明回答：「今天上班確實是有點累，好吧，那我先去洗澡，東西就交給你處理了。」，Rui 發出很有信心的聲音：「沒有問題，放心交給我，你去洗澡吧！」，Rui 馬上取走小明帶回的義大利麵食材，並在小明洗澡時將這些食材放入冰箱內的特定位置。

　　享用完晚餐後的小明走進客廳坐在沙發上，此時電視機自動開啟，機上盒直接跳到這陣子小明喜愛的頻道，而且客廳的冷氣機也自動開啟，並調整到小明平常感覺最舒服的溫度。

　　晚上十點左右，小明覺得睏了，於是起身走向臥室，此時客廳的電視機和冷氣機自動關閉了。小明在床上打開手機看了一下明天的行程，之後便放下手機並閉上眼睛，此時臥室的燈光漸漸變暗，小明也慢慢地進入夢鄉。

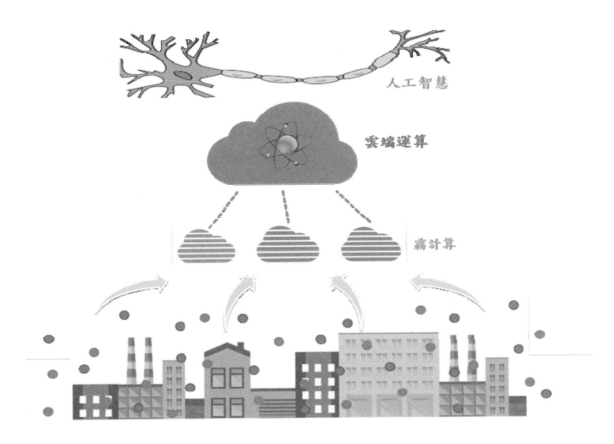

人工智慧

雲端運算

霧計算

◎ 圖 1-27　未來的環境將有感測器形成的物聯網及人工智慧的大腦，對我們的生活進行無所不
　　　　　在的服務

參考資料

1. Heather Haddon (2021), McDonald's Tests Robot Fryers and Voice-Activated Drive-Throughs. Available at: https://www.wsj.com/articles/mcdonalds-tests-robot-fryers-and-voice-activated-drive-throughs-11561060920?reflink=desktopwebshare_permalink (Accessed: 15 April 2021).

2. Alan Turing (2021), Wikipedia, Available at https://en.wikipedia.org/wiki/Alan_Turing (Accessed: 18 April 2021).

3. Turing test (2021), Wikipedia, Available at https://en.wikipedia.org/wiki/Turing_test (Accessed: 30 April 2021).

4. McCulloch, W. S. and Pitts, W. (1943), 'A logical calculus of the ideas immanent in nervous activity'. Bulletin of Mathematical Biophysics, 5, pp. 115-133.

5. LISP (2021), Wikipedia, Available at https://zh.wikipedia.org/wiki/LISP (Accessed: 3 May 2021).

6. Lindsay, R. K., Buchanan, B. G., Feigenbaum, E. A. and Lederberg, J. (1993). 'DENDRAL: A case study of the first expert system for scientific hypothesis formation'. Artificial Intelligence, 61(2), pp. 209-261.

7. Melle, W. v. (1978). 'MYCIN: a knowledge-based consultation program for infectious disease'. International Journal of Man-Machine Studies, 10(3), pp. 313-322.

8. Zadeh, L. A. (1965). 'Fuzzy sets'. Information and Control, 8(3), pp. 338-353.

9. Partnership on AI (2021), The Partnership on AI.
Available at: https://www.partnershiponai.org/research-lander/ (Accessed: 6 May 2021)

10. 張躍騰，人造智慧在電腦象棋的應用，臺灣博碩士論文知識加值系統，網址：https://hdl.handle.net/11296/362z87&searchmode=basic。

11. 李開復，王詠剛，人工智慧來了，天下文化，民國 106 年。

12. 鴻海教育基金會，人工智慧導論，全華圖書，民國 108 年。

CHAPTER

2

應用篇

2-1　影像處理

　　影像處理是指對圖像進行分析、加工和處理，使其滿足視覺、心理或其他要求的技術。影像處理的應用非常廣泛，包括治安、交通、醫療、國防及娛樂等多元場域。如今隨著人工智慧、深度學習、機器學習與視覺演算法等關鍵技術日益精進，影像處理技術已融入我們的日常生活，使生活品質和效率大幅提升。在本章節中，我們將首先介紹影像處理的主要功能，然後針對目前應用最為廣泛的影像辨識技術介紹其主要應用。

2-1-1　影像處理的功能

　　影像處理是一門研究如何使機器「看」的科學，更簡單的說，它是使用攝影機和電腦代替人眼對目標進行辨識、跟蹤和測量的機器視覺，並進一步做圖像處理，用電腦處理人眼觀察到的事物。目前，影像處理技術多是從圖像或者多維資料中取得「資訊」的人工智慧系統。影像處理的功能，主要分成四類：分類、目標物定位、目標物偵測和畫面分割。

● **分類(Classification)**

它是透過機器學習，判斷結果是屬於哪一種類別的方法。如圖 2-1 所示，當輸入貓或狗的照片時，電腦會對輸入照片進行判斷，接著輸出機率來分析輸入圖片是貓還是狗的照片。影像辨識屬於分類問題，照片內的物件可以是人臉、動物或物體，不同的物件將對應到不同的應用。

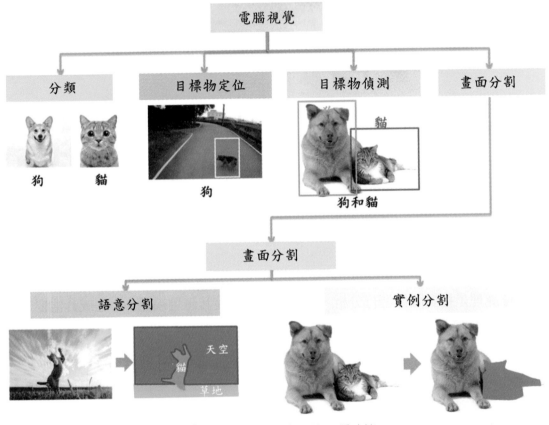

◉ 圖 2-1　影像處理的四種功能

● **目標物定位(Object Localization)**

目標物定位是找出感興趣的對象其邊界的過程。目標定位與目標偵測非常相似，唯一的差別是目標定位是僅關注一個主要對象，而目標定位的本質上是負責處理邊界框(bounding box)，通常邊界框會圍繞目標物並繪製的一個封閉矩形，且邊界框由四個屬性來表示：X 軸、Y 軸、高度、寬度。如圖 2-1 所示，將圖片中的狗用一個邊框標示出來。

● **目標物偵測(Object Detection)**

目標物偵測是對多個目標進行定位與追蹤,用於檢測數字圖像和影片中特定的對象。目標物偵測已廣泛運用在視頻監控,自動駕駛汽車和人物追蹤中。目標檢測可定位目標物是否存在圖像中,如果有檢測到目標物,就在該目標的周圍繪製邊框。如 2-1 所示,將感興趣的狗和貓,從圖片中偵測並標示出來。

● **畫面分割(Segmentation)**

有可分為語義分割及實例分割兩大類。

1. 語義分割(Semantic Segmentation)

   語義分割也可當作是圖像分類,其目的是將圖像中的每個像素連接到類別標籤的過程。這些標籤可以是動物、植物、天空、草地,也可以是車輛、馬路、人類。如圖 2-1 所示,將圖片中各種不同的物體,包括天空、貓及草地分割出來。

2. 實例分割(Instance Segmentation)

   實例分割可以檢測輸入圖像中的對象,將它們與背景隔離,並根據其類別對它們進行分組,並且檢測相似對象群集中的每個單獨對象,並為每個對象繪製邊界。如圖 2-1 所示,針對貓從圖片中偵測並將其分割出來。

2-1-2 車牌辨識

台灣,汽車和摩托車已經是日常生活不可或缺的代步工具,這些車輛都會掛著屬於自己的身份證——車牌,由於車牌具有唯一性和不重複性,因此我們可以透過分辨車牌來找出這輛車是什麼車、誰的車、是摩托車還是汽車等。

車牌辨識有著許多的應用,以下我們分別介紹日常生活中常見的應用。首先,最常見的是停車場應用,知名量販店家樂福,在車輛停入停車格的時候進行拍照,並將此停車格設置成有車輛正在使用,以便即時掌握空車位的資訊,並導引其他車輛進入尚未被佔用的空停車位,接著,該系統將已經拍攝的車牌照片上傳至雲端,利用 CNN 進行車牌照片的影像分析,再將結果存入資料庫,如此一來就可以知這台車輛的停車位置,消費者透過賣場內的車輛查詢機,輸入車牌號碼,即可知道車輛的停放位置。

另外，如圖 2-2 所示，一些付費停車場，會在車輛駛進和駛離停車場時，對車牌進行拍照，並將其上傳雲端，利用 CNN 進行車牌影像分析，並將車牌與進入時間記錄起來，駕駛可以在繳費機上輸入車牌直接繳費，由於駕駛輸入車牌的時間扣掉進入時間，就是停車的時長，因此可輕易計算停車費，並透過繳費機來收費，這樣的方式，取代傳統的領取停車代幣的動作，在車輛離開停車場時，業者也可以透過車牌辨識系統，對車子拍照並即時比對記錄的車牌資料，找到進入的車牌資料後，再確認消費者是否有完成繳費。

相關影片

車辨系統應對「感應區」
偏離車道、車距太近無法
辨識

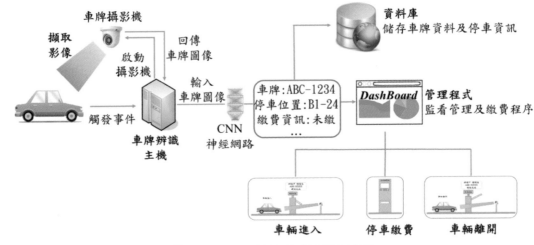

◎ 圖 2-2　車牌辨識系統運作流程

除了無人停車場的管理外，另一個例子是找出贓車的應用，很多停車場常常會有來路不明的車輛，一停就是好幾天，或是路邊會有久停不動的車輛，這種車是贓車的機率很高，如果能有效辨識贓車車牌，將可大大的尋獲遺失的車輛。警員巡邏時可以利用行車紀錄器拍攝路上車輛的車牌，將照片回傳雲端，透過 CNN 進行影像分析，獲得車牌號碼後，在資料庫中比對遺失車輛的車牌資料，如照到相同的車牌資料，立即通報員警進行查緝，可以有效利用行車紀錄器和車牌辨識系統來打擊犯罪。

然而 CNN 的影像辨識並非所有的影像都可以辨識，在車牌辨識方面，辨識的成果會受到拍照的角度影響，正常人拍照時都是照物體的正面，而車牌是在車子的下緣，因此拍攝車牌照片的時候，車牌的照片會是一個傾斜的照片，送到 CNN 進行辨識時會有辨識角度的問題。在停車場的應用中，可以在每一個停車位適當的位置裝設照相機，如此一來可以解決拍照角度的問題，但是每一個停車位都要一台相機，架設相機的成本需要評估，因此成本又成另一個課題。在車牌辨識系統帶給我們生活方便的同時，也碰到了許多問題，像是角度問題、成本問題等，不過這些問題我們都可以透過很多方法解決，所以車牌辨識系統還是一個很好的趨勢。

攝影機拍攝完車牌的照片後，會送到系統的後端電腦進行處理，首先會將車牌照片進行去除背景，獲得文字和數字的部分，接著將文字和數字進行分割，將每一個英文字和數字各自分離。這些英文和數字的圖片將送入已訓練完成的 CNN 網路，CNN 網路將會提取這些英文字和數字的特徵，經過特徵比對，知道這些英文字和數字分別是什麼，再經過原本的順序拼湊回去完成車牌辨識。

2-1-3 人臉辨識

現今人類的辨識系統正確率已相當高，系統對人臉圖片的觀察，取出其特徵，包括臉型、皮膚、眼睛、鼻子、嘴巴、耳朵、眉毛等，每個人臉的特徵都不同，因此，人類的辨識系統可以透過這些不同的臉部特徵來辨識每個人的身份。對於電腦而言，辨識的能力也隨著人工智慧的發展而越來越強，人臉辨識大致的流程，首先，如圖 2-3 所示，透過相機拍攝臉部的許多照片，並將每張照片標記好其相對的人名，然後利用 CNN 來對分類人臉進行訓練，在訓練的過程中，CNN 神經網路會抓取人臉五官的特徵，藉由這些五官的各種角度進行表情的特徵比對。例如：輸入 1000 張笑臉的照片到 CNN 神經網路中，CNN 會提取這些笑臉的特徵進行訓練，諸如嘴角上揚、眉毛彎曲等。經過訓練之後，CNN 模型即可將需要辨識的照片提取特徵，與訓練時的特徵進行比對，因此，CNN 有能力辨識的照片情緒為何。

　　以下介紹一些日常生活常見的例子來了解人臉辨識上的應用，首先是海關出入境的應用，出國旅遊登機時，要先經過海關的身份驗證，海關設有快速通關的通道，方便旅客查驗身分，要使用快速通關，首先必須先向櫃台辦理快速通關，並提供照片和個人資料，只需辦理一次，日後即可每次都使用快速通關，旅客抵達快速通關通道，只需要對著快速通關通道上的攝影機看幾秒鐘，攝影機會拍攝旅客的臉部照片，透過人臉辨識系統，比對拍攝的照片與辦理快速通關提供照片相似度，即可確認旅客的身份，可以減少等待海關人員查驗身份的時間。

(資料來源：台新銀行)

　　第二個例子是門禁的應用，一些高級的大廈，門口設有門禁管理，建商會在大廳入口處設一套人臉辨識系統，在住戶要求進入大廳的時候，辨識系統會拍攝人臉的照片進行影像辨識，並將拍攝的照片與住戶入住時登記的照片進行比對，即可確認住戶身份，人臉辨識系統也可以有效增加社區大廈的安全性，如果是陌生人在社區附近徘徊，被人臉辨識系統拍攝到多次，系統會發出警訊通知警衛，保護居民安全。

(資料來源：NEC Taiwan)

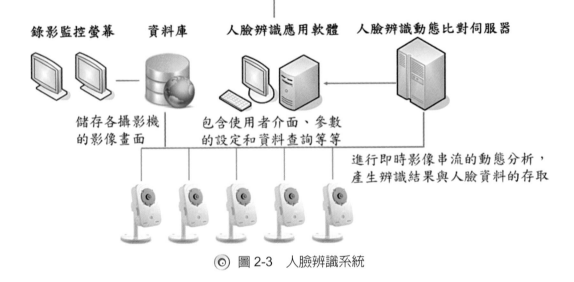

◎ 圖 2-3　人臉辨識系統

　　第三個例子是上班打卡的應用，在公司的大門口處架設人臉辨識系統，公司的員工上班時可以透過人臉辨識系統拍照打卡上班，人臉辨識系統拍攝的照片會立即與員工登記的照片進行比對，確認身份後即可完成打卡程序；同理下班時也可透過人臉辨識系統進行身份確認打卡下班，如此一來人臉辨識系統可以節省上下班的打卡程序，提高工作效率。

　　不過人臉辨識系統也有一些執行上遇見的困擾，如果人臉照片的數量不夠多，很容易造成辨識上的錯誤，例如：王先生上班要打卡，結果人臉辨識系統辨認成正在請假度蜜月的陳先生，造成公司人資部門的管理問題。這個問題較容易克服，只要在人臉辨識系統登入資料的時候，要求用戶提供數量夠多的人臉照片即可，當然這些照片僅僅是提供人臉辨識系統使用，讓它有個比對的資料，一旦人臉辨識系統記下用戶的人臉特徵，立即刪除這些照片，可以避免隱私權的問題，達到有效辨識又不洩漏隱私。

2-1-4　情緒辨識

　　喜怒哀樂形於色，人類臉部有許多表情，透過這些表情可以知道這個人是開心、憤怒、沮喪等，因此透過攝影機拍攝人類臉部的表情特徵的照片，再將其透過人為標記，記錄該照片是開心、憤怒或沮喪，再將這些照片透過 CNN 進行圖像分析，提取每種情緒特徵，進而建構出一套情緒辨識系統，如圖 2-4 所示。

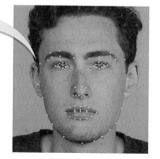

判別眼睛、嘴巴以及臉部的表情特徵

憤怒：0%
喜悅：90%
悲傷：0%
驚喜：10%
性別：男性

◎ 圖 2-4　情緒辨識

　　以下介紹一些日常生活常見的例子，來了解影像辨識在情緒辨識上的應用，第一個是行車監測的例子，有許多客運司機一天要開很多班次的車，短程的話有機會可以休息；長程的司機，因為車途過

相關影片

AI 讀心術－新技術能讀懂你的表情變化

長，在行車的過程中沒有休息的機會，很容易發生疲勞駕駛的問題。為了解決這個問題，我們可以在駕駛座位上架設一個情緒辨識系統，利用情緒辨識系統持續監測司機的表情，一旦出現疲勞的表情，立刻發出警報聲以提醒司機，或是通知公司立刻讓司機休息，藉此減少疲勞駕駛帶來的損傷。

　　第二個例子是用在測謊的應用，人在說謊的時候往往會有一些不自然的表情出現，這個表情也許一秒也許零點幾秒，時間很短暫，說謊高手也很難僞裝這個表情，只能縮短這表情的時間，通常這個表情稍縱即逝，所以測謊人員可以透過情緒辨識系統捕捉測謊者說謊時稍縱即逝的不自然表情，分析測謊者的臉部表情，測謊人員即可知道測謊者何時說謊。

　　現今的情緒辨識系統仍存在一些使用上的問題。首先，駕駛的情緒被情緒辨識系統持續辨識，會有隱私方面的問題，也許大客車的司機不想讓情緒辨識系統知道自己的喜怒哀樂，但是基於安全，情緒辨識系統還是會分析司機的各個表情；在測謊時，測謊人員可以利用情緒辨識系統套出測謊者的許多秘密，這也是道德上的一個問題。情緒辨識系統只是一個輔助系統，怎麼使用是使用者的問題，所以只要有好的道德標準，情緒辨識系統還是一套很好的輔助系統。

2-2　自然語言處理

　　自然語言處理有認知、理解、生成等面向，認知和理解是讓電腦把輸入的語言變成有意思的符號和關係，然後根據目的進行處理，生成則是把電腦資料轉化爲自然語言，簡而言之，讓電腦能和人類一樣，具有聽說讀寫的處理能力，並以此理解人類語言，稱爲「自然語言處理(Natural Language Processing, NLP)」。以一個例子來說，拿香蕉給猴子吃，因爲「牠」肚子餓了；拿香蕉給猴子吃，因爲「它」熟了，我們了解前者的「牠」指的是猴子，後者的「它」指的是香蕉，如果不了解猴子和香蕉的屬性，將無法區分，同一個詞在不同的上下文所代表的意思。如果聰明的人類都有可能會誤解繁複的語言，那麼只懂 011100100 的電腦有可能學會嗎？而人工智慧做到了，利用機器學習的演算法，讓電腦學會從訓練的資料中，自動歸納出語言的特性。

　　如何理解一種語言？以中文爲例，如圖 2-5 所示，首先要教電腦學會「斷詞」和「理解詞的意思」，若誤解「詞的意思」與「句法結構」，就容易出錯，如：拿/香蕉/給/猴子/吃；第二步是分析句子，包含語法、語義表達方式和詞彙之間的關係，例如：猴子是動物有生理需求，所以會肚子餓，進而想吃香蕉，而香蕉是食物，所以會有成熟的現象，了解每個詞所代表的意思與其特性，就能分辨前後文中所謂的「它」與「牠」指的是什麼。自然語言處理透過這兩個步驟，將複雜的語言轉化爲電腦容易處理和計算的形式，早期是人工訂定規則，基於一套詞彙資料庫，用程式語言寫好人工訂定的

規則，讓電腦依指令做出反應；現在則是讓機器自己學習，引進機器學習的演算法，不再用程式語言來制定電腦所有的規則，而是建立 LSTM 模型，讓電腦從處理好分詞的訓練資料中，自動歸納出語言的特性和趨勢。

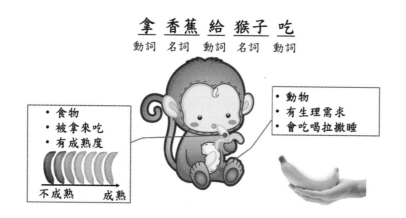

◎ 圖 2-5　拿香蕉給猴子吃

自然語言處理的用途，已經悄悄在我們身邊幫上許多忙，常見的應用，包括透過學習斷句與理解詞的意思去進行「詞類標示」、利用分析內容來「偵測詐騙郵件」或「摘要文本大綱」、透過龐大的詞彙資料庫與學習使用者常用的搜尋詞句進行「搜尋建議更正」、藉由理解一句話的意思進而利用另一種語言或聲音來表達的「機器翻譯」和「語音辨識」等等，而我們也能透過這些技術更進一步地去運用，讓自然語言處理能涉及更多領域，發揮最大的效益。例如：現今發生自然災害時，人們第一個動作不是想怎麼逃難，而是上各社群網站發表言論，若利用自然語言處理，讓電腦自動蒐集並進行分析，想必能快速整合災情並有效率的協助救援。以下，我們將介紹幾個人工智慧利用自然語言處理技術所產生的應用。

首先，我們將介紹這項最早的應用，圖靈提出「圖靈測試」判斷機器是否能夠思考的實驗，測試機器能否達到與人類相同的智慧。幾年後，喬治城實驗將超過 60 句俄文自動翻譯成英文，但翻譯的成效與進展卻不如預期，直到發展 NLP 技術，才使得機器翻譯的技術漸入佳境。

相關影片

史上第一位通過圖靈測試的仿生人

2-2-1 機器翻譯(Machine Translation)

　　機器翻譯是指運用機器，透過特定的電腦程式，將一種文字或聲音形式的自然語言，翻譯成另一種文字或聲音形式的自然語言。透過計算機語言學、人工智慧和數理邏輯來教會機器理解人類的語言，機器翻譯是先把複雜的語言進行編碼，並轉換成電腦理解可計算的公式、模型和數字，再解碼成另一種語言，如圖 2-6 所示，若要將中文句子翻譯成英文句子，如「猴子吃香蕉」，我們會先將句子進行斷詞，讓機器容易了解，即「猴子／吃／香蕉」，再經過編碼器分析句子，包含語法及語義的自動解析，並透過翻譯及調序模型將句子完整翻譯，即「猴子為 monkey／吃為 eat／香蕉為 banana」，最後利用解碼器與後處理，轉換為人類理解的英文句子。

　　在智慧語音的應用中，頗具聲名的是合肥的科大訊飛，亦被稱為中國聲谷，在語音領域的多項研究中，取得了世界一流的水準，包括語音即時翻譯成文字，不論是速度與正確率都在水準之上，甚至能在同一套系統中完成各國語言的轉換，這在點餐或買票等日常活動，都能讓生活更便利，亦能滲透至社會中的各個角落，包括與手機、家電與汽車等方面結合，以及與設備的交流更自然且更有效率，若語音識別與翻譯的能力能持續提升，將改變人類與設備之間的交流方式與日常生活的習慣。如圖 2-7，機器翻譯主要分成三類，以下將一個一個進行介紹。

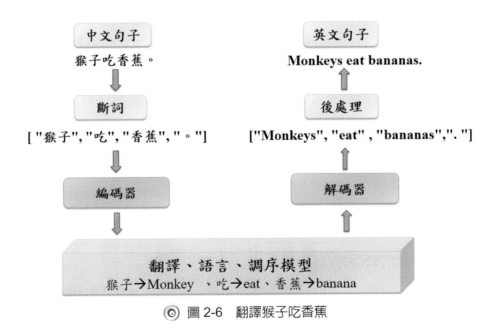

◎ 圖 2-6　翻譯猴子吃香蕉

◎ 圖 2-7 機器翻譯分成三類

1. 文本翻譯

目前最為主流的應用仍然是以傳
統的統計機器翻譯和神經網絡翻譯為
主，如 Google、微軟與百度等公司，
都為使用者，提供了免費的在線多語
言翻譯系統。文本翻譯的優點是速度

快、成本低，而且應用廣泛，不同行業都可以採用相應的專業翻譯，但缺點為翻
譯過程是機械且僵硬的，在翻譯過程中會出現很多語意上的問題，仍然需要人工
翻譯來進行補充和改進。

2. 語音翻譯

即時翻譯技術是語音翻譯最廣泛的應用，最常出現在會議
場所，演講者的語音能即時轉換成文本，並且進行同步與低延
遲的翻譯，能夠取代口譯員的工作，實現不同語言的交流。

最近許多公司推出雙向語音即時翻譯，亦在即時的場景中進行翻譯，以達到多國語言的溝通，但從翻譯的正確率而言，無論是哪一牌子的即時語音翻譯 App 或翻譯機，都還有很大的進步空間，特別是在目前機器對語意理解尚未能確切掌握，翻譯出來的意思也會有落差，這也是目前語音翻譯技術還在不斷發展改進的地方，需要透過使用者大量使用反饋，以累積資料、持續學習進步。相信未來的語音翻譯會更加精準，也讓人們在跨語言溝通上更為便利。

3. 圖像翻譯

人們習慣透過 Google 翻譯來查詢看不懂的外文字，例如餐廳裡的菜單、街道看板等等，但要把它輸入到手機翻譯很浪費時間，而且某些看不懂語言也無法輸入，這時候只要打開手機相機鏡頭，對準擬翻譯的文字，就能即時將它轉譯為我們熟悉的語言，非常實用，Google Translate 的圖像文字翻譯功能已支援 36 種語言，能夠即時翻譯招牌、指示等照片上的文字。

Google、微軟、Facebook 和百度均擁有能讓使用者搜索或者自動整理沒有識別標籤照片的技術，除此之外還有影片翻譯和 VR 翻譯也在逐漸應用中。

介紹完以上三種常見的文本、語音及圖像翻譯後，我們了解在技術上，機器翻譯先是了解各個詞彙所代表的意思，進而去分析內容，再了解內容後，再進行翻譯，使人類溝通再也無所阻礙。機器翻譯的困難在於自然語言中普遍存在的歧義和未知現象，不同語言之間文化的差異，有各自的句法結構，其中語法、詞彙、結構或語義等存在的歧義，現今仍無法讓機器完全掌握，且機器翻譯的解不唯一，始終存在著人為的標準，使得機器成為「真正的人」終究有著一道鴻溝，不過相信不久的將來，人類與機器間的溝通將能像人與人間的溝通一般地順暢，透過人工智慧建立規則，帶給使用者與以往不同的體驗。

2-2-2　聊天機器人(Chatbot)

在人工智慧的應用中，人們最常想到的就是各種形形色色的機器人，除了看得到的外型，更重要的是背後看不見的技術，是賦予機器感知、認識、能聽、能看和能與人交流的能力，這樣的外形與溝通方式，不僅符合人類的習慣，也省去編程和輸入的繁瑣，一個語音指令就能達成目的。

聊天機器人是指透過人工智慧、電腦程式模擬與使用者互動的對話，利用計算機自動回答使用者所提出的問題，以滿足使用者需求的任務。當使用者對機器說一句話，首先，機器要先把那句話轉成文字；之後，機器需正確理解使用者所提出的問題，對文字做解析，了解文字所代表的意義，並在已有的資料庫或者知識庫中進行檢索與匹配；最後，將獲取的答案以文字或語言的方式反饋給使用者。這過程涉及了包括詞語、句法、語義分析的基礎技術，以及訊息檢索、知識工程、文本生成等多項技術。

現今聊天機器人分成許多類型，最常見的是回答問題、聊天、下訂單、檢索等等。以下將依類型進行介紹。

1. 客服回答問題

臉書推出了「Facebook Messenger Platform」，能夠串接 Facebook 粉絲專頁，透過粉絲專頁，直接點選聊天按鈕，讓使用者能夠更加直接與企業粉絲專頁聯絡。而企業常用的方式，就是建立一個匯入常見問題(Frequently Asked Questions, FAQs)系統，當機器人看到關鍵字，機器人將複製 FAQs 裡面的重點，然後採用有禮貌的語氣回答設定好的答案，自動回應形成一對一的對話，如圖 2-8 所示，介紹如何訓練聊天機器人以回答消費者的提問，如使用者詢問客服「請問商品什麼時候可以到貨」，機器人會先了解問題是什麼，並了解問題的意圖以便將問題分類，依此例我們會將問題分類在「到貨時間」，而機器人會從 FAQs 中找出此常見問題的解答，進而訓練機器人利用有禮貌的語氣回答使用者的問題，或將可能會一起提問的問題一併回答。

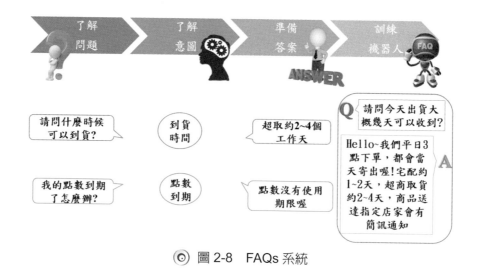

◎ 圖 2-8　FAQs 系統

再舉一個更貼近生活的例子，飲料店透過社群網站讓消費者能快速、即時且簡單的下訂單，在過去常見的方法是列舉所有的可能，如列舉所有飲料的品種，並將大小杯、甜度、及冰度等問題，由選單的方式讓消費者選擇；現今透過 FAQs 自然語言，如圖 2-9 所示，消費者能直接告知所需的品項，並由機器人提問消費者未提供的資訊，以便了解所需的資訊進行下單，如甜度、冰度、大小杯及杯數等，更進一步訓練後，即使消費者利用「大珍奶微微」簡稱表示「大杯的珍珠奶茶微糖微冰」，機器人亦能了解消費者所想表達的意思，即使不明白，機器人亦可利用反問詢問消費者是否正確，使 FAQs 自然語言更加生活化且人性化。

而機器人當道的年代，銀行亦派出智慧客服搶攻市場，例如兆豐的「客服小咩」、國泰世華的「阿發」、一銀的「小 e」、及台新的「Rose」等，在官網、網銀、行動 App、FB、及 Line 等通路，提供客戶 24 小時的智慧服務，隨時隨地為客戶解決疑難雜症。現今銀行機器人又可分成理財、保險、投資、法規、及閒聊等多種不同領域的機器人，客戶透過網路，輸入問題，銀行的客服機器人會將問題進行分類，若屬於理財的問題就分給理財機器人，藉此，讓客戶得到更專業且快速的服務。

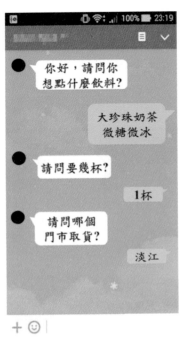

◎ 圖 2-9　FAQs 下訂單的例子

　　機器人不僅智慧、標準、及高效，而且專業，未來甚至能有自我學習的能力，不同領域的問題能交給不同的機器人，機器人答覆用戶的常見且重複性問題，解決了人工重複回答與客服人員不足等問題，保證客服人員能專注於解決重要問題，節省了不少的人力和時間成本，同時也提升了客戶體驗。

2. 購物助理

　　美國連鎖墨西哥速食餐廳 Taco Bell 開發的機器人 TacoBot，可為消費者進行點餐與餐點的推薦，且可依照要求客製化訂製，並對墨西哥捲餅購買流程的持續引導，直到最後顧客完成訂單，尤其能對於猶豫不決的顧客們，提供幫助，也能提高銷量，挽救原本會放棄選擇的潛在顧客。消費者不用依照固定的格式進行點餐，「我可以有一份捲餅嗎？」、「請給我一份捲餅」、「一份捲餅，謝謝」TacoBot 都能輕鬆的進行對應，為消費者完成點餐。或者消費者在叫了一份捲餅後，才又補上「不要加起司」，TacoBot 仍能清楚知道，消費者指的是先前所點的墨西哥捲餅不要起司。

　　而未來除了在消費購物的習慣上有所改變，在付費的流程上也可能因機器人的盛行而加以改變，比起電話或是網頁，直接使用社群軟體，如 LINE、微信等，可讓消費者能迅速的完成訂單，再用 LINEPay、微信支付進行輔助更能打造出快速付款的購物環境。

3. 檢索

　　美國的購物商城也開發了 Operator 聊天機器人，運用搜尋並推薦符合條件的商品，使消費者能藉由一問一答的方式，找到自己滿意的商品。無論是商品的特徵、顏色或是價格範圍等商品細節，聊天機器人都能回答相關的問題，若是顧客的詢問過於複雜，機器人也能即時通知專員對應，不影響顧客的權利。

　　LINE 也推出「國語小幫手」的聊天機器人，能查詢國字的注音、部首或筆畫，也包括造詞、造句和成語查詢的功能，其資料來自教育部國語辭典公眾授權網，正確性有保障，人們透過機器人來進行檢索，能省去查詢的時間，並透過簡單的指令即能找出所困惑的字詞，甚至還會附加典故，使在找字的同時亦能學習到不同層面的知識。

4. 聊天

　　「卡米狗」聊天機器人，除了平時在群組聊天、講笑話、唱歌、占卜算命，也能透過指令建立自己與機器人的專屬對答，聊天機器人除了能爲生活添加一些樂趣，也能透過訓練成爲現今人們的好幫手。

聊天良伴，寂寞好朋友
讓群組有更多的歡笑，從加入卡米狗開始

　　聊天機器人的應用很廣，被視爲一個可發展的事業，相較於傳統客服，聊天機器人能夠提供更準確與及時的服務，其 UI 的設計相當重要，好的對話設計才能夠讓聊天帶入商業性。而聊天的設計，範圍從基本的對話，到圖片推送，到價格陳列與顧客購買的中間，需有細膩的策略思考。

　　聊天機器人在商業的應用越來越蓬勃，其主要有四大原因，如圖 2-10 所示。一、幫忙銷售產品與服務，聊天機器人能替代人力，24 小時隨時爲顧客排解購物上的疑慮。二、讓購物流程更流暢，付款更容易，聊天機器人帶領消費者進入付費頁面，讓消費者能在對話過程中，更快速地走到銷售階段。三、了解消費者在想什麼，聊天機器人能爲你搜集消費者資訊，並且分析顧客的購物習慣與行爲，找到在網站或是購物流程上能夠加以優化的地方，以提供更好的服務。四、個人化行銷，聊天機器人提供了更「人性化」的方式，爲消費者提供與品牌互動的可能，使顧客願意投入的程度增加。

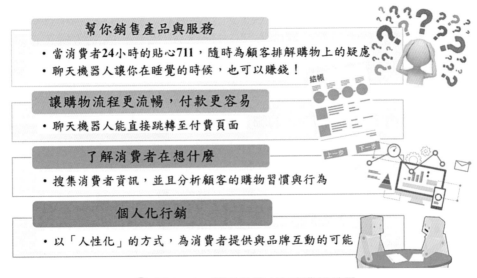

幫你銷售產品與服務
• 當消費者24小時的貼心711，隨時爲顧客排解購物上的疑慮
• 聊天機器人讓你在睡覺的時候，也可以賺錢！

讓購物流程更流暢，付款更容易
• 聊天機器人能直接跳轉至付費頁面

了解消費者在想什麼
• 搜集消費者資訊，並且分析顧客的購物習慣與行爲

個人化行銷
• 以「人性化」的方式，爲消費者提供與品牌互動的可能

◎ 圖 2-10　聊天機器人在商業的發展

除了聊天機器人在商業上有亮眼的表現，「關鍵字搜尋」也成爲廣告商與企業發展的工具，以下將介紹商家們如何在關鍵字下進行一場金錢買賣的表演。我們也將介紹機器自動學習關鍵字，使用者在輸入法打字時，機器會建議使用者的詞彙。

2-2-3　關鍵字與輸入法選字

有句話說「有問題問老師或父母不如問 Google」，我們知道現在教育不再是老師或父母給予知識，而是漸漸演變成教導孩子尋找、收集與應用知識的方法。在數位原生的這一代，大多數的孩子成長於電腦和網路的環境中，我們越來越依賴搜索引擎，如圖 2-11 所示，藉由在網路上搜尋資料，能快速、方便地接收到龐大的相關資料，而如何快速又精準的找到我們想知道的答案，這時候「關鍵字」就是很關鍵的一步了，而商家如何在這樣的使用習慣下，獲取利益呢？

透過關鍵字能了解不同身分與當前社會關注的熱門議題，如：大學生群體，常出現的關鍵字可能爲出國、留學、就業等；有身孕的婦女，關鍵字可能爲胎教、寶寶、孕期保健等。以個人利益來說，利用關鍵字能提高搜索效率，在最短的時間找到你所需要的相關訊息；而商家則可透過關鍵字廣告，發掘巨大的商業價值，這個價值可能體現在短期的銷售增長上，更可能是長期企業品牌形象的提升上，商家會利用搜索引擎公司所分析使用者使用的字、詞、句子的內容、種類、頻率，了解使用者對網上訊息的興趣，並把這些有用的訊息提供給廣告主，商家依據自身的需要，可以向搜索引擎公司購買某個或某幾個關鍵字，讓使用者在用這些關鍵字搜索時，能在搜索結果頁面出現自己企業的廣告訊息，以有效地進行廣告宣傳。

◎ 圖 2-11　輸入法選字建議

　　而除了在關鍵字中我們能找出其中所富含的資訊外，我們亦可建立模型，使機器能自動學習各個使用者過去輸入的詞彙與內容，成為他們常用的關鍵字並進行建議的行為，例如，當你在手機上打字時，你常會看到單詞建議，這就是我們身邊中習以為常卻常忽略的自然語言處理技術。利用自動學習，產生更準確的詞彙連續輸入、修正建議，加上「聲調」輔助可讓斷字與選詞更精準。

　　除了「關鍵字」在商業的應用外，電子郵件也是較為正式的重要溝通管道，但有很多不肖廠商，常會透過電子郵件去濫發廣告、惡意的傷害使用者的電腦，更可能裝置間諜軟體、木馬程式等以竊取重要機密與資料。所以為了遏止這些不肖廠商，許多網路服務供應商提供資料分析，進一步檢測信件是否為垃圾郵件，以降低使用者落入有心人士的陷阱中。

2-2-4　檢測垃圾電子郵件(Spam Email)

　　垃圾郵件指未經請求而發送的電子郵件，例如未經發件人請求或允許而發送的各種宣傳廣告或具有破壞性附有病毒的電子郵件。常見內容包括賺錢訊息、成人廣告、商業或個人網站廣告、電子雜誌和連環信等。

　　其技術透過文本分類(Text categorization)，如圖 2-12 所示，電腦藉由了解信件中的內容並進行分析，即可有效辨識垃圾郵件且加以阻擋，如常見的垃圾郵件關鍵字為「viagra」等廣告詞或是透過內容也無法識別該郵件是未經請求的或者是批量發送的，則有即高的可能性為垃圾郵件。現今針對垃圾郵件和網路釣魚郵件的識別率已經達到了 99.9%，甚至還能發現惡意的 URL 連結。

◎ 圖 2-12　檢測垃圾電子郵件

自然語言處理技術除了分析文字內容有大量的專家學者探討和應用，各種文字探勘工具也應運而生，而隨著時代轉換，「情緒分析」是近幾年被熱烈討論的議題，從對話或文字中取得使用者的「情緒」和「語氣」，以精準知道使用者所想表達的意思，如「這台電腦很棒，我都無法將它開機」，若僅透過文字內容分析，機器所抓取的意思會覺得這電腦是很棒的，但我們知道這是一句嘲諷句，想表達的是這台電腦很爛，故辨識句子中正面還是負面的情緒是很重要的。以下針對文本情感分析的應用與概念加以介紹。

2-2-5　文本情感分析(Sentiment Analysis)

文本情感分析，也稱為意見挖掘，是指用自然語言處理、文本挖掘以及計算機語言學等方法，來對帶有情感色彩的主觀性文本進行分析、處理、歸納和推理的過程。

情感分析的商業價值，除了可以提早了解顧客對於產品或公司的觀感，進而調整營運策略方向。在產品銷售過程中，也可以知道顧客對於產品的體驗，不論是在銷售前或銷售後，企業在了解市場意見的方法上，除了問卷，透過情感分析是值得參考的選擇。情感分析也被應用在聊天機器人的領域上，如圖 2-13 所示，Pepper 機器人可依據人類常見的情緒反應(如喜、怒、哀、樂等)、對使用者的臉部表情、肢體語言和措辭的分析，了解使用者的情緒並選擇恰當的方式與使用者交流。

上述例子中，我們知道機器具有識別人類情感的能力，但僅限於簡單的任務。人類在情感方面，表達的方式十分多元，不論是委婉內斂的、反諷、修辭手段或是口語化的表達方式，需要更深層的機器學習技術和更龐大的資料庫才能支撐，雖然機器尚不能完全了解人類情感，但情感分析的研究與應用前途亮眼，相信未來結合語音、圖像處理技術等，利用語言、表情和行為方面的分析，理解人類情感並給出相應的回覆，創造一個具有情感的機器人時代已經不遠了。

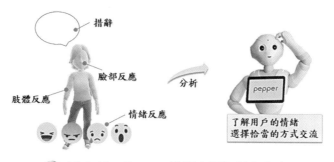

◎ 圖 2-13　Pepper 機器人如何對應交流

　　最後，我們將介紹最成功且最廣泛使用的自然語言處理應用，即是個人語音助理「Siri」，它是一個跨時代革命性創新的人工智慧，將智慧型手機進入一個劃時代的里程碑。以下針對 Siri 進行說明。

2-2-6 個人助理-Siri

　　Siri 最早內建在 iPhone 4，此軟體使用到自然語言處理技術，如圖 2-14 所示，使用者可以使用自然的對話與手機進行互動，完成搜尋資料、查詢天氣、設定手機日曆、設定鬧鈴、及對話聊天等服務。而在當時顛覆了語音辨識的認知，以往語音辨識為「單向互動」(Voice to Search)，使用者透過語音輸入問題，辨識系統除了須進行正確的語音辨識之外，並進入資料庫找到所需的資料，並將答案呈現至使用者面前；而 Siri 的語音助理將語音辨識變成「雙向互動」(Voice to result)，使用者與具有人工智慧的 Siri 和使用者進行對話的過程中，不是只有單純的輸入資訊，還可以和使用者進行「類人類的溝通」，同時從對話的過程中得到更直接的資料搜尋結果，更將其周邊可能會需要的資訊一併顯示，讓使用者對資訊和搜尋與操控具有更高的主導權和便利性。

◎ 圖 2-14　Siri 的功能

在 Siri 的設計下，當辨識系統錯誤時，使用者可利用手寫輸入找到正確的資料，藉由使用者輸入的搜尋結果和最初錯誤的輸入做對比，便可讓未來下一個使用者能夠更準確的找到資訊，因此，Siri 靠著龐大使用者所建立、輸入及反饋的各種資訊，匯入人工智慧的資料庫，以便在龐大的電腦運算中找到關鍵字並進行分類、搜尋、及判別，這就是為什麼 Siri 在自然語言處理中無論是語音辨識、理解語意、問題對答、及找尋關鍵字等方面，都有亮眼的成績，成為現在大家都無法缺少的個人語音辨識助理。

本章節介紹了許多自然語言處理在生活中廣泛的應用，除了這些應用外，仍有很多未提及的應用，也是基於自然語言處理來運作的，例如，當你打開新聞報導時，它基於你的流覽記錄，源源不斷地向你推薦你可能感興趣的新聞；當你打開購物網站時，點開某家店某件商品的評論區，它提供給了你整體印象以及評論分數，這些都是文本挖掘和推薦系統中非常成功的應用。甚至在未來的應用是智慧機器人結合 Line 與物聯網，當你今天出門時，Line 中出現大門的發言，提醒你天冷要記得穿外套及攜帶雨具；而你路過超商時，Line 中出現冰箱的發言，通知目前你在超商前，建議買兩盒蛋等，相信未來在技術越來越成熟情況下，人工智慧的技術會在生活中各個角落無時無刻的出現。

自然語言處理就是用人工智慧來處理、理解以及運用人類語言，消除歧義是目前此技術的最大挑戰，它的根源是人類語言的複雜性和語言描述的外部世界的複雜性。人類語言承擔著人類表達情感、交流思想、傳播知識等重要功能，因此需要具備強大的靈活性和表達能力，而理解語言所需要的知識又是無止境的。全球市場的自然語言處理能快速發展，主要原因有三：數位化數據的快速激增、智慧設備透過深度學習，其功能的不斷成長，以及人們對顧客體驗越來越高的要求。相信未來在這些技術與人類強烈的需求下，自然語言處理將在各種領域下發揮其最大作用，改進人類與機器、汽車、家電與電腦等各領域間的交流。

2-3　邏輯推理

　　電腦在人工智慧上的表現，雖然在某些地方較人們優秀，但人們總認爲是因爲電腦的計算速度快及記憶體大這兩種優勢，人們一直覺得，電腦並不眞的比人腦聰明，也不眞的如同人們能思考、具有邏輯、甚至有感覺。據下圍棋的高手描述，圍棋的棋子眾多，棋盤可下的選擇也多，因此，下圍棋是靠當時的棋風、靠感覺來下棋，在 IBM 深藍與人們對決勝利後，雖然人們感到意外，但仍覺得那是靠快速的計算與龐大的記憶體來取勝，直到電腦拿到世界圍棋的冠軍，才開始感受到人工智慧對人們智力及思考力的威脅。

　　從感覺來看，人工智慧除了計算與記憶的能力較人們優越外，人工智慧也一直將「感覺」這樣的能力視爲是與人們一決高下的重要目標。什麼是感覺？人們有哪些能力是需要靠感覺來完成的，這一直是人工智能追求的目標。下圍棋、寫詩、寫文章、畫畫、藝術創作等，這些可能都或多或少需要靠感覺，例如，古代的李白，喝醉酒後，寫出來的詩可留傳千古。在本章中，我們將對人工智慧在下棋、寫詩、寫文章等方面的進步，與讀者分享，讓讀者也能感受到電腦有了人工智慧後，也漸漸具有人們所引以爲傲的「感覺」。

2-3-1　下棋

　　下棋，通常仰賴的具有推理與邏輯能力，對電腦而言，計算、記憶及邏輯判斷，是完全不同的能力。什麼是邏輯呢？簡單來說就是在有限資訊的情況下進行推理的一項工具，舉一個簡單的例子，目前有兩個資訊，第一個資訊：所有人都會死、第二個資訊：蘇格拉底是人，根據這兩個資訊，我們就可以推測出一個結論：蘇格拉底會死；這種簡單的邏輯推理，對於人類來說非常的簡單，但是如何讓電腦也能像人類一樣進行邏輯推理呢？這個議題一直是在人工智慧領域裡是非常重要的一個環節。

電腦在進行邏輯推理時，通常是需要對大量的數據進行分析，來推測結果，過去因為硬體上的限制，電腦只能進行的簡單的邏輯運算，也因此人類的邏輯能力還是強於電腦，但隨著時間的挪移，硬體不斷的進步，這個結論逐漸不成立。電腦下棋一直被當作電腦智力的指標，IBM 公司開發出一種專門分析西洋棋的超級電腦「深藍」，並在 1997 年 5 月 10 號打敗了世界西洋棋冠軍卡斯帕洛夫，這件事情震撼了全世界，因為這代表了人工智慧推理能力已經漸漸的接近人類了。

「深藍」電腦在下西洋棋時，主要先用 Minimax 算法和 Alpha-beta 修剪法來分析局面，然後再用評估函數來決定下一步的走法，使其勝率較大。其中，Minimax 的演算法，其實就是將棋局完全地展開成樹狀圖如圖 2-15，正方形代表對手的回合，圓圈代表自己的回合，數字代表著每種走法的分數，而 A、B、C 等就是代表不同的走法，分數計算後，對己方越有利則分數越高，在對方的回合，則那層決策中，通常電腦會選擇較悲觀的走法，也就是對手會依對己方最不利的走法來下棋，若是輪到己方的回合，則選擇對自己方最有利的走法來下棋。除了 Minimax 演算法外，深藍還利用 Alpha-beta 修剪法來刪減不必要的分支以減低計算的成本。

世界頂尖工程師們已在西洋棋方面被電腦超越了，但電腦的設計者仍不滿足，其將目標設定在圍棋的戰勝，圍棋相較於西洋棋的變化更大，而且電腦下圍棋有其特殊的困難點，其他棋類大多是擒王形式，也就是說只要棋局中的王死掉就算輸了，這種形式目標較明確，但是圍棋不同，圍棋是看誰佔領的領域大，則更易有贏面，這種形式使得圍棋無法與「深藍」一樣用評估函數，因為程式可以設定，只要西洋棋擒王可得 100 分，但是圍棋不一樣，圍棋是搶地盤，沒有一個明確的目標可以評估，再加上圍棋的棋只有一種，所以無法評估每一個棋的價值，更是增加了電腦分析的難度。

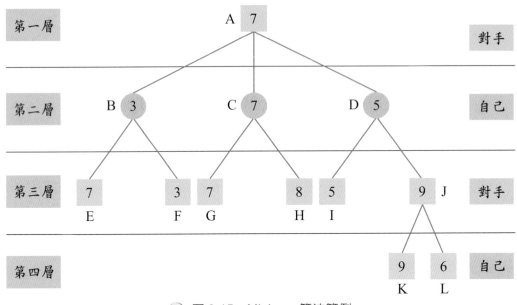

第一層　　　　　　　　A 7　　　　　　　　　　　對手

第二層　　B 3　　　　C 7　　　D 5　　　　　自己

第三層　　7　　3　7　　　8　5　　　9 J　　對手
　　　　　E　　F G　　　H I

第四層　　　　　　　　　　　9　6　　　自己
　　　　　　　　　　　　　　K　L

◎ 圖 2-15　Minimax 算法範例

　　為了解決這些問題，Google 公司的 DeepMind 團隊想出了新的策略，他們賦予 AlphaGo 兩個神經網路和一個算法，分別是「策略網路」、「評估網路」和蒙地卡羅搜尋樹。第一個神經網路是「策略網路」，首先他們大量的輸入世界上職業棋手的棋譜，然後運用「增強式學習」的技術，先從這些大量輸入的棋譜中隨機抽取部分當作樣本，訓練一個基礎版本的策略網路，然後運用完整的樣本訓練一個較強的進階版策略網路，基礎版本的策略網路就像是學生，而進階版就像是老師，一開始先讓學生和老師下棋，當學生的技術超越老師時，將它們的角色互調，讓老師當學生，學生當老師，然後繼續下棋，以此循環修正就可以不斷地提升對於對手落子的預測與下棋的能力。

　　第二個神經網路「評估網路」，這個網路主要的功能主要是評估目前局勢，然後計算出每個落子位置的勝率。

　　算法「蒙地卡羅搜尋樹」，這個算法一開始先根據現在的棋局的局面進行分析，猜測對手可能會下子的位置，接著一步一步的去模擬棋局的進行直到盤面結束，然後利用將模擬出的結果來選擇下棋的位置。

　　繼 AlphaGo 贏了世界冠軍李世乭之後，他的創作者 DeepMind 團隊並沒有停下他們的腳步，他們繼續研發出 AlphaGo Zero，AlphaGo Zero 跟 AlphaGo 雖然只有一字之差但是他們卻是截然不同的東西，AlphaGo 是還算是透過人類棋手的下棋方式來學習下棋，他主要是利用我們人類幾千年的下圍棋經驗來訓練的，但是 AlphaGo Zero 完全不一樣，DeepMind 團隊只給他圍棋的基本規則，不給他任何的人類下棋經驗，然後讓他從自己與不同版本的自己下棋並且自我學習，經過不斷的自我訓練，三天後他已經可以超越 AlphaGo 了。

　　或許有很多人看完上述的文章還是會想著，電腦贏人類圍棋到底有甚麼意義，圍棋不過是個遊戲，即使電腦的圍棋再怎麼厲害，還是只能下圍棋而已，其實這樣的想法也許需要修正，AlphaGo 能在圍棋方面贏人類是一個非常重要的里程碑，因為圍棋的變化太多，這麼龐大的變化量，是即使是以目前最先進的硬體都無法窮舉出來的，也因此在下棋中有很多的不確定性，這些不確定都要電腦自己推理並判斷出下哪裡最有勝算，而 AlphaGo 贏了人類的圍棋世界冠軍，就代表著電腦在面對許多不確定性問題時，他可以推理出一個比人類想出來的答案更正確的解答，那是否就表示，有許多工作都已經可以漸漸的被人工智慧所取代，因為電腦透過人類經驗的學習，已經可以達到比人類更深入或更有經驗的境界，而 AlphaGo Zero 藉由自主訓練三天就打敗 AlphaGo，又是另一個非常重要里程碑，這件事代表著電腦已經不用人類的經驗，只要給他一點規則或是基礎，他就可以自我訓練到比人類還強的地步，這樣的能力，給了人們無限的想像的空間。

2-3-2　寫詩(微軟小冰)

　　寫詩、畫畫、寫文章，這些能力，並不像圍棋有所謂的勝負，也不像數學有數字可以用公式推導，而不論是詩、畫畫或文章之作品，其品質優劣是非常主觀的。微軟公司打破了大家以往的迷思，他們在 2014 年開發了一款人工智慧聊天機器人「微軟小冰」，讓你可以跟她在 WeChat 裡聊天，微軟並沒有滿足於現況，經過不斷的研發、改版，「微軟小冰」現在不但可以聊天、主持節目、創作歌曲等，諸多功能，甚至還可以做到即興寫詩的地步，你只要給他一張圖片，她就可以幫你寫出一篇詩。

◎ 圖 2-16　淡江風景圖

例如我給小冰上面圖 2-16，「微軟小冰」就會依照這張圖片做出以下詩：

誰敲響了教堂中的鐘
窗花上雕刻著美麗的靈魂
栩栩如生的石雕的時候
快樂的人在月光中起舞

看見一個在森林裡休閒的獵人
這個世界有活躍的人生
詩人的心思被我發現了
這該是為別人詩裡的月

天上透出了水晶的光鮮
你是我的生命的暖陽
山嶺的高亢與流水齊聲歌唱

黃昏時候有金色的落葉

是人們哭了一個詩人

探尋著世界的光明

　　其實我們仔細看這張圖和這首詩，「微軟小冰」所作的詩每一句都是通順、是有邏輯的，但是美中不足的地方就是，她有些圖文不符，如果再給微軟幾年，說不定"微軟小冰"可以寫得比世界級的大師還強呢。

2-3-3　新聞稿

　　人工智慧在文學上的表現，不只可以應用於聊天或是寫詩而已，這項技術已經可以應用在產業界了，尤其是新聞界，人工智慧的技術，已經可以自動幫人們寫新聞稿了，而且這項技術已經有幾家新聞公司已經開始使用，例如：美國知名報社<華盛頓郵報>在 2016 年使用寫稿機器人 Heliograf 來分析整理里約奧運的數據，並將訊息放到制式的新聞模板裡，然後做成新聞稿;瑞士媒體巨擘 Tamedia 在瑞士選舉時，利用 Tobi 機器人在僅僅五分鐘的時間內就生產了大約四萬篇有關選舉的新聞。諸如此類的自動寫稿機器人已漸漸地廣泛應用在新聞界，這時很多人可能會有疑問，新聞從業人員，會不會就被機器人給取代了？其實，以目前人工智慧的技術，在新聞稿的撰寫方面，還是無法取代人類的，雖然這些機器人已經可以自己寫新聞了，但是目前的人工智慧還是只能寫一些比較制式的新聞，諸如奧運比賽結果或是各區選舉結果的新聞，因為這些新聞報導的內容具有一定的模式。儘管如此，這些新聞的數據量都非常龐大，所以機器人雖然無法完全取代記者，但是卻能大大的提高效率。

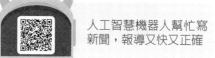

相關文章

人工智慧機器人幫忙寫新聞，報導又快又正確

2-4　推薦系統

　　推薦系統在現今的生活中隨處可見，舉例來說，我們每天上 FB 看粉絲團、在 YouTube 上看影片、去電影網站上評分電影，如圖 2-17 所示，在看完後被推薦下一個新聞、商品或影片繼續觀看，這其實就是在預測用戶可能會喜歡的東西。以購物網站為例，假如今天有個新來的用戶在逛購物網站，由於我們並不知道新用戶的喜好，所以無法以個性化的方式向他推薦商品，那我們便向他推薦最近流行的、熱門的東西。

又例如說我們有了舊用戶過去的瀏覽紀錄、喜好評價、評分紀錄等等，那我們便可以根據這些紀錄來進行推薦，使舊用戶瀏覽或購買更多的商品。因此，推薦系統可以向用戶推薦現在流行、很多人也購買的商品(Population Averages)；對於舊用戶，也可以根據他過往的紀錄與其他用戶做比較、分析，進而得到與他相似的用戶也喜歡的東西來進行推薦(協同過濾 Collaborative Filtering)，我們也可以單純分析用戶購買過的商品特徵與未購買過的商品特徵去比較之間的相似度再去做同類型的推薦(基於內容的推薦 Content-based)。

◎ 圖 2-17　使用 FB、YouTube 時的推薦

　　常見的推薦技術有 Content-based、Population Averages 及 Collaborative Filtering。以下，我們針對這幾種推薦技術進行介紹。

2-4-1　基於內容的推薦(Content-based)

　　最早被使用的推薦方法為基於內容的推薦，它稱為 Content-based 的方法。基於內容的推薦，乃是根據用戶過去喜歡的商品(Item)，並從中分析這些被喜歡的商品特徵再去找沒買過的商品中與之最相似的特徵商品。這種方法稱為「**基於商品的推薦**」或

是「**基於內容的推薦**」(Content-based)。以圖 2-18 爲例，假設推薦系統目前已有用戶 A 的過去購物紀錄，若我們想對用戶 A 進行商品推薦，首先，我們將從圖(a)商品中找出商品的特徵，再根據圖(b)中用戶 A 購買過的商品，並從中分析出用戶 A 喜歡的商品特徵(有領子的衣服)，再透過這些特徵(有領子的衣服)去找出圖(c)中那些不曾買過的商品裡與之相似的衣服特徵來進行商品推薦，推薦出符合用戶 A 喜好特徵的商品。這個方法主要包含以下三步：

1. 物品表示：爲每個商品取出一些特徵來表示這個商品。
2. 特徵學習：利用用戶過去喜歡的商品數據來找出用戶喜歡的特徵。
3. 生成推薦列表：透過上一步得到的用戶喜好特徵與候選商品的特徵，爲用戶推薦一組相關性最大(最類似)的商品。

(a)所有商品

(b)買過的商品　　　　(c)沒買過的商品

◎ 圖 2-18　基於內容的推薦

「**基於內容的推薦**」(content-based)其優缺點如下：

1. 推薦的商品均爲與過往紀錄相似的物品。
2. 對於新商品不需要冷啓動的時間，也就是說新商品能獲得即時推薦。
3. 基於內容的推薦，可能會過於推薦同樣的東西給用戶而造成過度專業化 (over-specialization)。
4. 這種方法必須依賴用戶的歷史評分。

2-4-2 基於熱門度的推薦(Population Averages)

對一個新的使用者而言，推薦系統並無該使用者的購物或是瀏覽紀錄，所以我們並沒有辦法對於空白資料的使用者進行合適的推薦，也就是我們無法用上面提到的「基於內容的推薦」。這時，推薦系統便可使用「基於熱門度的推薦」這種方法來將商品推薦給新用戶。如下方圖 2-19 所示，假設推薦系統已擁有大量歷史用戶(Old users)對各商品的評分紀錄表，以圖 2-19 為例，過去有一群舊用戶曾對這六種商品進行過評分，因此，我們將這些評分做平均後，再依分數高低的順序來進行推薦，就可以找到評分數量多且平均評分分數較高的商品(例如：Item1, 4.5 分)並推薦給新用戶。這種推薦方式的主要原因是因為大家都喜歡的東西，對一個新的用戶而言，可能也會喜歡，因此就將這樣的商品進行推薦。

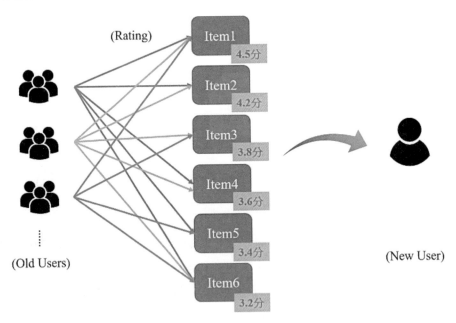

◎ 圖 2-19　基於熱門度的推薦

「基於熱門度的推薦」(Population Averages)其優缺點如下：

1. 無當前用戶資訊也能即時推薦過去其他用戶也喜愛的商品。
2. 新商品會有冷啟動的問題，也就是新商品並無用戶評分的資訊，因此較不易被推薦。
3. 可能無法公平表現商品的水準

2-4-3 協同過濾(Collaborative Filtering)

在同樣都擁有用戶的歷史購物紀錄的條件下，我們除了採用「基於內容的推薦」的方法外，也可以採用「協同過濾」的方法對用戶進行推薦。對於每位使用者而言，應該都會有許多與他購物習慣相似的使用者，而協同過濾就是找出與該使用者購物習慣相似的群體，並分析其偏好來預測該使用者的個人偏好，進而達到個人化(過濾其他不適合)的推薦效果。其中常見的方法有基於用戶的協同過濾(User-based Collaborative Filtering)、基於物品的協同過濾(Item-based Collaborative Filtering)與混和式推薦(Hybrid)。下面，我們為這幾種常見的協同過濾推薦技術進行介紹與舉例。

1. 基於用戶的協同過濾(User-based CF)

這種做法，主要是利用相似度統計的方法，得到具有相似愛好或者興趣的使用者，如下方圖 2-20 所示，假設推薦系統已擁有四位用戶過去對不同商品評分的歷史資料，以及想進行推薦的用戶 A 的歷史評分紀錄，現在我們想對 A 用戶進行商品推薦。首先，我們把現有的客戶 B、C、D、E 的評分歷史資料進行分析，找出與用戶 A 的購物喜好較相似的用戶，結果透過以前的購物習慣，我們發現，用戶 B、C 及 D 與用戶 A 有相同喜愛的商品 Item1 和 Item2，而用戶 E 與用戶 A 沒有相同的喜愛商品，因此，推薦系統便將這些用戶 B、C 及 D 喜歡的商品而用戶 A 沒有看過的商品 Item4、Item5 及 Item6 推薦給用戶 A。

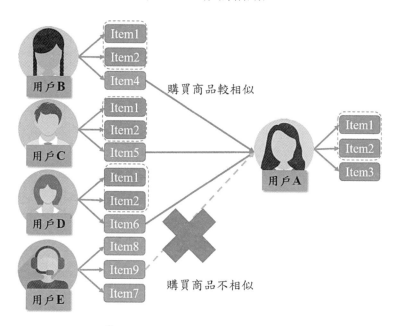

◎ 圖 2-20 基於用戶的協同過濾

2. 基於物品的協同過濾(Item-based CF)

比起上述「基於用戶的協同過濾」，後來更是發明了「基於物品的協同過濾」，是目前業界應用最多的算法，它主要綜合利用了過去許多使用者對商品的評價分數，以及商品之間的相似度，來預測目前這個使用者可能喜歡的商品，而且，商品之間的相似性是先**基於用戶對商品的評價**相似再去比較**商品的種類或內容**。如下方圖例所示，假設推薦系統已擁有用戶 A、B 及 C 的歷史評分紀錄。若推薦系統擬對用戶 C 進行商品推薦，推薦系統首先便分析用戶 C 評價分數較高的商品，從圖 2-21 中發現他對物品 A 評價為 4.7 分(很高分)，因此也嘗試找尋，還有哪些人對物品 A 的評分也是高分，系統發現用戶 A、B 對物品 A 評價也為高分，經過分析，系統發現，用戶 A 及 B 同時對物品 C 也評價為高分，另一方面，系統發現用戶 B 對物品 B 評價為 2.5 分(較低分)，因此，系統判定物品 A 與物品 C 可能有相似的特徵吸引用戶 A 及 B，於是系統把用戶 A、B 也評價高分(4.7 分)的其他商品，即是商品 C，推薦給使用者 C。

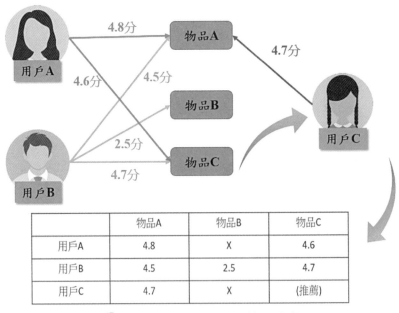

	物品A	物品B	物品C
用戶A	4.8	X	4.6
用戶B	4.5	2.5	4.7
用戶C	4.7	X	(推薦)

◎ 圖 2-21　基於商品的協同過濾

3. Item-based 與 User-based 協同過濾推薦方法的比較

在計算複雜度上，如果用戶數量很大，而商品種類的數相對固定，更新頻率也較少，商品相似度較好計算，則我們較傾向使用 Item-based 的協同過濾推薦方

法來做運算;反之,如果是新聞或是文章,項目數量是海量、主體的更新也較頻繁,則我們較傾向使用 user-based 的協同過濾推薦方法來做運算。在推薦內容上,Item-based 的推薦方法可以為每位用戶生成其個性化的推薦結果,而在多樣性方面則是 User-based 的推薦結果取勝,因為推薦鄰近相似的使用者喜歡的物品,所以可能與自己過去的歷史無關則衍生出多樣性的結果。

2-4-4　混和式推薦(Hybrid)

混和式推薦則是將上面所講推薦方法或是其他種類的推薦演算法進行混和利用,下面舉一個簡單的混和式推薦當例子。我們結合 **Content-based** 和 **User-based** 來進行混和式推薦。假設系統擬對一名用戶進行推薦,系統將先透過 **Content-based** 和 **User-based** 對用戶做出初步的推薦表,從圖 2-22 中得知是藉由兩個方法的評分比較,可以達到互補的效果,進而提供使用者更好的個人化推薦體驗。我們可以將 Content-base 和 Collaborative Filtering 運算後推薦的項目去做一個簡單的相似度計算,從中得到更進一步的評分標準。以圖 2-22 為例,將 CB 與 CF 推薦出來的結果混和做成一個混合推薦,將推薦結果照先後給分,例如 CB 推薦的第一項給五分、第二項給四分…以此類推;同樣 CF 也是,最後將兩個序列作加總,將得分依照高低做最後混合式的推薦。當然還有更多複雜的運算方式,這裡只是簡單的做個舉例,其中如何計算與設計演算法間的權重都是要很重要的。

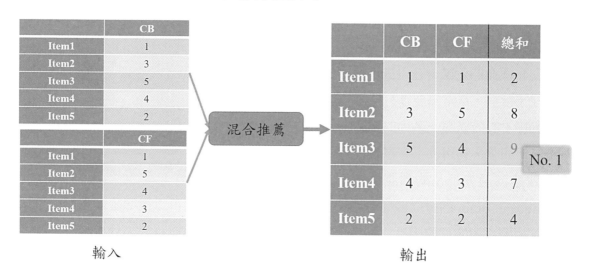

◎ 圖 2-22　用矩陣混和計算推薦

2-5　疾病預測與醫療

　　隨著醫療的進步，人們對疾病的處理態度不再只限於對症下藥，預防勝於治療的觀念也逐漸普及於大眾的認知。隨著人工智慧的發展，對大量的醫療數據進行分析，以便對重大疾病能進行預測，已是人工智慧應用於醫療領域的發展趨勢。醫療領域，相對於其他任何行業，對於現今熱門的人工智慧、深度學習等技術的使用，更具急迫性與重要性。隨著人工智慧的普及，儘管有許多危言聳聽的言論聲稱人工智慧將把人類引向世界末日，但事實上，這些技術正在努力地拯救我們的生命。

　　不論是對抗癌症、預測心血管疾病，甚至是降低短期死亡率，人工智慧都是最強大的盟友之一。舉例來說，IBM 的「華生醫師」為全球第一個人工智慧的癌症治療輔助系統，雖然它不是醫生，卻已經接受了 6 年癌症醫學的特訓，每年消化 5 萬篇的新研究資料，這後面的關鍵在於，人工智慧的技術使電腦系統能夠快速地閱讀、分析收集來的大數據資料。有些人認為華生無法和病人進行有情感的溝通，也沒辦法了解病人的情緒、經濟狀況及健保制度等民情，而這些都是需要身為人的醫生才有辦法做到的。因此，到目前為止，並不是所有醫生都願意使用華生，不過當「需要」變得迫切，自然而然，大家就會採納新科技。

　　在全世界中，心血管疾病蟬聯多年全球十大死因冠軍寶座，由於心血管疾病的症狀鮮少顯現，一旦發病就有性命的危險。在過去，如果要找出疾病，常常需要進行心臟冠狀動脈 CT 掃描等一系列的精密檢查，但如今，利用人工智慧便能夠有效達到過去不及的預測準確率。Google Brain 的研究機構發現，單靠視網膜眼底圖，就可以很準確地預測出許多心血管相關疾病的危險因素。利用擅長分析圖像的卷積神經網路，來分析眼底圖的特徵，可以準確地分析出的患者身體資訊來判斷患者的年齡、性別、是否吸菸和血壓等資訊，這些資訊都是預測心血管疾病風險的重要因子，再利用此資訊分析出心血管病

狀出現前或出現後的特徵。分析結果可以讓醫師快速的做出更精準的診斷結果，進而推斷出在未來五年內，70%的時間中是否具有罹患心血管疾病的風險。

雖然說，深度學習的方法常常因爲缺乏透明度以及可解釋性而廣受批評，但 Google Brain 卻認爲他們的方法是合理並且可執行的。採用注意力技術來確認眼底圖中，哪些像素對預測特定心血管危險因素較爲重要，例如：血管是確定血壓狀況的關鍵特徵等。而利用視網膜圖像，並不是 Google Brain 的第一次，2016 年也曾經提出了關於深度學習早期發現糖尿病視網膜病變的研究，這代表深度學習應用在視網膜圖像來預測心血管疾病，有著更多的可能性。

從眼底圖像中檢測糖尿病性視網膜病變、判斷心血管風險，提供轉診建議，以及從乳房 X 光片中檢測乳腺病變、使用核磁共振成像進行脊柱分析。甚至有研究證明單個深度學習模型在多個醫療模態中都很有效(如放射科和眼科)。但是，這些研究的一個關鍵限制是人類醫生與算法性能之間的對比缺乏臨床背景，它們把執行診斷的情形限制在僅使用圖像的條件下。而這通常會增加人類醫生進行診斷的難度，現實醫療環境中醫生可以看到醫療影像和一些補充數據，包括病人的病史、健康記錄、其他檢測和口述等。

一些診所開始使用圖像目標檢測和分割技術，處理緊急、不易被發現的病例，如使用放射圖像標註大腦中的大動脈閉塞，這主要是因爲，病人在永久性大腦損傷發生之前所剩的時間極其有限(幾分鐘)。此外還有癌症病理切片讀取，該任務需要人類專家費力地掃描和診斷超高畫素圖像(或同樣大小的實體圖像)，現在該任務可以使用能夠檢測有絲分裂細胞或腫瘤區域的卷積神經網路來輔助進行。訓練之後的卷積神經網路用於量化組織病理圖像中的 PD-L1 數量，這項任務對確定病人要接受哪種免疫腫瘤藥物非常重要。結合像素級的分析，卷積神經網路甚至被用於發現生存機率相關組織的生物學特徵。

Google Brain 的團隊也利用 AI 技術，取得過往無法獲得的資訊(例如 PDF 上的標註、圖表上的註記等等)來分析判斷，在取得和分析資料的時間上，比起過往的方法都來的更有效率。舉例來說，一位患有晚期乳癌的的女性患者，在經過兩名醫生的放射性掃描後，被評估在住院期間可能死亡的機率為 9.3%，但，Google Brain 使用 AI 演算法對該患者進行閱讀十萬多個數據點後，對其住院期間可能死亡機率評估為 19.9%，在不久幾天後，患者就過世了。這樣說明了，AI 對於特徵的讀取和最後評估，都比過往的技術還要精準及有效。在未來，Google Brain 將放眼更多醫療類別，為其設計專屬的 AI 系統。

雖然許多醫療 AI 應用，目前仍然只在影像判讀上有較多的著墨，但在這人工智慧和大數據正風起雲湧的時代，在不久之後，會大幅地改變全球的醫療體系與大環境。或許不至於取代人類在醫療領域中的地位，但必定會成為醫療領域中強力的助手。

相關影片

Google AI，能準確預測人的發病率

3

機器學習篇

3-1　建置 Python 開發環境

3-1-1　Anaconda 開發環境

Python 可以在許多平台上執行，例如 Windows、Mac OS 和 Linux 等作業系統，本書主要是以 Windows 為主。雖然 Pyhton 系統內建 IDLE 編輯器，可以編寫及執行程式，但是功能簡略，不方便使用。本書主要以 Anaconda 作為開發環境，Anaconda 是一個免費開源的 Python 程式語言的發行版本，用於資料科學、機器學習、深度學習等。Anaconda 致力於簡化軟體套件管理系統和部署，它除了內建 Jupyter Notebook 與 Spyder 編輯器外，更包含超過 1400 資料科學軟體套件，對初學者而言是相當不錯的開發環境，以下先介紹 Anaconda 的安裝步驟。

1. 先至 Anaconda 的官網「https://www.anaconda.com/products/individual」，安裝下載頁面如圖 3-1 所示。

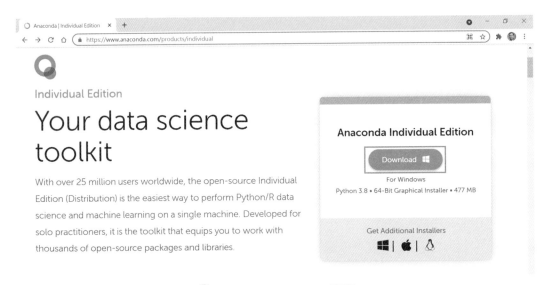

◎ 圖 3-1　Anaconda 官網

2. 此頁面預設下載的版本就是 Windows，所以選取下載 Windows 的圖示，即可下載 Python 3.8．64-Bit Graphical Installer．477MB，Anaconda 的安裝檔 <Anaconda3-2021.05-Windows-x86_64.exe>。

3. 接下來執行此安裝檔<Anaconda3-2021.05-Windows-x86_64.exe>開始進行安裝，安裝畫面如圖 3-2 所示，需要一些時間才能安裝完成。

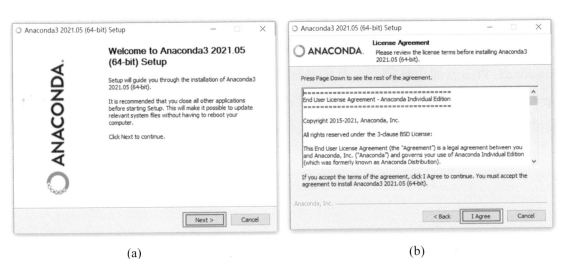

(a)　　　　　　　　　　　　　　　(b)

◎ 圖 3-2　Anaconda 安裝步驟過程

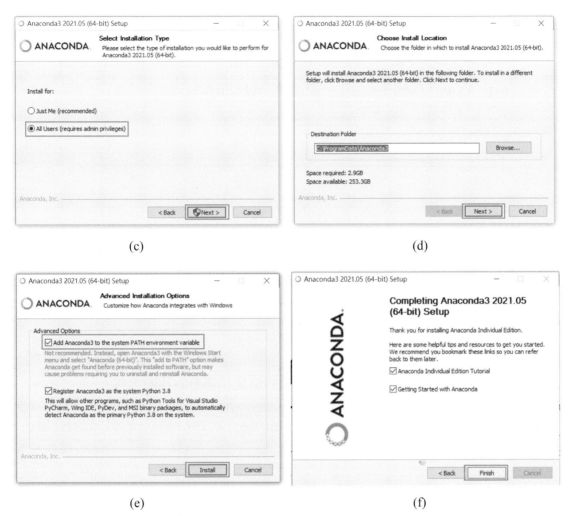

(c)   (d)

(e)   (f)

◎ 圖 3-2　Anaconda 安裝步驟過程(續)

　　安裝完 Anaconda 後，許多的套件已經自動安裝，要查看或安裝套件可以使用 Anaconda Prompt 進行套件管理。執行開始/所有程式/Anaconda3(64-bit)中的 Anaconda Prompt (anaconda3)，如圖 3-3 所示。

◎ 圖 3-3　Anaconda Prompt

套件的管理可以使用 pip 或 conda 指令，以下為套件管理的相關指令。

1. 查看套件列表：顯示已經安裝好的套件，指令為：
   `pip list`，如圖 3-4 所示，顯示套件的名稱和版本。

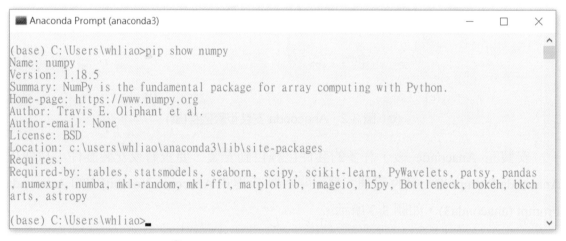

◎ 圖 3-4　pip list 查看套件列表

2. 查看套件詳細資料：若要顯示套件的詳細資料，例如 numpy 可以使用以下的指令：
   `pip show numpy`，如圖 3-5 所示，顯示套件的名稱、版本、簡介、官網、作者、作者 email、執照、套件安裝的位址和需要的相關套件。

```
Anaconda Prompt (anaconda3)                                    —    □    ×
(base) C:\Users\whliao>pip show numpy
Name: numpy
Version: 1.18.5
Summary: NumPy is the fundamental package for array computing with Python.
Home-page: https://www.numpy.org
Author: Travis E. Oliphant et al.
Author-email: None
License: BSD
Location: c:\users\whliao\anaconda3\lib\site-packages
Requires:
Required-by: tables, statsmodels, seaborn, scipy, scikit-learn, PyWavelets, patsy, pandas
, numexpr, numba, mkl-random, mkl-fft, matplotlib, imageio, h5py, Bottleneck, bokeh, bkch
arts, astropy

(base) C:\Users\whliao>_
```

◎ 圖 3-5　pip show 查看套件詳細資料

3. 安裝套件：若需要的套件沒有安裝，可以使用安裝指令進行安裝。例如，在本書中的深度學習需要使用 TensorFlow 和 Keras 套件，以下的指令可以進行安裝：
   `pip install tensorflow`
   `pip install keras`

4. 更新套件：若需要最新版本的套件，可以使用以下的指令進行 TensorFlow 更新至最新版本：

```
pip install -U tensorflow
```

5. 移除套件：若要移除不需要的套件，可以使用以下的指令進行 Keras 套件的移除：

```
pip uninstall keras
```

Jupyter Notebook 是一個建構於網頁應用程式的開源整合開發環境，最大的特色是可以在筆記本中撰寫程式、顯示程式和視覺化輸出，也可以使用 Markdown 標記語言與 LaTex 數學方程式來寫筆記的文字段落，可以當作系統文件，不會有程式和文件無法對應的問題，如圖 3-6 所示。所以從 2014 年推出以來風靡資料科學生態圈，Google 也基於 Jupyter Notebook 建立 Google Colaboratory 的瀏覽器開發環境。

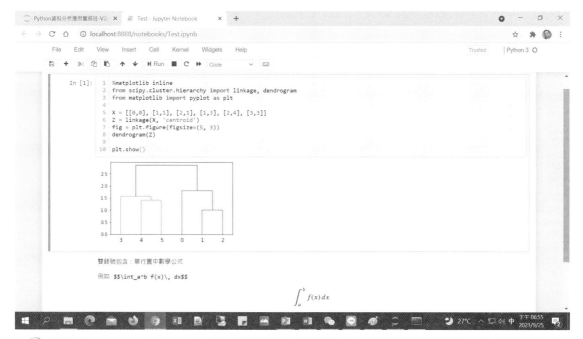

◎ 圖 3-6　Jupyter Notebook 可以撰寫程式、顯示程式、視覺化輸出和筆記本的數學方程式

安裝好 Anaconda 後，執行開始/所有程式/Anaconda3(64-bit)中的 Jupyter Notebook (anaconda3)，即會在瀏覽器中開啟 Jupyter Notebook，選取「New」中的「Python3」即可開始編寫 Python 程式，如圖 3-7 所示。

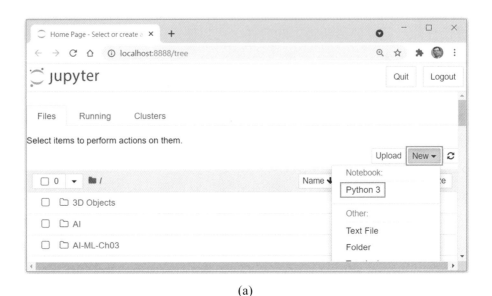

(a)

(b)

◎ 圖 3-7　Jupyter Notebook 的介面

　　除了在本地端建立 Python 的開發環境外，也可以選擇使用雲端服務，例如 Google Colab。Google Colab 是一個基於 Jupyter Notebook 的開發環境，透過瀏覽器即可編寫程式，簡單好上手，不必進行任何設定。也提供免費的 GPU，適合一般人工智慧的初學者使用。

3-1-2　Keras 框架

Keras 是 Python 的深度學習 API，建立在 TensorFlow 之上，提供一個方便定義和訓練任何類型的深度學習模型的方法。Keras 最初是為研究而開發，主要是加速深度學習的實驗過程。透過 TensorFlow，Keras 可以在不同類型的硬體上運行 CPU、GPU、或 TPU，可以輕易地擴展到眾多的機器，TensorFlow 是一個低階張量的計算平台，而 Keras 是一個高階深度學習的 API，如圖 3-8 所示。

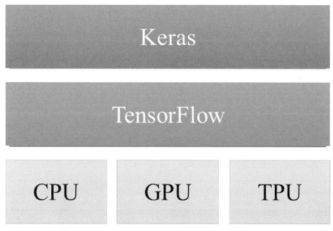

◎圖 3-8　Keras 和 Tensorflow 的關係

Keras 是優先考慮開發人員的經驗為主，主要是設計給人使用的 API，而不是針對機器。它提供一致且簡單的工作流程，大大減少了一般使用狀況下所需的操作數量，並對用戶的錯誤提供清晰且可操作的回饋。所以 Keras 對於初學者很容易學習，並且對於專家的使用，效率也非常高。使用 Keras 的人包括學術研究人員、工程師、新創公司和大企業的數據科學家。Keras 也是機器學習競賽 Kaggle 網站上的流行框架，其中使用 Keras 贏得了許多深度學習的比賽。

在 Python 開發環境中使用 TensorFlow 和 Keras 只要使用以下的指令即可進行安裝：

```
pip install tensorflow
pip install keras
```

3-2　機器學習簡介(Introduction to Machine Learning)

機器學習(Machine Learning)是一種數據分析技術，它教導計算機模仿人類從經驗中學習。機器學習直接從數據「學習」資訊，而不依賴於預定的程式作為模型。什麼是從經驗中學習呢？舉例來說，人類是如何學會辨識貓呢？我們不是辨識貓的所有詳細特徵：「尖耳朵、人字型嘴巴、細長鬍鬚、四肢腳、體型、毛色等」，短毛貓、波斯貓、緬因貓、暹羅貓等貓咪的外型特徵都不一樣。小孩從小學習辨認貓，並不是父母先教小孩什麼是貓，而是當小孩看到貓時，就告訴小孩這是貓，看到其他不同動物，例如老虎、豹、狗，而認錯為貓時，就進行糾正，久而久之，小孩就自然而然地「學」會辨識貓了。雖然不是原本看過的貓，我們仍然知道這是一隻貓。傳統讓電腦辨識出貓的方法，需要將所有貓的特徵以窮舉法的方式、詳細輸入所有貓的可能條件，比如貓有圓臉、細長鬍鬚、瘦長的身體、小嘴巴和一條長尾巴。

相關影片

AI 新手一定要了解的兩個技術：機器學習 vs 深度學習

相關影片

什麼是機器學習？

機器學習應用於各方面，在日常生活方面，手機內建的 GPS 和三軸加速度計，平常便會收集許多有用的數據，當我們開車出遊時，可透過手機導航軟體，提供建議行車的路線和預估到達的時間；利用手機叫車服務，只要輸入目的地，系統會幫我們預估行車的時間和費用。在監控安全方面，如果一個人要監控許多的監視器，然後判斷是否有異常發生是一件困難的事情，若監視器本身可以自我學習找出可能異常的狀態，例如有人長時間不動或持續徘徊，監視器就可提醒監控人員查看是否有警訊。在社交網路方面，社交軟體會透過不斷收集你的朋友名單、興趣、工作場所及你與他人共享的群組等，經過持續的學習，可以建議你適合的朋友名單；在平常使用電子郵件時，常會收到許多的垃圾郵件，客戶端所使用的垃圾郵件過濾器，也是由機器學習提供的服務。在金融服務方面，使用機器學習防止洗錢，利用比較數百萬筆的交易紀錄，區分買賣雙方之間是合法或非法交易。

以上可以看出機器學習能應用在許多不同的情境和問題中，我們將探討各種機器學習技術及其學習過程。基於學習風格，機器學習技術已被分類為監督式學習

(Supervised Learning)、非監督式學習(Unsupervised Learning)、半監督式學習(Semi-supervised Learning) 和強化學習(Reinforcement Learning),如圖 3-9 所示,為機器學習的分類。

相關文章

三分鐘了解機器學習的四個學習方式

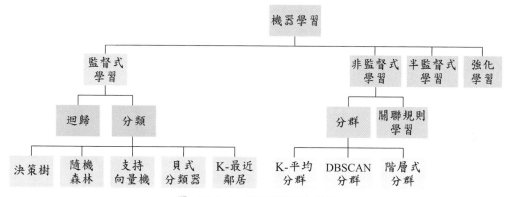

◎ 圖 3-9 機器學習的分類

3-2-1 監督式學習(Supervised Learning)

監督式學習是機器學習中重要的數據處理方法之一。在監督式學習中,我們提供演算法的訓練數據稱為標籤,並透過樣本的特徵劃分類別,以建立分類模型,最後,輸入新的樣本即可知道相對應的類別。如圖 3-10 所示,如果想要建立能夠辨識椅子的分類模型,一開始會輸入大量的訓練資料,分別標示是椅子或不是椅子,經過大量的機器學習後,就能根據特徵建立對應的分類模型,最後,只要輸入測試資料,分類模型即能輸出此測試資料是否為椅子。

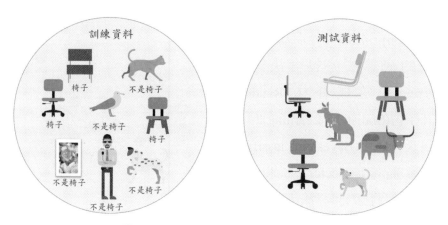

◎ 圖 3-10 用於分類的標記訓練集

以垃圾郵件過濾器為例,知識工程和監督式學習是應用於垃圾郵件過濾問題的兩種主要方法,知識工程是著重於建立基於知識的系統,預先定義規則,當電子郵件傳入時再判斷是否為垃圾郵件,此方法的主要缺點是這些規則需要由用戶或第三方(例如軟體供應商)持續維護和更新。相較之下,監督式學習不需要預先定義規則,而是透過許多帶有標籤的電子郵件樣本(垃圾郵件或普通郵件)進行訓練,學習如何對新電子郵件進行分類,如圖 3-11 所示,監督學習的垃圾郵件分類。另一個例子是使用廣告預算來預估汽車的銷售量,給定一組稱為預測變量的特徵(例如行銷費用)預測目標數值,訓練系統需提供過去大量的汽車廣告預算和銷售量。如圖 3-12 所示,利用監督式學習演算法生成輸入要素和預測目標輸出間關係和依賴關係的模型。

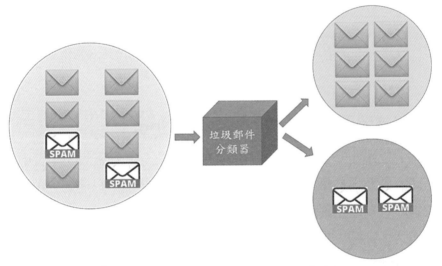

◎ 圖 3-11　用於監督學習的垃圾郵件分類

監督式學習分為迴歸(Regression)和分類(Classification)。分類可分為基於邏輯(Logic-based)的演算法,包含決策樹(Decision Tree)和隨機森林(Random Forest);統計學習(Statistical Learning)的演算法,包含貝氏分類器(Bayesian Classifier)和支持向量機(Support Vector Machine,SVM);還有基於實例的演算法,包含 K-最近鄰居(K-Nearest Neighbors,KNN)等。

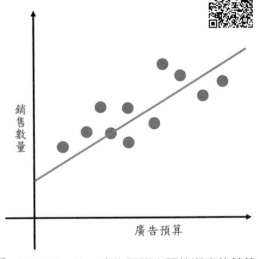

◎ 圖 3-12　使用廣告預算來預估汽車的銷售量

3-2-2 非監督式學習(Unsupervised Learning)

非監督式學習的訓練資料不需要事先以人力處理標籤，機器面對資料時，模型自行試圖從數據中提取關係。例如圖 3-13(a)中包含 6 筆資料，試圖將這些資料分成兩群。從直覺的觀察中，很容易發現依據顏色可以分為兩群，一群是「紅色」，另一群是「藍色」，如圖 3-13(b)。另外我們也可以觀察到，有一群資料的字首都是「大寫」，而另一群的字首都是「小寫」。因此依據字首的大小寫也可分成兩群，如圖 3-13(c)。接下來，看看是否還有什麼特徵可以當作分群的條件？我們發現有些資料只包含「英文字母」，但有些資料還包含「數字」，因此可以依據是否只包含英文字母來分群，如圖 3-13(d)。

```
Machine 1    machine B    Machine 2
machine A    Machine C    machine 3
```
(a)原始資料

```
Machine 1    machine A    Machine 2
machine B    Machine C    machine 3
```
(b)依據顏色分群

```
Machine 1    Machine C    Machine 2
machine A    machine B    machine 3
```
(c)依據字首的大小寫分群

```
machine A    machine B    Machine C
Machine 1    Machine 2    machine 3
```
(d)依據字中是否包含數字分群

◎ 圖 3-13　無監督學習的分群

另外不同的分群數也會影響到分群的結果，例如圖 3-14(a)中為資料集，如果我們的分群數為兩群，可以依據是否為動物來分群，分成一群是「動物」，而另一群為「非動物」，如圖 3-14(b)。也可以依據腳的數量來當作分群的特徵，區分為「兩隻腳」和「四隻腳」兩群，如圖 3-14(c)。當我們設定分群數為三群時，可以分成一群為人，一群為其他動物，另一群為非動物，如圖 3-14(d)。我們亦可找到另一種分成三類的不同分群方法，一群為會飛動物，一群為不會飛動物，另一群為非動物，如圖 3-14(e)。當分群數為四群時，我們分成一群為會飛動物，一群為不會飛動物，一群為綠色椅子，另一群為紅色椅子，如圖 3-14(f)。所以非監督式學習的方法不需要事先對資料做標籤當作學習的準則。相反地，它是從資料中自行探索是否有重要的特徵可以當成學習的依據。非監督式學習可以大大減低繁瑣的人力工作，找出潛在的規則。

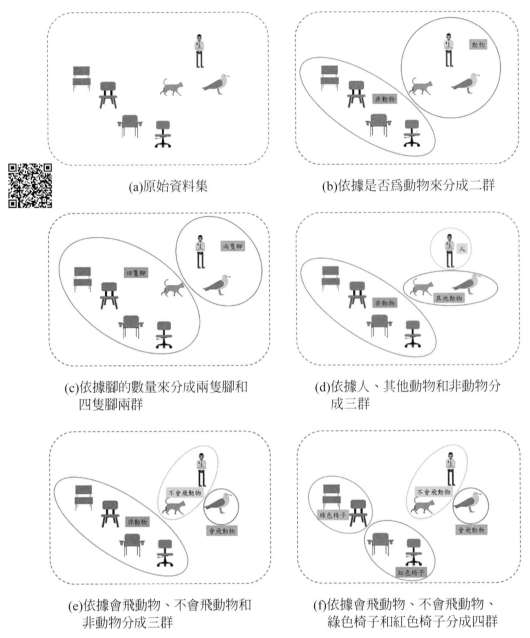

(a)原始資料集

(b)依據是否為動物來分成二群

(c)依據腳的數量來分成兩隻腳和
四隻腳兩群

(d)依據人、其他動物和非動物分
成三群

(e)依據會飛動物、不會飛動物和
非動物分成三群

(f)依據會飛動物、不會飛動物、
綠色椅子和紅色椅子分成四群

◎ 圖 3-14　不同的分群結果

　　非監督式學習可以廣泛應用在許多的領域。例如，假設你是影音串流的網站經營者，可能需要使用分群演算法來嘗試區隔這些喜好相似的用戶群組。對於這些用戶事前沒有給予任何標籤，非監督式學習試圖根據這些使用者的行為找到一些連接。例如，它可能發現 30%的用戶是喜歡看動作片的男性，並且通常在晚上觀看；其中 40%是在周末看愛情文藝片的女性等。如果使用分層分群演算法，它還可以將每個群組細

分為更小的群組。這可以幫助定位每個群組的推薦廣告。另一個重要的無監督式學習是異常檢測，例如，檢測異常信用卡交易以防止欺詐，或是提供數據集給另一個學習演算法之前，自動從數據集中刪除異常值。系統使用普通實例進行訓練，當它看到一個新實例時，可以判斷它是正常實例，或者可能是異常，如圖 3-15。最後，另一個常見的無監督式學習是關聯規則學習，其目標是挖掘大量數據並發現屬性之間的有趣關係。例如，在超級市場的銷售資料庫中應用關聯規則學習，可能會發現購買烤肉架和啤酒的人也傾向於購買牛排。因此，你可能希望將這些商品放在彼此靠近的位置。

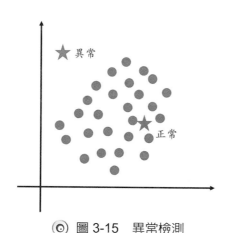

◎ 圖 3-15　異常檢測

3-2-3　半監督式學習(Semi-supervised Learning)

　　半監督式學習顧名思義就是結合監督式學習與非監督式學習的一種方法，在監督式學習中，樣本類別的標籤都是已知的，並透過樣本的特徵劃分類別，以建立分類模型，最後，輸入新的樣本即可知道相對應的類別。所以如果有大量的標籤樣本將會增加分類模型的精確度。但是在實際的應用中，有些領域人工標示的樣本成本很高，但是沒有標籤的樣本數量卻非常龐大。所以半監督式學習就是利用大量的無標籤樣本和少量的標籤樣本來解決標籤樣本不足的問題。以資料分群而言，先以有標籤的樣本求出一條分界線，剩下沒標籤的樣本再依據整體分布來調整分界線，同時具有非監督式學習高自動化的優點，又能降低人工標籤資料的成本。例如有 100 張照片，標註其中 10 張哪些是貓哪些是狗。機器透過這 10 張照片的特徵去辨識及分類剩餘的照片。因為已經有辨識的依據，所以預測出來的結果通常比非監督式學習準確。半監督式學習具有許多實際的應用，例如自然語言處理、網路內容分類、語音識別、垃圾郵件過濾、影片監控和蛋白質序列分類等。

3-2-4 強化學習(Reinforcement Learning)

強化學習是機器學習的一種方法，讓電腦從一開始什麼資訊都沒有的情況下，透過與環境互動來不斷收集訊息採取行動，並從錯誤中學習，最後找到規律，學會了達到目的的方法。如圖 3-16 所示，強化學習的架構，以學習系統稱為代理人，可以觀察環境，在給定的情況下，選擇執行的行動，並獲得回報或者進行處罰，因此，強化學習須自己學習什麼是最佳策略，以獲得最大的回報。例如，機器人利用強化學習演算法學會如何行走；DeepMind 的 AlphaGo 透過分析數以百萬計的棋譜，並與自己下棋學習獲勝的策略，最後，在 2016 年 3 月擊敗了世界圍棋冠軍李世乭，如圖 3-17 所示。

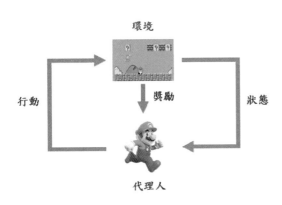

◎ 圖 3-16　強化學習架構

◎ 圖 3-17　AlphaGo
(資料來源：https://news.ltn.com.tw/
news/world/breakingnews/2983229)

以下將說明在強化學習中一個常用的 Q-learning 方法。如圖 3-18 所示，假設有一個迷宮，迷宮中有 5 個房間，分別編號為 1～5，編號 6 代表室外，代理人瑪莉歐不知道整個迷宮的地圖，他使用強化學習的概念，試圖學習找出迷宮的出口。首先整個迷宮以圖(Graph)來表示，如圖 3-19 所示，房間代表節點，門代表線，因為門是雙向的，所以兩個節點間會有兩條不同方向的線。如圖 3-20 所示，瑪莉歐在房間內，可以選擇不同的門，同時也會有不同的獎勵值，若瑪莉歐找到出口就給予 100 的獎勵，其他就給予 0 的獎勵，如果瑪莉歐在房間 3，他只能往房間 4 走，但是並沒有找到出口，所以這條線的獎勵為 0；如果在房間 4，他可以往房間 2、3 和 5 走，但是也沒有馬上找到出口，所以這些線的獎勵皆為 0；如果在房間 2，往室外 6 走即可找到出口，所以給予 100 的獎勵，依此規則可以畫出獎勵的圖，因此，我們的目標即是走到獎勵值最高的狀態。

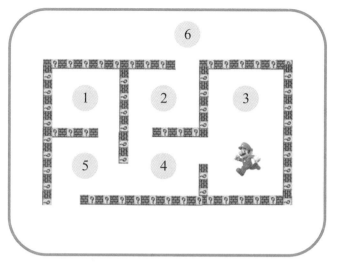

◎ 圖 3-18　迷宮的地圖

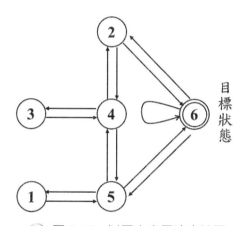

◎ 圖 3-19　以圖來表示迷宮地圖

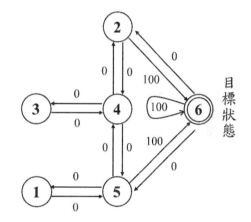

◎ 圖 3-20　標上獎勵的圖

　　我們以節點表示每個房間 1～5 還有室外 6 稱作「狀態」，以線表示代理人瑪莉歐從一個房間移動到另一個房間稱作「行動」。我們將狀態行動獎勵圖以獎勵矩陣 R 代表，列代表「狀態」，行代表「行動」，其中 –1 表示沒有線相連。

$$R = \begin{bmatrix} -1 & -1 & -1 & -1 & 0 & -1 \\ -1 & -1 & -1 & 0 & -1 & 100 \\ -1 & -1 & -1 & 0 & -1 & -1 \\ -1 & 0 & 0 & -1 & 0 & -1 \\ 0 & -1 & -1 & 0 & -1 & 100 \\ -1 & 0 & -1 & -1 & 0 & 100 \end{bmatrix}$$

我們使用 Q 矩陣來代表代理人依據學習所得到的經驗，列代表「代理人現在的狀態」，行代表「到下個狀態可能的行動」，Q-learning 的轉移規則的公式如下所示：

Q(狀態，行動)= R(狀態，行動) +折扣因子*Max[Q(下個狀態，所有行動)]

Q 矩陣的值是由目前 R 矩陣對應的值加上折扣因子乘上 Q 矩陣的下一個狀態中所有可能行動中的最大值，折扣因子定義了未來獎勵的重要性，值為 0 意味著只考慮短期獎勵，值愈大愈重視長期獎勵。以下我們詳細說明 Q-learning 是如何運作的，開始時設定折扣因子為 0.8，初始狀態為 2，初始的 Q 矩陣為 0 矩陣。

$$Q = \begin{bmatrix} 0 & 0 & 0 & 0 & 0 & 0 \\ 0 & 0 & 0 & 0 & 0 & 0 \\ 0 & 0 & 0 & 0 & 0 & 0 \\ 0 & 0 & 0 & 0 & 0 & 0 \\ 0 & 0 & 0 & 0 & 0 & 0 \\ 0 & 0 & 0 & 0 & 0 & 0 \end{bmatrix}$$

現在我們看 R 矩陣的第二列，它有兩種可能的行動，走到狀態 4 或走到狀態 6，假設隨機選擇到的行動是走到狀態 6。再來我們看到 R 矩陣的第六列，它有三種可能的行動，走到狀態 2、5 或 6，因此 Q(2, 6)值的計算如下：

Q(2, 6) = R(2, 6) + 0.8*Max[Q(6, 2), Q(6, 5), Q(6, 6)] = 100 + 0.8*0 = 100

而狀態 6 就成為現在的狀態。且因為狀態 6 是目標狀態，故我們完成了第一回合，代理人的經驗就包含了更新過的 Q 矩陣。

$$Q = \begin{bmatrix} 0 & 0 & 0 & 0 & 0 & 0 \\ 0 & 0 & 0 & 0 & 0 & 100 \\ 0 & 0 & 0 & 0 & 0 & 0 \\ 0 & 0 & 0 & 0 & 0 & 0 \\ 0 & 0 & 0 & 0 & 0 & 0 \\ 0 & 0 & 0 & 0 & 0 & 0 \end{bmatrix}$$

下一回合，我們隨機選取一個狀態，假設選到狀態 4，現在我們看 R 矩陣的第四列，它有三種可能的行動，走到狀態 2、3 或 5，假設隨機選擇到的行動是走到狀態 2。

我們看到 R 矩陣的第二列，它有兩種可能的行動，走到狀態 4 或 6。所以 Q(4, 2)值的計算如下：

Q(4, 2) = R(4, 2) + 0.8*Max[Q(2, 4), Q(2, 6)] = 0 + 0.8*Max[0, 100] = 80

所以 Q 矩陣更新如下：

$$Q = \begin{bmatrix} 0 & 0 & 0 & 0 & 0 & 0 \\ 0 & 0 & 0 & 0 & 0 & 100 \\ 0 & 0 & 0 & 0 & 0 & 0 \\ 0 & 80 & 0 & 0 & 0 & 0 \\ 0 & 0 & 0 & 0 & 0 & 0 \\ 0 & 0 & 0 & 0 & 0 & 0 \end{bmatrix}$$

狀態 2 成為現在的狀態，但因為狀態 2 不是最後的目標狀態，所以我們繼續執行，接下來有兩種可能的行動，走到狀態 4 或 6，假設幸運地隨機選到狀態 6，有三種可能的行動，走到狀態 2、5 或 6。所以 Q(2, 6)值的計算如下：

Q(2, 6) = R(2, 6) + 0.8*Max[Q(6, 2), Q(6, 5), Q(6, 6)] = 100 + 0.8*0 =100

所以狀態 6 就成為現在的狀態。因為狀態 6 即是目標狀態，故我們又完成了另一回合，但是 Q(2, 6)的值原來就是 100，所以 Q 矩陣不變。如果我們的代理人繼續學習，最後收斂就會得到以下的 Q 矩陣：

將此 Q 矩陣對應到新的狀態行動獎勵圖，如圖 3-21 所示。

現在代理人瑪莉歐就具有學習後的經驗 Q 矩陣，當代理人瑪莉歐從狀態 3 開始出發時，它將選擇最大的獎勵線，移動到狀態 4，在狀態 4 時可以選擇移動到狀態 2 或 5，假設我們選擇移動到狀態 2，接下來選擇移動到狀態 6，即找到最終的目標了，如圖 3-21。

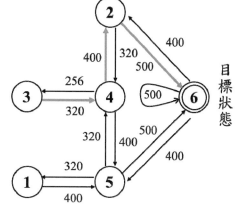

◎ 圖 3-21　Q-learning 後的狀態行動獎勵圖

3-3　機器學習演算法

3-3-1　迴歸(Regression)

　　迴歸可以用來預測連續數值,例如:薪水預測、房價預測及股票預測等,迴歸是一種統計學上分析數據的方法,其目的是找出一個最能代表觀測資料關係的連續函數。例如,有一個人進入一家公司,想預測未來他在這家公司薪資與年資的對應關係,如表 3-1 他利用公司中的員工薪資資料,以橫軸當作員工的年資,縱軸當作員工的薪資,繪出如圖 3-22 的年資和薪資的二維分佈圖。

◎ 表 3-1　年資和薪資的資料集

年資	薪資
1	30000
2	25000
3	35000
3.5	32000
4	35000
4.5	32000
6	35000
6	50000
7	40000

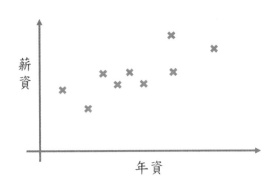

◎ 圖 3-22　年資和薪資的二維分佈圖

假設我們想要預估具有的年資到底會有多少的薪資，如果想預估的年資剛好在圖中的資料中，那薪資即可從中獲得；如果沒有在資料中，我們將應用迴歸分析，透過這些資料找出年資和薪資的相關性，如圖 3-23(a)所示，最簡單的模型就是在數據上畫出一條直線，其直線方程式為 $y = wx + b$。如圖 3-23(b)所示，我們可以在這個平面中畫出無數的直線，且每一個點都不在直線上，表示點與畫出的直線有誤差，如圖 3-23(c)所示，我們透過每一個點到畫出的直線求距離，距離代表著預測與真實結果的差異，並利用誤差平方和取最小值來求得最適合的直線，最終即可得到一條誤差平方和最小的直線，便可透過這條直線來估算我們的薪資。

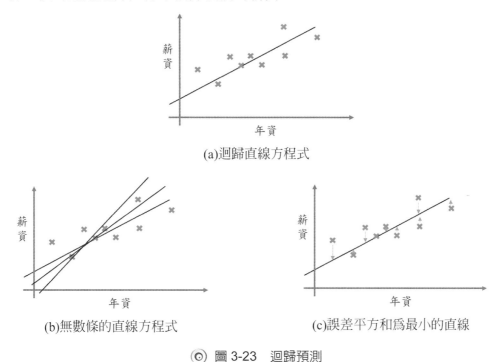

(a)迴歸直線方程式

(b)無數條的直線方程式

(c)誤差平方和為最小的直線

◎ 圖 3-23　迴歸預測

目前我們求出的直線，能將誤差平方和降低，但是薪資的值可能不為線性，也有可能是一個二次的函數，如圖 3-24(a)所示，重複先前的步驟，並使誤差平方和最小化。若二次函數可以更精準，則一直增加次方項，就會得到如圖 3-24(b)，在這個結果下誤差平方和幾乎為 0，但增加次方項結果不一定是最好的，仍需根據例子而有所取捨。

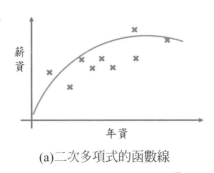
(a)二次多項式的函數線

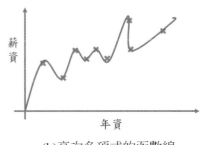
(b)高次多項式的函數線

◎ 圖 3-24　非線性函數

　　雖然求得的模型非常符合現有的資料集，但是因為太過於客製化了，反而沒辦法預測出一般的趨勢。如圖 3-25(a)所示，藍色的點是用來訓練的資料，如果我們採用十次方多項式，幾乎可以得到最佳解，也就是最小的誤差平方和，若套用在預測的資料上，如圖 3-25(b)中的綠色點，可以看到此模型和預測的資料趨勢相差過大，即發生過度擬合(Overfitting)的現象，這意味著它們在訓練期間非常準確，而在預測未來的數據期間產生非常差的結果。反之，如圖 3-25(c)所示，如果我們只採用二次方多項式，反而較接近預測值的趨勢。

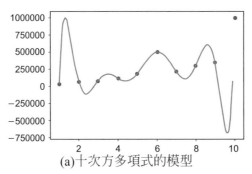
(a)十次方多項式的模型

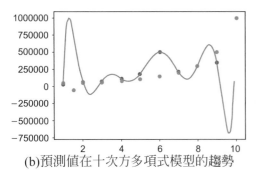
(b)預測值在十次方多項式模型的趨勢

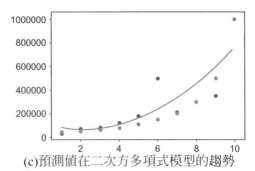
(c)預測值在二次方多項式模型的趨勢

◎ 圖 3-25　預測模型

範例練習

以下的範例是 Boston 的房價資料集，內容是 Boston 近郊 1970 年代房屋價格的相關資料，資料集可以從 sklearn 套件 datasets.load_boston()讀取。資料集的欄位可以用 boston.feature_names 讀取，共有 14 個特徵欄位，506 筆資料。其特徵欄位的意義如下：

- CRIM：人均犯罪率。
- ZN：住宅用地超過 25,000 平方英呎的比例。
- INDUS：城鎮非零售商用土地的比例。
- CHAS：是否鄰近查爾斯河(1：是、0：否)。
- NOX：一氧化氮濃度。
- RM：住宅的平均房間數。
- AGE：1940 年之前建造的自用房屋比例。
- DIS：到波士頓五個中心區域的加權距離。
- RAD：到達高速公路的方便性指標。
- TAX：每萬元的全價值房屋稅。
- PTRATIO：城鎮的師生比例。
- B：1000*(Bk-0.63)**2，（Bk：城鎮中黑人的比例）。
- LSTAT：低收入人口的比例。
- MEDV：自住房屋的平均房價（單位：千元美金）。

接下來，透過 boston.data 可以讀取特徵值的資料 X，也就是前 13 個特徵欄位的資料，另外房價的資料 Y，也就是最後一欄的特徵欄位的資料，可以利用 boston.target 讀取，如下的程式所示：

```
boston = datasets.load_boston()
X = boston.data
Y = boston.target
```

在模型的訓練中，通常會將一部份的資料集當作訓練集，另一部分當作測試集，此範例中使用資料集的 80%訓練模型，資料集的 20%用來測試，程式如下所示：

```
X_train, X_test, Y_train, Y_test = train_test_split(X, Y, test_size=0.2)
```

再來使用迴歸函數 LinearRegression() 來訓練模型，程式如下所示：

```
regression_clf = LinearRegression()
regression_clf.fit(X_train, Y_train)
```

模型訓練好之後，使用 regression_clf.predict() 預測房價和使用 r2_score() 算出預測的準確率大約為 71%，程式如下所示：

```
Y_predict = regression_clf.predict(X_test)
score = r2_score(Y_test, Y_predict)
print("房價的預測準確率：", score)
```

最後真實的房價和預測的房價比較如圖 3-26 所示。

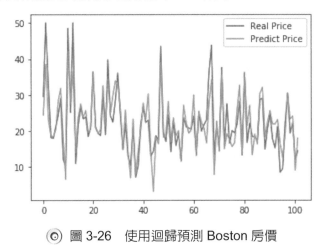

◎ 圖 3-26　使用迴歸預測 Boston 房價

完整的程式如程式碼 3-1 所示。

程式碼 3-1：使用迴歸預測 Boston 的房價

```
%matplotlib inline
import numpy as np
from sklearn import datasets
from sklearn.linear_model import LinearRegression
from sklearn.model_selection import train_test_split
from sklearn.metrics import r2_score
import matplotlib.pyplot as plt

np.random.seed(29)

#讀取 Boston 房價資料集
boston = datasets.load_boston()
print("資料集的特徵欄位名稱為：", boston.feature_names)
X = boston.data
Y = boston.target
```

```
#資料集中，80%當作訓練集，20%當作測試集
X_train, X_test, Y_train, Y_test = train_test_split(X, Y, test_size=0.2)
regression_clf = LinearRegression()
regression_clf.fit(X_train, Y_train)
Y_predict = regression_clf.predict(X_test)
score = r2_score(Y_test, Y_predict)
print("房價的預測準確率：", score)

#劃出真實房價和預測房價的圖
plt.plot(Y_test, label='Real Price')
plt.plot(Y_predict, label='Predict Price')
plt.legend()
```

輸出結果
資料集的特徵欄位名稱為： ['CRIM' 'ZN' 'INDUS' 'CHAS' 'NOX' 'RM' 'AGE' 'DIS' 'RAD' 'TAX' 'PTRATIO' 'B' 'LSTAT'] 房價的預測準確率： 0.7774311567435893

3-3-2 決策樹(Decision Tree)

決策樹是廣泛用於分類和迴歸的模型。以區分四種動物(鳥、狗、魚和蝦)為例，透過詢問問題來得到正確答案，動物是否有毛，能將動物區分為「鳥和狗」及「魚和蝦」兩類，如果答案為「是」，便詢問動物是否會飛，以分辨鳥和狗；如果答案為「否」，便詢問動物是否有腳，以分辨魚和蝦，這一系列問題可以表示為決策樹，如圖 3-27 所示。

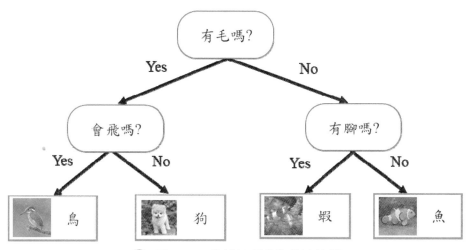

◎ 圖 3-27 分辨何種動物的決策樹

樹中每個節點代表問題，終端節點為答案，線段將答案連接到下一個會問的問題。在機器學習中，我們建立了一個模型，使用三個特徵「有毛」、「會飛」和「有腳」，來區分四類動物鳥、狗、魚和蝦。我們可以使用監督式學習從數據中學習，而不是手工製作這些模型。

以判斷炸雞是否好吃為例，首先收集炸雞的油溫和油炸時間導致好吃或不好吃的結果數據如表 3-2，有五筆資料。根據收集的資料，我們想要預測第 6 筆資料，當油溫 70 度，油炸時間 30 秒時，製作出來的炸雞是否好吃？

◎ 表 3-2　炸雞的數據

編號	油溫	油炸時間	好不好吃
1	50	80	好
2	45	60	不好
3	19	100	不好
4	100	30	好
5	100	70	不好
6	70	30	?

1. 首先以油溫來當作判斷的節點，如果油溫 < 60 度時，形成左子樹，有第 1, 2, 3 筆資料，其他第 4, 5 筆資料的油溫皆 ≥ 60 度，因此右子樹節點包含這兩筆資料，如圖 3-28 所示。

2. 接下來左子樹以油炸時間是否 < 70 秒當作判斷的節點，如果油炸時間 < 70 秒，形成左子樹，此時有第 2 筆資料，其他第 1, 3 筆資料 ≥ 70 秒。

3. 再往下判斷油溫是否 < 20 度，如果油溫 < 20 度，形成左子樹，有第 3 筆資料，油溫 ≥ 20 度，形成右子樹，有第 1 筆資料。

4. 最後處理一開始的右子樹，判斷油炸時間是否 < 50 秒？如果油炸時 < 50 秒，形成左子樹，有第 4 筆資料，油炸時間 ≥ 50 秒，形成右子樹，有第 5 筆資料，此時決策樹就完成了。

此時根據這個決策樹來預測第 6 筆資料的結果炸雞是否好吃？首先判斷油溫是否 < 60 度？因為油溫是 70 度所以往右分支移動。接下來判斷油炸時間是否 < 50 秒？因為油炸時間是 30 秒，所以往左分支移動，最後到達好吃的終端節點。

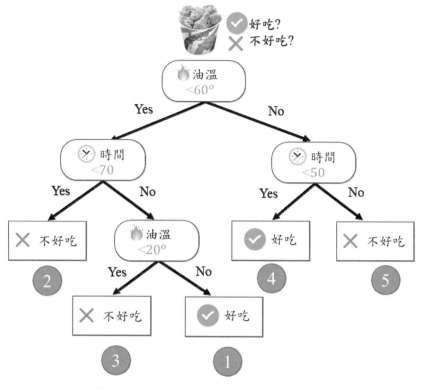

◎ 圖 3-28　判斷炸雞是否好吃的決策樹

　　以下我們將說明決策樹如何在二維空間中分割出類別，如圖 3-29 所示，二維簡單決策樹空間的圖形，X 軸是油炸時間，Y 軸是油溫。

1. 決策樹根節點測試油溫是否 < 60 度，故在圖中爲 Y 軸上油溫 60 度的水平線，將平面分割成上下方，在該水平線的下方是油溫 < 60 度；而上方是油溫 ≥60 度。

2. 下一個決策樹中的左分支節點測試油炸時間是否 < 70 秒，故在圖中爲 X 軸上油炸時間 70 秒處的垂直線，將平面分割成左右方，在該垂直線的左方是油炸時間 < 70 秒；而右方是油炸時間 ≥70 秒。

3. 接下來以下一條水平線區隔油溫是否 < 20 度。

4. 同理，在根節點的右分支也與左分支的做法相同，可以找到下一條垂直線測試油炸時間是否 < 50 秒，用來分割資料。

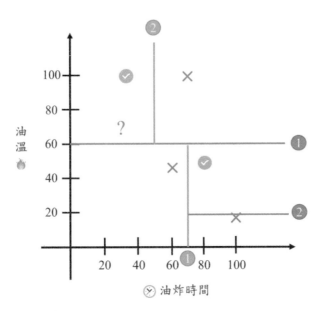

◎ 圖 3-29　以油溫和油炸時間來分類

　　每當我們從決策節點中追踪樹中的路徑時，每個內部節點都可利用各條件將二維空間做劃分，以便在各子區域中分類答案。決策樹的優點為人類容易解釋決策過程，廣泛應用於商業、醫療及數據分析，且使用簡單，在預測及訓練時相當有效率；其缺點為相較於其他的機器學習有較少的理論保證，且著重的是設計一個看起來不錯的模組，模組可能含有很多個不同的巧思去符合特定資料。

範例練習 ■

　　以下的範例是鳶尾花的分類資料集，包含三種鳶尾花的花瓣長寬和花萼長寬資料，資料集可以從 sklearn 套件 datasets.load_iris()讀取，如圖 3-30 所示。資料集的目標值為 setosa、versicolor、virginica，可以用 iris.target_names 讀取。而資料集的特徵欄位可以用 iris.feature_names 讀取，共有 4 個欄位，150 筆資料，其特徵欄位的意義如下：

- sepal length (cm)：花萼的長度。
- sepal width (cm)：花萼的寬度。
- petal length (cm)：花瓣的長度。
- petal width (cm)：花瓣的寬度。

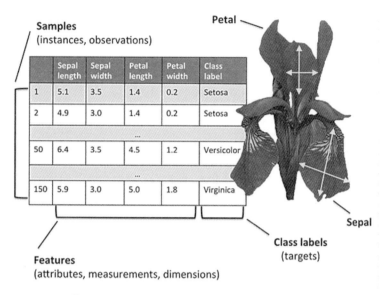

Samples
(instances, observations)

	Sepal length	Sepal width	Petal length	Petal width	Class label
1	5.1	3.5	1.4	0.2	Setosa
2	4.9	3.0	1.4	0.2	Setosa
...					
50	6.4	3.5	4.5	1.2	Versicolor
...					
150	5.9	3.0	5.0	1.8	Virginica

Class labels
(targets)

Features
(attributes, measurements, dimensions)

◎ 圖 3-30　鳶尾花的花瓣長寬和花萼長寬

　　接下來，透過 iris.data 可以讀取特徵值的資料 X，另外品種的資料 Y，可以利用 iris.target 讀取。此範例中使用 2/3 的資料集訓練模型，1/3 的資料集用來測試，程式如下所示：

```
X_train, X_test, Y_train, Y_test = train_test_split(X, Y,
                                        test_size=0.33)
```

　　再來使用 DecisionTreeClassifier()建構決策樹訓練模型，程式如下所示：

```
decision_tree_clf = DecisionTreeClassifier(criterion='entropy')
decision_tree_clf = decision_tree_clf.fit(X_train, Y_train)
```

　　決策樹的分類方法可以採用「entropy」或「gini」。Entropy 是採用每種特徵分類後的資訊量，資訊量越高就越優先做為決策條件。Gini 為分類器分錯的機率，愈小代表錯誤機率愈小，以此來當作特徵的篩選標準。此處採用 Entropy 做為決策樹的方法，模型訓練好之後，使用 decision_tree_clf.predict()預測品種，accuracy_score()算出預測的準確率為 94%，程式如下所示：

```
Y_predict = decision_tree_clf.predict(X_test)
score = accuracy_score(Y_test, Y_predict)
print("鳶尾花分類的預測準確率：", score)
```

透過以下的指令安裝 graphviz 的套件，可以劃出決策樹的圖形：

conda install python-graphviz

由以上產生的決策樹模型 decision_tree_clf，使用以下的程式碼畫出決策樹，產生的決策樹如圖 3-31 所示。

```
feature_names = ['花萼長','花萼寬','花瓣長','花瓣寬']
dot_data = export_graphviz(decision_tree_clf,
                           feature_names=feature_names,
                           class_names=iris.target_names,
                           filled=True, rounded=True)
graph = graphviz.Source(dot_data)
graph
```

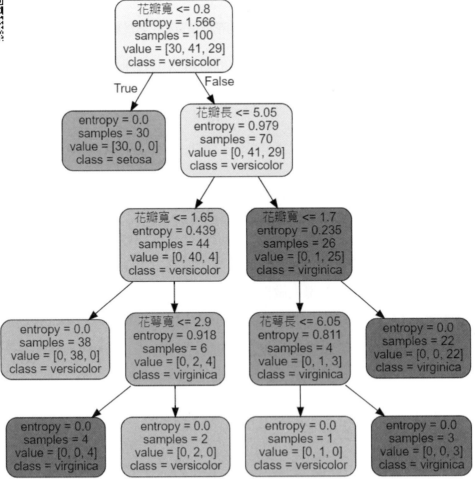

◎ 圖 3-31　鳶尾花資料集的決策樹

對於圖 3-31 決策樹每個節點中參數的意義為何，我們以根節點為例，說明每個參數的意義。

- 第一行花瓣寬<=0.8：鳶尾花資料集的特徵集有 4 個屬性，此處表示當花瓣寬的值小於等於 0.8 時，走左子樹，否則走右子樹。

- 第二行 entropy = 1.566：表示當前 entropy 的值。

- 第三行 samples=100：samples 表示當前的樣本數。整個資料集有 150 筆資料，我們設定 33%作為測試集，則訓練集就佔 67%，也就是 100 筆資料。根節點包含所有樣本集，因此根節點的 samples 值為 100。

- 第四行 value：value 表示屬於該節點的每個類別的樣本個數，value 是一個陣列，陣列中的元素之和為 samples 值。我們知道該資料集的目標集中共有 3 個類別，分別為 setosa，versicolor 和 virginica。所以：

  ✓ value[0] 表示該節點中 setosa 種類的資料量，即 30。

  ✓ value[1] 表示該節點中 versicolor 種類的資料量，即 41。

  ✓ value[2] 表示該節點中 virginica 種類的資料量，即 29。

- 第五行 class=versicolor：表示此節點中種類資料量最多的類別，此處 versicolor 種類的資料量為 41，是三類中數量最多的類別，因此 class=versicolor。

完整的程式如程式碼 3-2 所示。

程式碼 3-2：使用決策樹預測鳶尾花的品種

```python
import numpy as np
from sklearn import datasets
from sklearn.tree import DecisionTreeClassifier
from sklearn.model_selection import train_test_split
from sklearn.metrics import accuracy_score

np.random.seed(47)

#讀取 Iris 分類資料集
iris = datasets.load_iris()
print("資料集的特徵欄位名稱為：", iris.feature_names)
print("資料集的目標值為：", iris.target_names)
X = iris.data
Y = iris.target
```

```
#資料集中，2/3 當作訓練集，1/3 當作測試集
X_train, X_test, Y_train, Y_test = train_test_split(X, Y,
                                      test_size=0.33)
decision_tree_clf = DecisionTreeClassifier(criterion='entropy')
decision_tree_clf = decision_tree_clf.fit(X_train, Y_train)
Y_predict = decision_tree_clf.predict(X_test)
score = accuracy_score(Y_test, Y_predict)
print("鳶尾花分類的預測準確率：", score)

#安裝 graphviz-> conda install python-graphviz
from sklearn.tree import export_graphviz
import graphviz

feature_names = ['花萼長','花萼寬','花瓣長','花瓣寬']
dot_data = export_graphviz(decision_tree_clf,
                           feature_names=feature_names,
                           class_names=iris.target_names,
                           filled=True, rounded=True)
graph = graphviz.Source(dot_data)
graph
```

輸出結果

資料集的特徵欄位名稱為：['sepal length (cm)', 'sepal width (cm)', 'petal length (cm)', 'petal width (cm)']
資料集的目標值為：['setosa' 'versicolor' 'virginica']
鳶尾花分類的預測準確率： 0.94

3-3-3　隨機森林(Random Forest)

　　決策樹主要是採取貪心演算法(Greedy Algorithm)，只考慮當前的純度差最大當作分支點，所以生成的決策樹往往傾向於過度擬合訓練數據，也就是該決策樹對訓練資料可以得到很低的錯誤率，但是運用到測試資料上卻得到非常高的錯誤率，因此，隨機森林是解決這問題的一種方法。一個隨機森林本質上是決策樹的集合，每棵樹略有不同。隨機森林背後的想法是，每棵樹可能做相對好的預測，但也可能因部分數據而過度擬合。如果我們建立很多樹，而這些樹都運作良好，以不同的方式過度擬合，我們可以透過平均他們的結果來減少過度擬合的數量。藉由保留樹的預測能力來減少過度擬合的。也就是論基於「人多力量大，三個臭皮匠勝過一個諸葛亮」。如圖 3-32 所示，具體的作法是先將原始訓練的資料分成多份訓練資料，每份訓練資料用來生成各個決策樹，所以當要預測新的資料時，便會用這些決策樹來預測，最後由這些決策樹產生的結果，採投票當作最終的結果。

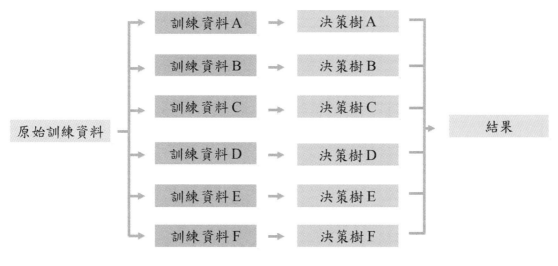

◎ 圖 3-32　隨機森林的概念

　　要實作此策略，我們需要構建許多決策樹，亦需建立每個決策樹的訓練資料，故我們使用 Bagging(Bootstrap Aggregating)算法，Bootstrap 是從原始資料中抽取子集合，然後再分別求取各個子集合的統計特徵，最終將統計特徵合併，因此，結合 Bootstrap 想法，從訓練資料中取 K 次子集合，分別用來訓練 K 個單獨的決策樹，然後用這 K 個決策樹來做預測。

範例練習

　　接續上一節決策樹的範例，一樣使用鳶尾花的資料集，此處的隨機森林使用 RandomForestClassifier()建構隨機森林訓練模型，n_estimators = 10 代表使用 10 個決策樹形成隨機森林，程式如下所示：

```
random_forest_clf = RandomForestClassifier(n_estimators = 10,
                                           random_state = 42)
random_forest_clf = random_forest_clf.fit(X_train, Y_train)
```

　　模型訓練好之後，使用 random_forest_clf.predict 預測品種，accuracy_score()算出預測的準確率為 98%，準確率比決策樹高，程式如下所示：

```
Y_predict = random_forest_clf.predict(X_test)
score = accuracy_score(Y_test, Y_predict)
print("鳶尾花分類的預測準確率：", score)
```

完整的程式如程式碼 3-3 所示。

程式碼 3-3：使用隨機森林預測鳶尾花的品種

```python
import numpy as np
from sklearn import datasets
from sklearn.ensemble import RandomForestClassifier
from sklearn.model_selection import train_test_split
from sklearn.metrics import accuracy_score

np.random.seed(47)

#讀取 Iris 分類資料集
iris = datasets.load_iris()
X = iris.data
Y = iris.target

#資料集中，2/3 當作訓練集，1/3 當作測試集
X_train, X_test, Y_train, Y_test = train_test_split(X, Y,
                                        test_size=0.33)
random_forest_clf = RandomForestClassifier(n_estimators = 10,
                                            random_state = 42)
random_forest_clf = random_forest_clf.fit(X_train, Y_train)
Y_predict = random_forest_clf.predict(X_test)
score = accuracy_score(Y_test, Y_predict)
print("鳶尾花分類的預測準確率：", score)
```

輸出結果

鳶尾花分類的預測準確率： 0.98

3-3-4　支持向量機(Support Vector Machine，SVM)

　　支持向量機是一種監督式學習的分類器，它可以找到一個最佳超平面來對數據進行分類，並在兩類的數據之間找到分隔線。如圖 3-33(a)所示，橫軸為身高，縱軸為體重，將女生(紅點)和男生(藍點)進行分類，而任務是找到一條理想的分隔線，將這個數據集分成兩類，如圖 3-33(b)所示，我們可以畫出一條直線將女生和男生分開，但是這一條線有許多的可能性，而我們要找的直線是能夠將數據進行有效的分類，同時保證直線的兩邊樣本盡可能遠離此直線，如圖 3-33(c)所示，實線部分即是我們要尋找的直線，且為了使兩邊分類的點盡可能地遠離直線，也就是虛線部分的點盡可能遠離，而這些虛線上的點即稱為支撐向量，如圖 3-33(d)所示，有兩個支持向量機的直線分別為藍色和紅色，其中藍色的向量距離比紅色大，若有一個未知的星狀點要進行分類，依

據紅色的支持向量機來分類將會歸類成女生，而依據藍色的支持向量機來分類將會歸成男生，我們可以觀察到，其實星狀點與男生(藍點)的距離比起女生(紅點)還要近，所以分類成男生似乎比較合理，這也就是為什麼支持向量機要使兩邊分類的點盡可能地遠離直線的原因，使得誤差容忍度較大，分類時不易判斷錯誤。

　　支持向量機建立分隔線，一旦有一條有助於識別邊界，其他的分隔線的訓練數據即為多餘，提供來自給定數據集的最佳分類。因此，支持向量機的模型複雜性不受訓練數據中遇到的特徵數量的影響，亦非常適合處理學習任務，其中特徵數量相對於訓練實例的數量很大。

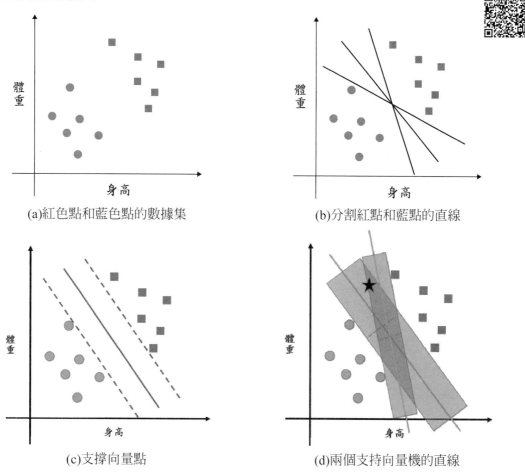

(a)紅色點和藍色點的數據集

(b)分割紅點和藍點的直線

(c)支撐向量點

(d)兩個支持向量機的直線

◎ 圖 3-33　支持向量機

範例練習 ▶◀

　　此處資料集一樣使用鳶尾花的資料集，包含三種鳶尾花的花瓣長寬和花萼長寬資料，為了方便將預測結果視覺化，所以只選了 Sepal length(花萼長)和 Petal length(花瓣長)當成特徵，在平面空間上顯示。使用 svm.SVC(kernel='linear', C=1, gamma='auto')建構支持向量機訓練模型，此處 svm 模型主要有三個參數，分別為 kernel(核函數)、C(懲罰係數)、gamma(決定支援向量的多寡)。核函數包含線性、多項式、高斯、sigmoid 等，此處我們選擇用 kernel='linear'。C 愈大代表錯誤的容忍程度愈低，在訓練集中區分愈精細，因此設定太大容易造成過擬和的問題。反之，設定太小則會造成低度擬合的問題，此處 C 設為 1。gamma 參數決定支援向量的多寡，並影響訓練速度與預測速度，此處 gamma 設為'auto'，由系統自己設定，程式如下所示：

```
svm_clf = svm.SVC(kernel='linear', C=1, gamma='auto')
svm_clf = svm_clf.fit(X_train, Y_train)
```

　　模型訓練好之後，使用 svm_clf.fit()預測品種和使用 accuracy_score()算出預測的準確率大約為 94%，程式如下所示：

```
Y_predict = svm_clf.predict(X_test)
score = accuracy_score(Y_test, Y_predict)
print("鳶尾花分類的預測準確率：", score)
```

　　圖 3-34 中藍色、綠色、紅色分別代表三種不同的鳶尾花品種，如果預測錯誤時，顏色就會是兩種顏色的組合，因為測試資料有 50 筆，錯誤率為 6%，所以有 3 筆資料預測錯誤。

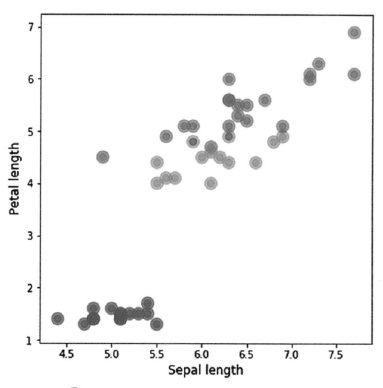

◎ 圖 3-34　使用 SVM 預測鳶尾花的品種

完整的程式如程式碼 3-4 所示。

程式碼 3-4：使用支持向量機預測鳶尾花的品種

```
%matplotlib inline
import numpy as np
from sklearn import datasets
from sklearn import svm
from sklearn.model_selection import train_test_split
from sklearn.metrics import accuracy_score

import matplotlib.pyplot as plt

#讀取 Iris 分類資料集
iris = datasets.load_iris()
X = iris.data
X = X[:, ::2]
Y = iris.target

np.random.seed(29)

#資料集中，2/3 當作訓練集，1/3 當作測試集
X_train, X_test, Y_train, Y_test = train_test_split(X, Y,
                                   test_size=0.33)
```

```
svm_clf = svm.SVC(kernel='linear', C=1, gamma='auto')
svm_clf = svm_clf.fit(X_train, Y_train)
Y_predict = svm_clf.predict(X_test)
score = accuracy_score(Y_test, Y_predict)
print("鳶尾花分類的預測準確率：", score)

plt.figure(figsize=(6, 6))
colmap = np.array(['blue', 'green', 'red'])
plt.scatter(X_test[:, 0], X_test[:, 1], c=colmap[Y_test], s=150,
marker='o', alpha=0.5)
plt.scatter(X_test[:, 0], X_test[:, 1], c=colmap[Y_predict], s=50,
marker='o', alpha=0.5)
plt.xlabel('Sepal length', fontsize=12)
plt.ylabel('Petal length', fontsize=12)
plt.show()
```

輸出結果

鳶尾花分類的預測準確率： 0.94

3-2-5 單純貝氏分類器(Naïve Bayes Classifier)

貝氏分類是基於統計學習方法的監督式學習演算法，直接假設所有的隨機變數之間具有條件獨立的情況，因此可以直接利用條件機率相乘的方法，計算出聯合機率分布。如圖 3-35(a)所示，假設有一個裝有八顆球的桶子，其中三顆是足球，五顆是籃球，如果我們從桶子中並隨意拿出一顆球，拿到足球的機率是 3/8，而拿到籃球的機率是 5/8，我們將足球機率寫為 P(足球)，透過計算足球的數量並將其除以球的總數即為 P(足球)的機率。如圖 3-35(b)所示，若有八顆球在兩個桶子裡，想計算從桶子 A 中拿出足球的機率，則為條件機率。考慮從桶子 A 中拿出足球的機率，我們可以寫成 P(足球|桶子 A)，且答案是 1/3，而 P(足球|桶子 B)是 2/5。

(a)八顆球放在一個桶子中　　　　　(b)八顆球放在兩個桶子中

◎ 圖 3-35

以下是計算條件機率的公式：P(足球|桶子 A) = P(足球和桶子 A) / P(桶子 A)。P(足球和桶 A)是 1/8，因為總共八顆球，而桶子 A 中有一顆足球；P(桶子 A)是 3/8，因為總共八顆球，而桶子 A 中有三顆球，因此，P(足球|桶子 A) = P(足球和桶子 A) / P(桶子 A) = (1/8) / (3/8) = 1/3。

貝氏定理假定事件 A 和事件 B 發生的機率分別是 P(A)和 P(B)，則在事件 B 已經發生的前提之下，事件 A 發生的機率是

$$P(A \mid B) = \frac{P(B \mid A)P(A)}{P(B)}$$

以下舉一個例子來說明，假設我們開了一家餐廳，根據以前的來客紀錄，統計了天氣和顧客來店的數據集，如表 3-3，故我們根據天氣情況對顧客是否來店進行預測。首先我們從資料集中得知共有晴天、陰天和雨天三種天氣型態，分別統計這三種天氣型態中是否有顧客的次數，在這 14 天的統計中，在 5 天的晴天中，其中 2 天有來客，其餘 3 天沒有客人；4 天的陰天中，沒有任何顧客；5 天的雨天中，其中 3 天有來客，其餘 2 天沒有客人，由此可以得到天氣和顧客來店的頻率表，如表 3-4。

◉ 表 3-3　天氣和顧客來店的數據集

天氣	是否來客
晴天	否
陰天	是
雨天	是
晴天	是
晴天	是
陰天	是
雨天	否
雨天	否
晴天	是
雨天	是
晴天	否
陰天	是
陰天	是
雨天	否

◉ 表 3-4　天氣和顧客來店的頻率表

頻率表		
天氣	是	否
晴天	3	2
陰天	4	0
雨天	2	3
總數	9	5

假設天氣晴朗，我們預測顧客是否會來餐廳，即計算 P(是|晴天)的值，並依據貝氏定理可以寫成下方的式子：

$$P(是 \mid 晴天) = \frac{P(晴天 \mid 是) * P(是)}{P(晴天)}$$

我們將分別求 P(晴天 | 是)、P(是)和 P(晴天)。

1. P(晴天 | 是)是在顧客上門時天氣是晴天的機率，也就是在 9 天顧客上門中有 3 天是晴天，所以 P(晴天 | 是) = 3/9 = 0.33。
2. P(是)是顧客上門的機率，在 14 天中 9 天有顧客上門，所以 P(是) = 9/14 = 0.64。
3. P(晴天)是晴天的機率，在 14 天中有 5 天是晴天，所以 P(晴天) = 5/14 = 0.36。

因此 P(是 | 晴天) = 0.33 * 0.64 / 0.36 = 0.6，反之，P(否 | 晴天) = 1 – 0.6 = 0.4，也就是說在晴天的條件下，顧客會上門的機率 0.6 大於不會上門的機率 0.4，所以最後預測晴天時顧客將會上門。

範例練習

此處資料集一樣使用鳶尾花的資料集，使用 GaussianNB()建構單純貝氏分類器訓練模型，使用 naive_bayes_clf.predict 預測品種，accuracy_score()算出預測的準確率為 92%，程式如下所示：

```
naive_bayes_clf = GaussianNB()
naive_bayes_clf = naive_bayes_clf.fit(X_train, Y_train)
Y_predict = naive_bayes_clf.predict(X_test)
score = accuracy_score(Y_test, Y_predict)
print("鳶尾花分類的預測準確率：", score)
```

完整的程式如程式碼 3-5 所示。

程式碼 3-5：使用單純貝氏分類器預測鳶尾花的品種

```
import numpy as np
from sklearn import datasets
from sklearn.naive_bayes import GaussianNB
from sklearn.model_selection import train_test_split
from sklearn.metrics import accuracy_score

np.random.seed(41)
```

```
#讀取 Iris 分類資料集
iris = datasets.load_iris()
X = iris.data
Y = iris.target

#資料集中，2/3 當作訓練集，1/3 當作測試集
X_train, X_test, Y_train, Y_test = train_test_split(X, Y,
                                        test_size=0.33)
naive_bayes_clf = GaussianNB()
naive_bayes_clf = naive_bayes_clf.fit(X_train, Y_train)
Y_predict = naive_bayes_clf.predict(X_test)
score = accuracy_score(Y_test, Y_predict)
print("鳶尾花分類的預測準確率：", score)
```

輸出結果

鳶尾花分類的預測準確率： 0.92

3-3-6 K-最近鄰居法(K-Nearest Neighbors，K-NN)

我們先從一個例子來說明，如圖 3-36 所示，有紅色圓形和藍色正方形兩種數據點，直覺地觀察圖中特定綠色星形數據點明顯屬於藍色正方形，而最近鄰居法就是一種使用直覺技術的演算法，透過附近或相鄰點的特徵，並預測了新數據點可能屬於的群。

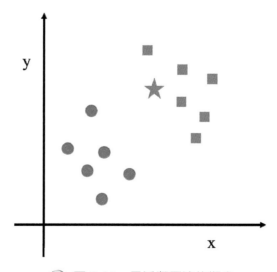

◎ 圖 3-36 最近鄰居法的概念

最近鄰居法使用距離測量技術找到最近鄰居，有許多計算距離的方法，以下介紹幾種計算兩點 X 和 Y 間的距離 D(X, Y)方法：

1. 歐幾里得距離：歐幾里得距離是資料科學中最廣泛應用的距離度量，使用空間中兩點的直線距離，它通用、直覺，而且計算非常快速。歐幾里得距離的公式如下：

   $X(x_1, y_1)$ 和 $Y(x_2, y_2)$，$D(X, Y) = \sqrt{(x_1 - x_2)^2 + (y_1 - y_2)^2}$

   假設 X 的座標是(0, 0)，Y 的座標是(3, 3)，則 D(X, Y)的歐幾里得距離為

   $D(X, Y) = \sqrt{(0-3)^2 + (0-3)^2} = 3\sqrt{2} = 4.2$。

2. 曼哈頓距離：曼哈頓距離代表了在曼哈頓市中心的街道為棋盤狀，從一地點到另一地點時移動的總街道距離為東西向的總移動距離加上南北向的總移動距離。曼哈頓距離的公式如下：

   $X(x_1, y_1)$ 和 $Y(x_2, y_2)$，$D(X, Y) = |x_1 - x_2| + |y_1 - y_2|$

   假設 X 的座標是(0, 0)，Y 的座標是(3, 3)，則 D(X, Y)的曼哈頓距離為

   $D(X, Y) = |0 - 3| + |0 - 3| = 6$。

   如圖 3-37 所示，歐幾里得距離和曼哈頓距離的比較，紅色的直線為 D(X, Y)的歐幾里得距離 4.2，而藍色的線段為 D(X, Y)的曼哈頓距離 6。

3. 餘弦距離：幾何中夾角餘弦可用來衡量兩個向量方向的差異，借用這一概念來衡量樣本向量之間的差異。以文本分類為例，每個詞彙或標記都對應至一個維度，而一份文件在各維度上的位置，即是對應的詞彙在該文件中的出現次數。餘弦距離的公式如下：

   $X(x_1, y_1)$ 和 $Y(x_2, y_2)$，$1 - \cos\theta = 1 - \dfrac{x_1 x_2 + y_1 y_2}{\sqrt{x_1^2 + y_1^2}\sqrt{x_2^2 + y_2^2}}$。

   假設在文件 X 中「人工智慧」一詞出現 5 次，「機器學習」一詞出現 12 次，而在文件 Y 中「人工智慧」一詞出現 6 次，「機器學習」一詞出現 10 次。將這兩份文件以這兩個詞彙的計數向量來呈現便是 X = (5, 12)，Y = (6, 10)，因此，這兩份文件的餘弦距離就是：

   $1 - \dfrac{5*6 + 12*10}{\sqrt{5^2 + 12^2}\sqrt{6^2 + 10^2}} = 1 - \dfrac{150}{152} = 0.013$。由於 cos 0°約等於 1，表示兩者距離相近，因此，此例中 X 和 Y 的距離很近，即這兩份文件的內容很接近。

4. 傑卡德距離：將兩個物件 X 與 Y 各視為一組特徵的集合，將 X 與 Y 所有特徵結合起來的大小(聯集)，亦即| X ∪ Y |；以及將 X 與 Y 所有的特徵集合大小(交集)，也就是| X ∩ Y |。傑卡德距離的公式如下：

$$D(X, Y) = 1 - \frac{|X \cap Y|}{|X \cup Y|}$$

當集合 X 和集合 Y 兩者之間的交集越大時，兩者之間的距離就越短，特別當集合 X 和集合 Y 相同時，傑卡德距離為 0。

假設集合 X = {a, b, c, d}，集合 Y = {c, d, e, f}，所以 X ∩ Y = {c, d}，X ∪ Y = {a, b, c, d, e, f}。交集中有 2 個元素，聯集中有 6 個元素，因此，傑卡德距離為 1 − 2/6 = 2/3。

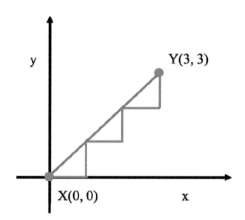

◎ 圖 3-37　歐幾里得距離和曼哈頓距離的比較

　　另一個例子，如圖 3-38 所示，給予男性、女性的體重和身高的數據點，為了得知綠色星形的性別，我們以 K-最近鄰居法找出最接近的 K 個鄰居。假設 K = 3，我們可以發現距離最近的三個點中有兩個是代表男性的藍色正方形，有一個是代表女性的紅色圓點，所以預測輸入的性別是男性，這是一種非常簡單和合乎邏輯的標記未知輸入的方法，具有很高的成功率。

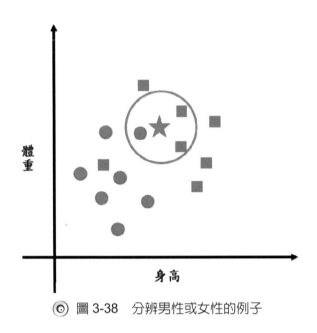

◎ 圖 3-38　分辨男性或女性的例子

　　若我們以在電影中大笑次數來判斷電影為喜劇片；以踢人次數來判斷電影為動作片，我們就能以 K-最近鄰居法自動辨別電影屬於哪種類型，如圖 3-39 所示，我們已知六部電影 A、C 和 E 是喜劇片，而 B、D 和 F 是動作片，畫出六部電影中的大笑和踢人的數量，並列在表 3-5 中，以此我們將判斷一部還沒有看過的電影 X 為喜劇電影還是動作電影。

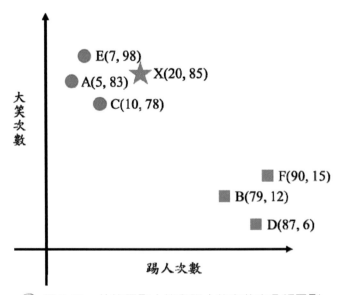

◎ 圖 3-39　依據電影大笑和踢人的次數來分類電影

◎ 表 3-5　電影踢人和大笑的次數

電影名稱	踢人次數	大笑次數	電影類形
A	5	83	喜劇
B	79	12	動作
C	10	78	喜劇
D	87	6	動作
E	7	98	喜劇
F	90	15	動作
X	20	85	?

　　首先計算出電影 X 與其他電影的相似度，以距離表示，如表 3-6，假設 K = 3，我們可以得知三部最接近的電影是 A、C 和 E，並以多數投票來確定電影 X 的類型因此，預測電影 X 為一部喜劇電影。

◎ 表 3-6　未知電影 X 到所有其他電影的距離

電影名稱	與 X 的距離
A	15
B	94
C	12
D	104
E	18
F	99

　　如圖 3-40 所示，給定不同 K 值可以為每個類別建立邊界，將圖中紅點與藍點分開，若仔細觀察，可以看到隨著 K 值增加，邊界變得更加平滑，而 K 增加到無窮大，最終會變成全藍色或全紅色，取決於哪個顏色的點佔大多數。

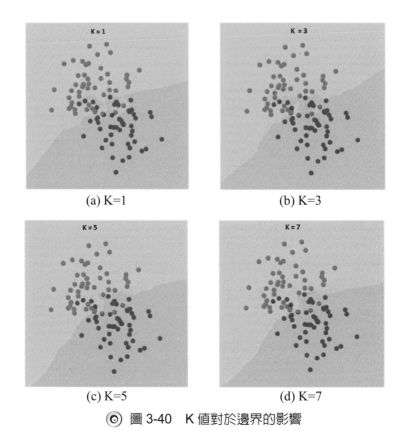

(a) K=1　　　　　　　　(b) K=3

(c) K=5　　　　　　　　(d) K=7

◎ 圖 3-40　K 值對於邊界的影響

範例練習

　　此處資料集一樣使用鳶尾花的資料集，包含三種鳶尾花的花瓣長寬和花萼長寬資料，為了方便將預測結果視覺化，所以只選了 Sepal length(花萼長)和 Petal length(花瓣長)當成特徵，在平面空間上顯示。使用 KNeighborsClassifier()建構 K-最近鄰居法訓練模型，n_neighbors=5 表示有 5 個以上同一類的鄰居，此點就歸屬與此鄰居同類，模型訓練好之後，可以使用 knn_clf.predict()預測品種和使用 accuracy_score()算出預測的準確率大約為88%，程式如下所示：

```
knn_clf = KNeighborsClassifier(n_neighbors=5)
knn_clf = knn_clf.fit(X_train, Y_train)
Y_predict = knn_clf.predict(X_test)
score = accuracy_score(Y_test, Y_predict)
print("鳶尾花分類的預測準確率：", score)
```

　　圖 3-41 中藍色、綠色、紅色分別代表三種不同的鳶尾花品種，如果預測錯誤時，顏色就會是兩種顏色的組合，因為測試資料有 50 筆，錯誤率為 12%，所以有 6 筆資料預測錯誤。

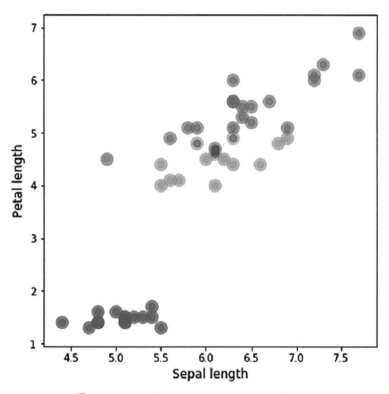

◎ 圖 3-41　使用 KNN 預測鳶尾花的品種

　　完整的程式如程式碼 3-6 所示。

程式碼 3-6：使用 KNN 預測鳶尾花的品種

```
%matplotlib inline
import numpy as np
from sklearn import datasets
from sklearn.neighbors import KNeighborsClassifier
from sklearn.model_selection import train_test_split
from sklearn.metrics import accuracy_score
import matplotlib.pyplot as plt

#讀取 Iris 分類資料集
iris = datasets.load_iris()
X = iris.data
X = X[:, ::2]
Y = iris.target
```

```
np.random.seed(29)

#資料集中，2/3 當作訓練集，1/3 當作測試集
X_train, X_test, Y_train, Y_test = train_test_split(X, Y,
test_size=0.33)
knn_clf = KNeighborsClassifier(n_neighbors=5)
knn_clf = knn_clf.fit(X_train, Y_train)
Y_predict = knn_clf.predict(X_test)
score = accuracy_score(Y_test, Y_predict)
print("鳶尾花分類的預測準確率：", score)

plt.figure(figsize=(6, 6))
colmap = np.array(['blue', 'green', 'red'])
plt.scatter(X_test[:, 0], X_test[:, 1], c=colmap[Y_test], s=150,
marker='o', alpha=0.5)
plt.scatter(X_test[:, 0], X_test[:, 1], c=colmap[Y_predict], s=50,
marker='o', alpha=0.5)
plt.xlabel('Sepal length', fontsize=12)
plt.ylabel('Petal length', fontsize=12)
plt.show()
```

輸出結果

鳶尾花分類的預測準確率： 0.88

3-3-7　K-平均分群(K-means Clustering)

分群與分類不同，分類為事先定義好分類的標籤，依據標籤將資料分類；而分群是直接用資料的特徵將資料分成不同的群，同一群的資料性質相似，不同群的資料性質差異大，所以分群適合以下的應用：

相關影片

全民瘋 AI 系列－非監督式學習 k-means 分群

1. 文件分群：文件分群應用的場景非常廣泛，例如新聞網站包含大量報導文章，為了滿足客戶的喜好類別，需要將這些文章按題材進行自動分群，例如自動劃分成政治、生活、娛樂、財經、社會、國際、體育等主題。

2. 客戶區隔：根據客戶的購買歷史記錄、興趣或活動監控對客戶進行分群，可幫助行銷人員改善其客戶群。例如電信營運商如何對預付費的客戶進行分群，以確定在充值，發送訊息和瀏覽網站方面花費的模式。該分群將有助於公司針對特定廣告系列定位特定的客戶群。

3. 詐欺偵測：信用卡使用方便，但是也常衍生出信用卡盜刷的問題。信用卡的持有者與盜用者的購買行為可能會有所不同，所以信用卡公司觀察購買行為模式或基本行為的變化，即可偵測到盜用者，減少損失。

　　K-平均分群法很容易從給定的數據集形成一定數量的分群，首先隨機選取 K 個資料點當作群中心，並將每個資料點加到最近群中心的集群，接著重新計算每個集群的群中心，直到所有集群的群中心不再發生變化為止。演算法如以下的步驟：

1. 隨機選取資料集 K 個點當作群中心。
2. 資料集中的每個點計算與 K 個群中心的距離，選擇距離最近的群中心加入該群。
3. 每一群重新計算群中心，如果所有群中心都不再變化，則分群結束。
4. 繼續執行步驟(2)至(3)。

　　以下舉個例子來說明 K-平均分群法的詳細作法，如圖 3-42(a)所示，在二維的平面上有 6 個點 A(0, 0), B(1, 1), C(2, 1), D(2, 4), E(3, 3), F(3, 5)，如表 3-7(a)，執行 K-平均分群法，假設需分成兩群設定 K 值為 2，以下為執行步驟。

1. 第一回合，步驟(1)：
　　隨機選擇 2 個點當做群中心，假設選到 B 和 C 兩點。
2. 第一回合，步驟(2)：
　　如表 3-7(b)所示，分別計算 A、D、E、F 到 B 和 C 的距離，如圖 3-42(b)所示，因為 A 和 D 離群中心 B 比較近，所以 A、B、D 歸在第一群；同理，E 和 F 離群中心 C 比較近，所以 C、E、F 歸在第二群。
3. 第一回合，步驟(3)：
　　重新計算群中心，第一群的群中心為(X, Y) = ((0 + 1 + 1) / 3, (0 + 1 + 3) / 3) = (0.7, 1.3)，第二群的群中心為(X, Y) = ((2 + 2 + 3) / 3, (1 + 4 + 3) / 3) = (2.3, 2.7)，因為新的群中心與舊的群中心不同，所以繼續執行第二回合。

◎ 表 3-7

(a)資料集各點座標

點	座標
A	(0, 0)
B	(1, 1)
C	(2, 1)
D	(1, 3)
E	(2, 4)
F	(3, 3)

(b)各點到群中心 B 和 C 的距離

	B	C
A	1.4	2.2
D	2	2.2
E	3.2	3
F	2.8	2.2

(c)各點到群中心(0.7, 1.3)和(2.3, 2.7)的距離

	(0.7, 1.3)	(2.3, 2.7)
A	1.5	3.5
B	0.4	2.1
C	1.3	1.7
D	1.7	1.3
E	3	1.3
F	2.9	0.8

(d)各點到群中心(1, 0.7)和(2, 3.3)的距離

	(1, 0.7)	(2, 3.3)
A	1.2	3.9
B	0.3	0.5
C	1	2.3
D	2.3	1
E	3.6	0.7
F	3	1

4. 第二回合，步驟(2)：

如表 3-7(c)所示，分別計算各點到第一群中心(0.7, 1.3)的距離與第二群中心 (2.3, 2.7)的距離，如圖 3-42(c)所示，因為 A、B 和 C 離第一群中心(0.7, 1.3)比較近，所以 A、B 和 C 歸在第一群；同理，D、E 和 F 離第二群中心(2.3, 2.7)比較近，所以 D、E 和 F 歸在第二群。

5. 第二回合，步驟(3)：

重新計算群中心，第一群的群中心為(X, Y) = ((0 + 1 + 2) / 3, (0 + 1 + 1) / 3) = (1, 0.7)，第二群的群中心為(X, Y) = ((1 + 2 + 3) / 3, (3 + 4 + 3) / 3) = (2, 3.3)，因為新的群中心與舊的群中心不同，所以繼續執行第三回合。

6. 第三回合，步驟(2)：

如表 3-7(d)所示，分別計算各點到第一群中心(1, 0.7)與第二群中心(2, 3.3)的距離，如圖 3-42(d)所示，因為 A、B 和 C 離第一群中心(0.7, 1.3)比較近，所以 A、B 和 C 歸在第一群；同理，D、E 和 F 離第二群中心(2.3, 2.7)比較近，所以 D、E 和 F 歸在第二群。

7. 第三回合,步驟(3):

重新計算群中心,第一群的群中心為(X, Y) = ((0 + 1 + 2) / 3, (0 + 1 + 1) / 3) = (1, 0.7),第二群的群中心為(X, Y)= ((1 + 2 + 3) / 3, (3 + 4 + 3) /3) = (2, 3.3),因為新的群中心與舊的群中心相同,所以結束分群,最終分群的結果就是 A、B 和 C 一群,D、E 和 F 為另一群。

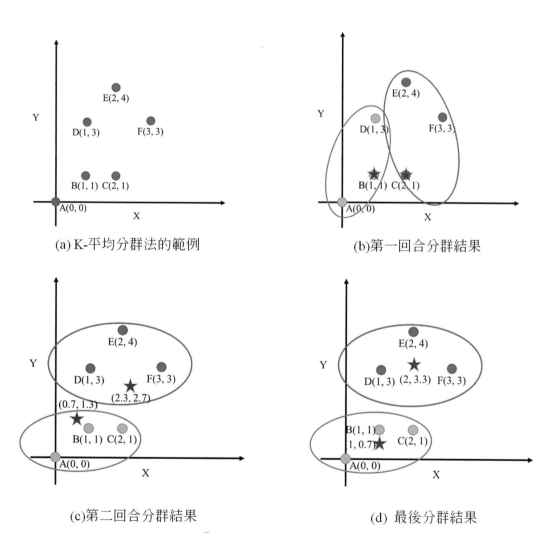

(a) K-平均分群法的範例　　　　　　　(b)第一回合分群結果

(c)第二回合分群結果　　　　　　　　(d) 最後分群結果

◎ 圖 3-42　K-平均分群法

範例練習

以下的範例是使用 make_blobs()產生 300 個亂數點的資料集，分成三群，每群的標準差為 1，程式如下所示：

```
X, _ = make_blobs(n_samples=300, centers=3, cluster_std=1)
```

然後使用 matplotlib 套件中的 scatter 函數，將這 300 個點以'x'的圖示畫在平面上，程式如下所示：

```
plt.scatter(X[:, 0], X[:, 1], s=30, marker='x')
```

使用 KMeans()建構 K-平均分群法訓練模型，此處 KMeans(n_clusters=3) 中的參數 n_clusters=3，即是分成三群。模型訓練好之後，使用 kmeans.predict ()對測試資料進行分群，程式如下所示：

```
kmeans = KMeans(n_clusters=3)
kmeans.fit(X)
Y = kmeans.predict(X)
```

然後將三群分別用不同的顏色畫在平面上。使用 K-means 分群的結果分別如下所示，圖 3-43 是使用生成資料集 cluster_std=1 的分群結果；圖 3-44 是使用生成資料集 cluster_std=2 的分群結果；圖 3-45 是使用生成資料集 cluster_std=3 的分群結果。

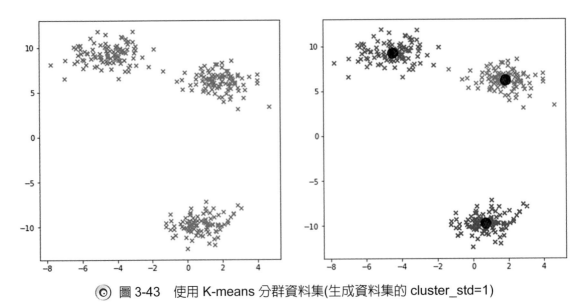

◎ 圖 3-43 使用 K-means 分群資料集(生成資料集的 cluster_std=1)

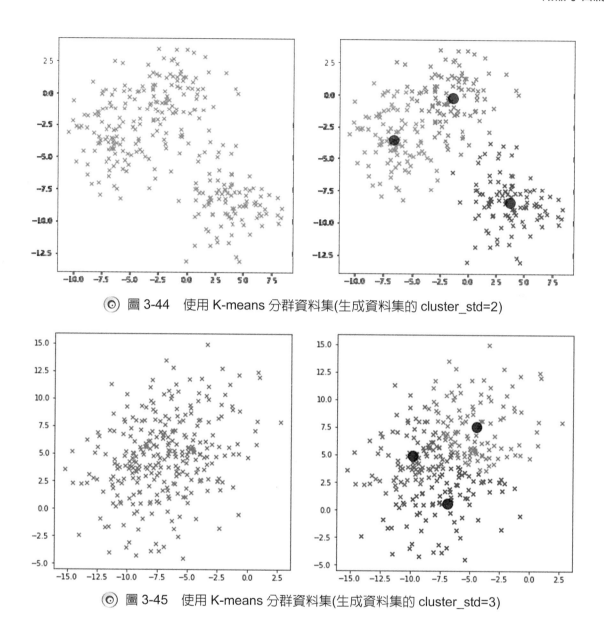

◎ 圖 3-44　使用 K-means 分群資料集(生成資料集的 cluster_std=2)

◎ 圖 3-45　使用 K-means 分群資料集(生成資料集的 cluster_std=3)

完整的程式如程式碼 3-7 所示。

程式碼 3-7：使用 K-平均分群法做資料集分群

```
%matplotlib inline
from sklearn.datasets.samples_generator import make_blobs
from sklearn.cluster import KMeans
import matplotlib.pyplot as plt

X, _ = make_blobs(n_samples=300, centers=3, cluster_std=1)

plt.figure(figsize=(6, 6))
```

```
plt.scatter(X[:, 0], X[:, 1], s=30, marker='x')
plt.show()

kmeans = KMeans(n_clusters=3)
kmeans.fit(X)
Y = kmeans.predict(X)

plt.figure(figsize=(6, 6))
plt.scatter(X[:, 0], X[:, 1], c=Y, s=30, marker='x', cmap='plasma')
centers = kmeans.cluster_centers_
plt.scatter(centers[:, 0], centers[:, 1], c='black', s=200, alpha=0.8)
plt.show()
```

3-3-8　DBSCAN (Density-Based Spatial Clustering of Applications with Noise)

　　我們先來看在圖 3-46(a)中的例子，如果採用之前介紹過的 K-平均分群，假設 K 設為 3，可以得到如圖 3-46(b)的結果，分為紅色、藍色和綠色三群。但是此結果是否夠好？我們發現紅色群和藍色群邊界的點，實際上是非常靠近，但是卻分成不同的群，是否有比較好的方法可以解決這個問題呢？

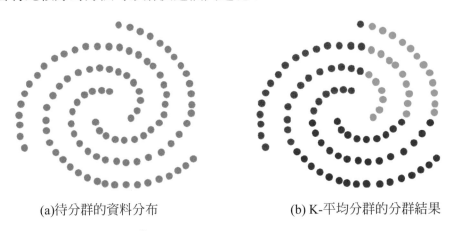

(a)待分群的資料分布　　　　　　(b) K-平均分群的分群結果

◎ 圖 3-46　使用 K-平均分群法

　　DBSCAN 是一種基於密度的分群演算法，即將相距較近的點聚成一群，然後不斷找鄰居點並加入此群中，直到群無法再擴大，然後再處理其他未拜訪的點。DBSCAN 的特色是不需要預先設定群的數量，可以找出任何形狀的群，並且一些與群比較遠的點當做離群點去掉。

　　我們先描述 DBSCAN 的作法，首先給定兩個參數值，一個是半徑距離 ε，一個是密度門檻值 δ。此方法首先隨意任選一個點 X，然後找出以 X 點為圓心，ε 為半徑圓內的所有點。如果圓內的數據點個數小於 δ，那麼這個點 X 被標記為噪音，也就是說它不屬於任何群。如果圓內的數據點個數大於等於 δ，則這個點被標記為核心點，並被分配一個新的群標籤。然後訪問該點的所有鄰居，如果它們還沒有被分配一個群，那麼就將剛剛創建新的群標籤分配給它們。如果它們是核心點，那麼就依次訪問其鄰居，以此類推。群逐漸增大，直到在群的 ε 距離內沒有更多的核心點為止。然後選取另一個尚未被訪問過的點，並重複以上的過程。

　　以下舉例說明 DBSCAN 分群法的作法，假設密度門檻值 δ = 3，隨機挑選一個點 Z，以半徑 ε 為藍色圓，如圖 3-47(a)所示。以 Z 點為圓心的圓內包含了 2 個點，小於密度門檻值 δ，所以 Z 為噪音。另外隨機挑選一個點 A，以半徑 ε 為藍色圓，如圖 3-47(b)所示。以 A 點為圓心的圓內包含了 5 個點，所以 A 為核心點，創建新的紅色群，也將 4 個鄰居加入此紅色群，如圖 3-47(c)所示。接下來以 B 為核心點，它的鄰居也會加入這個紅色群，如圖 3-47(d)所示。最後建立紅色群的數據點，如圖 3-47(e)所示。此 DBSCAN 執行到最後即將數據資料分為紅色、綠色和藍色三群，如圖 3-47(f)所示。另外半徑距離 ε 的大小也會影響到分群的結果，假設 ε 設太大，如圖 3-47(g)，就將只會分出一紅色群。

(a)在 DBSCAN 下找出噪音　　　　　　　(b)隨機選擇一點，並計算圓內的鄰居數

◎ 圖 3-47　DBSCAN 分群法

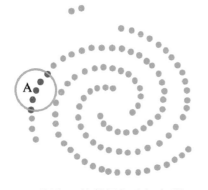

(c)將點 A 的鄰居加入紅色群

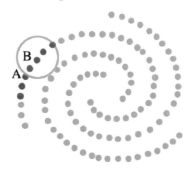

(d)將點 B 的鄰居加入紅色群

(e)建立最後紅色的群集

(f)分為紅色、綠色和藍色三群

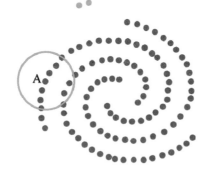

(g)半徑距離 ε 的大小影響分群的結果

◎ 圖 3-47　DBSCAN 分群法(續)

範例練習

此處的資料集產生是以原點為同心圓，在圓周上使用自訂的函數 CreatePointsInCircle(r, n=100)產生資料集，其中 r 代表同心圓的半徑，n 代表產生資料集的數量。首先算出在半徑 r 的圓周上，平均分成 n 個點，第 i 點的座標為(cos(2π/n*i)*r, sin(2π/n*i)*r)，為了產生亂數的效果，所以每個點 x 和 y 座標分別加上(-30, 30)間的亂數，函數 CreatePointsInCircle()如下所示：

```
def CreatePointsInCircle(r, n=100):
    return [(math.cos(2*math.pi/n*x)*r+np.random.normal(-30,30),
            math.sin(2*math.pi/n*x)*r+np.random.normal(-30,30))
            for x in range(1,n+1)]
```

以下是程式中產生三個同心圓，最外圈的半徑為 500，產生 1000 點的資料集，第二圈的半徑為 300，產生 700 點的資料集，最內圈的半徑為 100，產生 300 點的資料集，另外產生 300 個雜訊的點，x 和 y 的座標分別取[-600, 600]範圍的亂數，程式如下所示：

```
df=pd.DataFrame(CreatePointsInCircle(500,1000))
df=df.append(CreatePointsInCircle(300,700))
df=df.append(CreatePointsInCircle(100,300))
df=df.append([(np.random.randint(-600,600),np.random.randint(-600,600)
) for i in range(300)])
```

使用 DBSCAN 分群的結果分別如下，圖 3-48 是使用 DBSCAN 分群資料集(eps=30, min_samples=6)的分群結果，可以明顯看出分出主要的三個同心圓的三群。圖 3-49 是使用 DBSCAN 分群資料集(eps=20, min_samples=6)的分群結果，因為半徑取的太小，以至於分群的效果不佳。

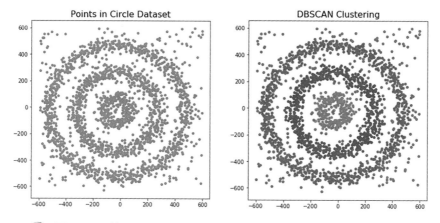

◎ 圖 3-48　使用 DBSCAN 分群資料集(eps=30, min_samples=6)

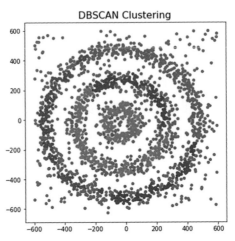

◎ 圖 3-49　使用 DBSCAN 分群資料集(eps=20, min_samples=6)

完整的程式如程式碼 3-8 所示。

程式碼 3-8：使用 DBSCAN 分群法做資料集分群

```
%matplotlib inline
import numpy as np
import pandas as pd
import math
import matplotlib.pyplot as plt
import matplotlib
from sklearn.cluster import DBSCAN

np.random.seed(17)

def CreatePointsInCircle(r, n=100):
    return [(math.cos(2*math.pi/n*x)*r+np.random.normal(-30,30),
            math.sin(2*math.pi/n*x)*r+np.random.normal(-30,30))
            for x in range(1,n+1)]

df=pd.DataFrame(CreatePointsInCircle(500,1000))
df=df.append(CreatePointsInCircle(300,700))
df=df.append(CreatePointsInCircle(100,300))
df=df.append([(np.random.randint(-600,600),np.random.randint(-600,600)
) for i in range(300)])

plt.figure(figsize=(6,6))
plt.scatter(df[0],df[1],s=15,color='grey')
plt.title('Points in Circle Dataset',fontsize=16)
plt.show()

dbscan_opt=DBSCAN(eps=30, min_samples=6)
dbscan_opt.fit(df[[0,1]])
```

```
df['DBSCAN_opt_labels']=dbscan_opt.labels_
df['DBSCAN_opt_labels'].value_counts()

colors=['magenta','red','blue','green']
plt.figure(figsize=(6,6))
plt.scatter(df[0],df[1],c=df['DBSCAN_opt_labels'],
            cmap=matplotlib.colors.ListedColormap(colors),s=15)
plt.title('DBSCAN Clustering',fontsize=16)
plt.show()
```

3-3-9　階層式分群(Hierarchical Clustering)

　　階層式分群法是具有階層結構的集群，可以透過將較小的集群迭代地合併到較大的集群中，或者將較大的集群劃分為較小的集群，由階層式分群產生的分群層次稱為樹狀圖，可基於樹狀圖的層級實現不同的集群，使用相似性表示分組集群之間的距離。階層式分群中有兩種分群法，第一，聚合式階層分群法(Agglomerative Hierarchical Clustering)，使用從下而上的方法，將一組集群合併為一個更大的集群；第二，分裂式階層分群演算法(Divisive Hierarchical Clustering)，使用從上而下的方法，將集群拆分為多個子集群。

　　首先聚合式階層分群法的步驟如下：

1.　將每一個資料當作一個群。

2.　找到一組最近的集群並將它們合併到一個集群中。

3.　重複步驟 2，直到形成的集群數等於事先定義的值。

　　如圖 3-50(a)所示，以下為聚合式階層分群法執行的詳細步驟：

1.　初始時 A、B、C、D、E 和 F 六個點，每個點都自成一群，所以共有六群。

2.　計算這六群中任兩群間的距離，共有 15 種不同的組合距離，如表 3-8(a)所示，其中 B 和 C 兩群間的距離為 1，是所有兩群間最短的距離，所以將 B 和 C 兩群合併成新的群 P，P 的座標為(X, Y) = ((1 + 2) / 2, (1 + 1) / 2) = (1.5, 1)，如圖 3-50(b)所示。

3.　重新計算 A、D、E、F 和 P 五群中任兩群的距離，如表 3-8(b)所示，其中最短距離為群 D 和 E，還有群 E 和 F，距離都是 1.4，我們任選一組來合併，假設選到的是 D 和 E，所以將 D 和 E 兩群合併成新的群 Q，Q 的座標為(X, Y) = ((1 + 2) / 2, (3+4)/2) = (1.5, 3.5)，如圖 3-50(c)所示。

4. 重新計算 A、F、P 和 Q 四群中任兩群的距離，如表 3-8(c)所示，其中最短距離為群 F 和 Q，距離是 1.6，所以將 F 和 Q 兩群合併成新的群 R，R 的座標為(X, Y) = ((3 + 1.5) / 2, (3 + 3.5) / 2) = (2.2, 3.2)，如圖 3-50(d)所示。

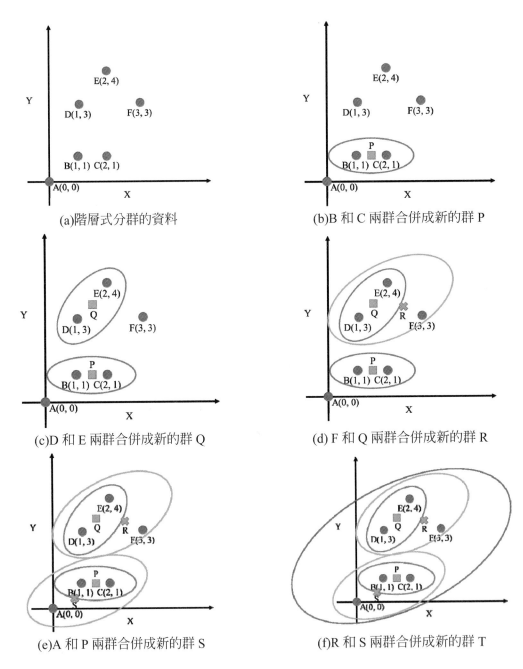

(a)階層式分群的資料

(b)B 和 C 兩群合併成新的群 P

(c)D 和 E 兩群合併成新的群 Q

(d)F 和 Q 兩群合併成新的群 R

(e)A 和 P 兩群合併成新的群 S

(f)R 和 S 兩群合併成新的群 T

◎ 圖 3-50　階層式分群法

◎ 表 3-8 (a) A、B、C、D、E 和 F 任兩群間的距離 (b) A、D、E、F 和 P 任兩群間的距離 (c) A、F、P 和 Q 任兩群間的距離 (d) A、P 和 R 任兩群間的距離

(a)

	A	B	C	D	E	F
A	0	1.4	2.2	3.2	4.5	42.
B		0	1	2	3.2	2.8
C			0	2.2	3	2.2
D				0	1.4	2
E					0	1.4
F						0

(b)

	A	D	E	F	P
A	0	3.2	4.5	4.2	1.8
D		0	1.4	2	2
E			0	1.4	3
F				0	2.5
P					0

(c)

	A	F	P	Q
A	0	4.2	1.8	3.8
F		0	2.5	1.6
P			0	2.5
Q				0

(d)

	A	P	R
A	0	1.8	3.9
P		0	2.3
Q			0

5. 重新計算 A、P 和 R 三群中任兩群的距離，如表 3-8(d) 所示，其中最短距離為群 A 和 P，距離是 1.8，所以將 A 和 P 兩群合併成新的群 S，S 的座標為 $(X, Y) = (1.5 / 2, 1/2) = (0.8, 0.5)$，如圖 3-50(e) 所示。

6. 最後剩下 R 和 S 兩群，合併成新的群 T，如圖 3-50(f) 所示。

　　如圖 3-51 為聚合式階層分群法執行各步驟後所產生的樹狀圖。

　　分裂式階層分群法可以說和聚合式階層分群法完全相反。我們將所有數據點視為一個群，在每次迭代中分成兩群，直到每一群只包含一個數據點。

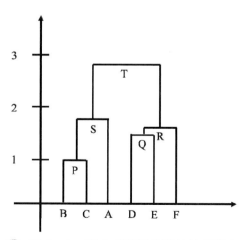

◎ 圖 3-51　聚合式階層分群法的樹狀圖

範例練習 ◾ ◾

以下是延續之前的範例，以 6 個點 X = [[0,0], [1,1], [2,1], [1,3], [2,4], [3,3]]當作階層式分群的資料集，以下介紹幾種群間最常見的距離算法：

● 單一連結聚合演算法(single-linkage agglomerative algorithm)：兩群中最近點間的距離。

● 完整連結聚合演算法(complete-linkage agglomerative algorithm)：兩群中最遠點間的距離。

● 平均連結聚合演算法(average-linkage agglomerative algorithm)：兩群間各點間的距離總和平均。

● 中心聚合演算法(centroid method)：兩群中心點間的距離。

● 沃德法(Ward's method)：兩群合併後，各點到合併群中心的距離平方和。

此處使用 linkage()設定群間距離的方法為中心聚合演算法，使用 dendrogram 畫出階層式分群圖，如圖 3-52 所示，程式如下所示：

```
X = [[0,0], [1,1], [2,1], [1,3], [2,4], [3,3]]
Z = linkage(X, 'centroid')
dendrogram(Z)
```

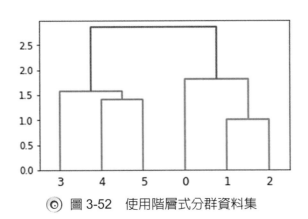

◎ 圖 3-52　使用階層式分群資料集

完整的程式如程式碼 3-9 所示。

程式碼 3-9：使用階層式分群法做資料集分群

```
%matplotlib inline
from scipy.cluster.hierarchy import linkage, dendrogram
from matplotlib import pyplot as plt
```

```
X = [[0,0], [1,1], [2,1], [1,3], [2,4], [3,3]]
Z = linkage(X, 'centroid')
fig = plt.figure(figsize=(5, 3))
dendrogram(Z)

plt.show()
```

3-3-10 關聯規則學習(Association Rules Learning)

關聯規則學習主要是依據資料找出頻繁出現的項目組合,因為常用在商品資料上,所以也被稱為購物籃分析(Basket Data Analysis)。關聯規則的目標是找出共同出現的組合,稱為頻繁樣式,組合之間的關係稱為關聯。以超級市場為例,結帳櫃台每天都收集大量的客戶消費數據,包含購買時間、購買項目、購買數量和購買金額等,這些資料常常蘊含著關聯規則,如購買烤肉的人,80%會購買烤肉醬,這個關聯很容易理解;經過研究分析發現,在星期五的晚上,年輕的爸爸常被太太要求下班後去超級市場買小嬰兒的尿布回家,而美國週末的娛樂最常在家裡觀看球賽,所以爸爸在買尿布的時候就一起買啤酒,故購買尿布的人有70%購買啤酒,這個關聯則不易理解。因此,超級市場知道這些產品的相關性後就可以做一些行銷的策略,如將尿布和啤酒搭配一起促銷,或者將尿布和啤酒擺在相近的地方,讓消費者可以更便利的購買。

信賴度(Confidence)是指兩個項目集之間的條件機率,也就是在 A 出現的情況下,B 出現的機率,以信賴度(A⇒B) = P(B | A)表示,例如在資料集中有 100 筆交易紀錄,已知購買啤酒的交易有 20 筆,其中 10 筆也有買尿布,則信賴度(啤酒⇒尿布) = 10/20 = 50%。支持度(Support)是指每筆交易中同時包含 A 與 B 的交集機率,以支持度(A⇒B) = P(A ∩ B)表示,例如在資料集中有 100 筆交易紀錄,其中有 20 筆交易有購買啤酒和尿布,則支持度(啤酒⇒尿布) = 20/100 = 20%。另外一個指標是提升度(Lift),一條關聯規則在預測結果時能比隨機發生的機會好多少,也就是這個規則比隨機猜測的準確度提升量,以提升度(A⇒B) = P(B | A)／P(B)=信賴度(A⇒B)/P(B)表示。例如在資料集中有 100 筆交易紀錄,已知購買啤酒的交易有 20 筆,其中 10 筆也有買尿布,則 P(尿布)=10%,P(尿布|啤酒)=10/20=50%,我們可以求得提升度(啤酒⇒尿布) = 50%/10% = 500%。那麼 500% > 10%,代表提升度大於 1 (50%/10% = 5),即啤酒與尿布是正關聯,也就是預期結果比隨機發生好。所以尿布搭配啤酒銷售,比單獨只銷售尿布的結果來得好。

如果 A⇒B 信賴度高但支持度低，表示買 A 而且買 B 的比例很高，但是同時買 A 和 B 這種組合佔所有交易的比例很低，那麼對這種組合花費大量的行銷是不符成本的，所以如果設定太低的最小信賴度與最小支持度，則關聯出來的結果會產生太多的規則，造成決策上的干擾，反之，太高的最小信賴度和最小支持度則面臨規則太少，難以判斷。

以下舉超級市場中顧客消費的紀錄來說明關聯規則學習，假設第一筆消費紀錄購買的產品為蘋果(Apple，以 A 表示)、啤酒(Beer，以 B 表示)、餅乾(Cookie，以 C 表示)、尿布(Diaper，以 D 表示)；第二筆紀錄為蘋果、尿布；第三筆紀錄為蘋果、啤酒、尿布；第四筆紀錄為尿布，如表 3-9 所示，我們假設此關聯模型的最小支持度為 40%，也就是在所有的交易筆數中，此產品的購買機率至少要大於 40%，才會挑出來進一步考慮與其他產品的關聯性。

◎ 表 3-9　顧客消費紀錄

購買編號	購買產品
1	蘋果(A)、啤酒(B)、餅乾(C)、尿布(D)
2	蘋果(A)、尿布(D)
3	蘋果(A)、啤酒(B)、尿布(D)
4	尿布(D)

要算所有產品組合在交易中出現的次數和支持度，最簡單的方法是求所有 n 個產品中任 1, 2, …, n 個產品的組合，並在顧客消費紀錄中計算每個組合的出現次數，所以有 n 個產品時，就有 2^n 種組合。但是此方法在現實的場景中可能不太實際，例如有 100 項產品時，就有 $2^{100} \fallingdotseq 1.27*10^{30}$ 種組合，這是一個非常龐大的處理數量，資訊系統很難處理，而 Apriori 演算法就是用來解決運算量過大的方法。Apriori 所採用的特性是：「若一項目集是頻繁的，則它的所有非空子集合也必定是頻繁的。」也就是說：「如果有一個集合不是頻繁的話，則它的母集合也一定不是頻繁的。」所以做法是從數量低的集合開始做起，當發現某個集合不是頻繁的，則他的母集合也不需要考慮，這樣可以大幅縮減計算的複雜度。

以下舉例詳細說明 Apriori 演算法如何運作，從表 3-9 中，我們可以先算出每個產品在所有交易中出現的次數，並算出支持度，例如蘋果出現 3 次，所以支持度(蘋果)=75%；啤酒出現 2 次，所以支持度(啤酒)=50%；所有單一產品購買的次數和支持度可以算出來，如表 3-10(a)所示。

◎ 表 3-10　(a)單一產品購買的次數和支持度 (b)兩種產品一起購買的次數和支持度 (c)三種產品一起購買的次數和支持度

(a)

產品	購買次數	支持度
A	3	75%
B	2	50%
C	1	25%
D	4	100%

(b)

產品	購買次數	支持度
AB	2	50%
AD	3	75%
BD	2	50%

(c)

產品	購買次數	支持度
ABD	2	50%

接下來，我們將算出 2、3 和 4 種產品在交易中一起出現的次數和支持度，在兩種產品的組合中，所有可能的組合為{A，B}、{A，C}、{A，D}、{B，C}、{B，D}、{C，D}等 6 種，如圖 3-53 所示，因為我們設定的支持度是 40%，而在單一產品的支持度中，餅乾的支持度已經小於 40%，故不可能有與餅乾一起購買而支持度大於 40%的產品，所以我們就可以直接刪除餅乾(C)，只要考慮其他支持度大於 40%的產品，因此，只需將{A}、{B}和{D}組合成{A，B}、{A，D}、{B，D} 3 種組合，此即是 Apriori 的概念，如圖 3-54 所示，大大減少計算量，輕易算出兩種產品一起購買的次數和支持度，如表 3-11 所示。

同理，繼續計算三種產品的組合，從表 3-10(b)中得知 3 個兩種組合產品的支持度都大於 40%，所以將{A，B}、{A，D}、{B，D}組合得到{A，B，D}三種產品一起購買的次數和支持度，如表 3-10(c)所示，最後由表 3-10(c)得知沒有四種產品的組合，所以最後支持度大於 40%的產品組合為{A，B}、{A，D}、{B，D}和{A，B，D}，即{蘋果，啤酒}、{蘋果，尿布}、{啤酒，尿布}和{蘋果，啤酒，尿布}。

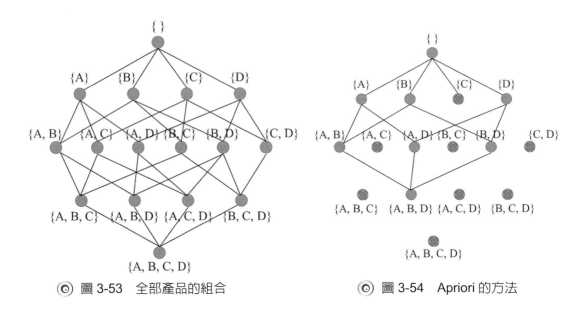

◎ 圖 3-53　全部產品的組合　　　　　　◎ 圖 3-54　Apriori 的方法

　　算完支持度後，假設此關聯模型的最小信賴度設為 70%，我們將計算支持度大於 40%產品的信賴度，即組合{A，B}、{A，D}、{B，D}和{A，B，D}。首先{A，B}有兩組關聯，A⇒B 和 B⇒A，信賴度(A⇒B) = P(B | A)，即出現 A 的機率下，出現 B 的機率，由表 3-10 得知，A 出現的機率即是購買 A 的支持度為 75%，由表 3-11 得知，A 和 B 同時出現的機率即是一起購買 A 和 B 兩種產品的支持度為 50%，因此，信賴度(A⇒B) = (50%) / (75%) = 67%。同理，由表 3-10 得知，B 出現的機率即是購買 B 的支持度為 50%，故信賴度(B⇒A) = (50%) / (50%) = 100%。值得注意的是，信賴度(A⇒B)和信賴度(B⇒A)的值是不同的，信賴度(A⇒B)是指在購買 A 產品時，同時會購買 B 產品的機率是 67%，而信賴度(B⇒A)是指在購買 B 產品時，同時會購買 A 產品的機率是 100%，也就是購買 B 產品時一定會買 A 產品，但是購買 A 產品時不一定會買 B 產品。

　　其他{A，D}和{B，D}也是同樣的算法，而{A，B，D}因為有三項產品，所以關聯性會有 A⇒BD、B⇒AD、D⇒AB、AB⇒D、AD⇒B 和 BD⇒A 六組關聯，信賴度(A ⇒BD) = P(BD | A)，即出現 A 的機率下，出現 BD 的機率，A 的支持度為 75%，由表 3-10(c)得知，A 和 BD 同時出現的機率即是一起購買 A、B 和 D 三種產品的支持度為 50%，故信賴度(A⇒BD) = (50%) / (75%) = 67%。最終，如表 3-11 所示，所有關

聯性最後信賴度的結果，並挑選信賴度大於 70%的關聯，B⇒A、A⇒D、D⇒A、B⇒D、D⇒B、B⇒AD、AB⇒D 和 BD⇒A，即(啤酒⇒蘋果)、(蘋果⇒尿布)、(尿布⇒蘋果)、(啤酒⇒尿布)、(尿布⇒啤酒)、(啤酒⇒蘋果、尿布)、(蘋果、啤酒⇒尿布)和(啤酒、尿布⇒蘋果)等八組。

◎ 表 3-11　項目集關聯性的信賴度

項目集	關聯	信賴度
AB	A ⇒ B	67%
	B ⇒ A	100%
AD	A ⇒ D	100%
	D ⇒ A	75%
BD	B ⇒ D	100%
	D ⇒ B	100%
ABD	A ⇒ BD	67%
	B ⇒ AD	100%
	D ⇒ AB	50%
	AB ⇒ D	100%
	AD ⇒ B	67%
	BD ⇒ A	100%

　　除了購物籃分析這個典型應用外，關聯規則學習還應用金融行業、搜尋引擎、智慧推薦等領域，例如銀行客戶交叉銷售分析、搜索詞推薦或者個人化的即時新聞推薦等。

CHAPTER 4

深度學習篇

4-1　深度學習簡介(Introduction to Deep Learning)

人類大腦中存在數以「億」計的神經元，這些神經元經由樹突接收外部訊號，並將其處理後，再傳給下一個神經元，經過這樣一層層的處理及傳遞，最後做為人類的反應輸出；科學家們為了使電腦有效的解決各種問題，因此仿造了生物的神經網路，創造出專屬於電腦的神經網路，稱為類神經網路(Artificial Neural Network, ANN)或簡稱神經網路(Neural Network, NN)，以藉此讓電腦具有學習及判斷的能力。

4-1-1　神經元模型

1. 神經元的設計概念

人類神經元的運作方式如圖 4-1 所示，由樹突接收外界許多的刺激訊號，例如 x_1、x_2 和 x_3 等訊號後，經過細胞核的處理，最後由軸丘判斷這些訊號的刺激是否達到一定的門檻，若已達門檻，則將這些整合過後的訊號傳給下一個神經元，若未達門檻，則這些訊號不會傳向其他的神經元。

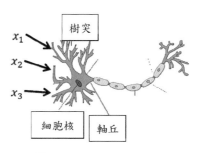

◎ 圖 4-1　人類神經元

對照人類的神經元，其刺激訊號是神經元的輸入，以數值來表示；而不同強度的刺激，對於神經元的重要性也不同，在神經元中，使用權重 w 的大小來表示輸入訊號不同的強度。

電腦的神經元架構如圖 4-2 所示，每一個輸入 x 都與相應的權重 w 相乘，表示不同強度的訊號來源，經過神經元進行「相加」的處理方式，就可以計算出這個神經元處理後的訊號強度，如式(4-1)所示。

$$w_1x_1 + w_2x_2 + w_3x_3 = \sum_{i=1}^{3} w_i x_i \tag{4-1}$$

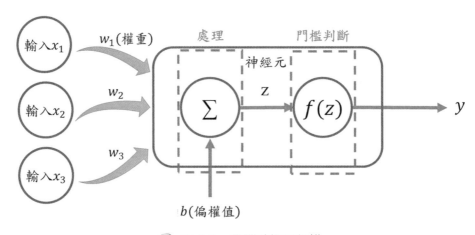

◎ 圖 4-2　電腦神經元架構

然而，這樣的訊號處理方式，若要進行某種分類，有時會遇見困難，以圖 4-3 和圖 4-4 為例，其中綠色點與紅色點各為一類；若我們只使用上述訊號處理方式進行分類，其藍色的分類線必定會經過原點，導致分類線無法將綠色點與紅色點完全分開。

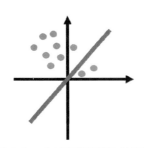

◎ 圖 4-3　未加偏權值的分類線　　◎ 圖 4-4　未加偏權值的分類線

所以，我們在式(4-1)加上一個偏權值 b 式(4-2)，它可以使分類線往左上角平移，使得這條分類線不必經過原點，達到更好的分類結果；如圖 4-5 所示，加了偏權值的藍色分類線可以有效地往左上方平移，使其可以更靈活的移動，因此可以將綠色點和紅色點完全分開。

$$\sum_{i=1}^{3} w_i x_i + b \tag{4-2}$$

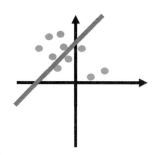

◎ 圖 4-5　加入偏權值的分類線

2. **Activation Function** 的運作方式

　　以圖 4-6 為例，神經元相加過後的訊號 z，必須透過一個函數 $f(\ )$，進行門檻判斷，以決定是否將訊號輸出，並傳給下個神經元；我們稱這一函數為啟動函數 (activation function)。

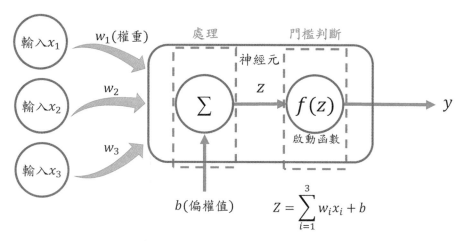

◎ 圖 4-6　電腦神經元的架構圖

常見的啟動函數大約有五種，這些函數大多是非線性的函數，其主要的原因是，整個神經網路希望具有非線性的設計，對於分類才會有較佳的能力，因此，在神經元的設計中，啟動函數便融入了非線性的運算。以下，我們對五種常見的啟動函數分別介紹。

(1) 感知器

在神經網路發展的初期，人們使用式(4-3)做為門檻判斷的函數：

$$f(x) = \begin{cases} 0 \ if \ \sum_i w_i x_i + b \leq \text{閾值} \\ 1 \ if \ \sum_i w_i x_i + b > \text{閾值} \end{cases} \tag{4-3}$$

在式(4-3)中，我們設定一個閾值做為門檻；若相加過後的訊號 Z 小於或等於閾值，則函數輸出為 0，此神經元將不會有訊號傳遞給下個神經元；若 Z 大於閾值，則輸出 1，並將輸出傳遞給下個神經元做為輸入；最後會如上圖 4-5 所示，找出一條「線性」分類線，將紅色點與綠色點完全分類。

(2) Sigmoid 函數

上面的函數，其數值控制在 0 和 1 之間，只要訊號大於門檻值，便輸出為 1 的訊號，否則輸出為 0。然而，也些時候，我們希望輸出的訊號是隨著原訊號的大小而正規化至 0 和 1 之間的一個數值，才送往下一層的神經元。在這樣的需求下，可採用 Sigmoid 函數作為啟動函數，透過公式(4-4)和其函數圖(圖 4-7)，可以觀察到其輸出值介於 0 和 1 之間。

$$\text{sigmoid}(x) = \frac{1}{1 + e^{-x}} \tag{4-4}$$

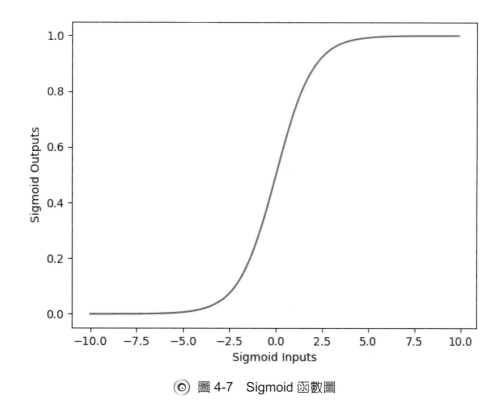

◎ 圖 4-7　Sigmoid 函數圖

　　當輸入值大於 3 或小於-3 時，經過 sigmoid 函數後的值會非常趨近於 1 或 0，這樣的特性有利於二分類的問題；因此，sigmoid 函數常使用在二分類的神經網路模型中。

(3)　Tanh 函數

　　另一個常見的啓動函數，tanh 函數；透過下式(4-5)和圖 4-8 可以發現，tanh 函數可視爲是 sigmoid 函數的放大版。

$$\tanh(x) = \frac{e^x - e^{-x}}{e^x + e^{-x}} \tag{4-5}$$

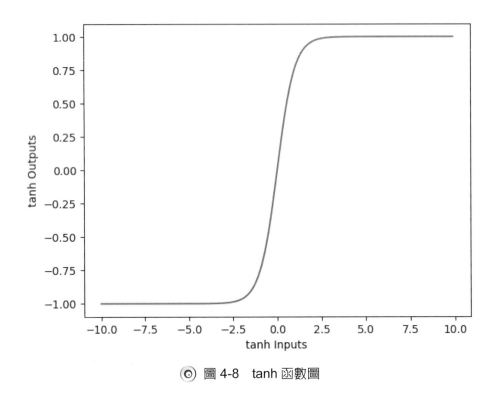

◎ 圖 4-8　tanh 函數圖

　　tanh 函數值域介於-1 和 1 之間，與 sigmoid 函數不同的地方在於函數值可以是負的，對於特徵非常大的二分類會有很好的效果。

(4)　Softmax 函數

　　不同於 sigmoid 函數和 tanh 函數只適用在二分類，softmax 函數適合用在多分類問題中，公式(4-6)如下：

$$\text{softmax}(x_j) = \frac{e^{x_j}}{\sum_{i=1}^{N} e^{x_i}} \quad \text{for } j = 1, 2, 3, \cdots, N \tag{4-6}$$

　　softmax 函數，不同於 sigmoid 函數只能處理兩個分類，softmax 函數可以使用於多分類的問題中，其會將各個類別的輸出除以所有類別的輸出總和，以計算出各個類別的機率，這樣的運算，也可以把不同正數值範圍的 x_i 值，均調整到 0 與 1 之間的數值，其主要的原因是分母是總合，它的值一定會比分子更大，使得計算的數值一定是個介於 0 與 1 之間的小數。

(5) ReLU 函數

　　近幾年來，ReLU 函數是最為廣泛使用的啟動函數，根據其公式(4-7)和圖 4-9 可以觀察到，其計算方法只需要判斷輸入值為正或負，即可進行輸出值的運算。

$$\text{ReLU}(x) = \begin{cases} 0 \ for \ x \le 0 \\ x \ for \ x > 0 \end{cases} \tag{4-7}$$

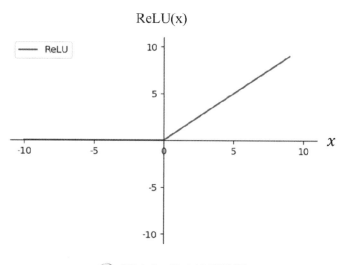

◎ 圖 4-9　ReLU 函數圖

　　ReLU 函數運算是將所有為負的輸入值轉換為 0，從而導致神經元不會被啟動，若輸入值為正的，則保持原樣。這樣的特性使得電腦的計算量大幅減少，比起 sigmoid 函數和 tanh 函數的計算速度快上不少，因此非常受歡迎。

4-1-2　類神經網路的架構

　　先前的章節介紹了單個神經元的架構與組成的元素，整個神經網路是由許多層的架構而組成，且每一層又由多個神經元所組成。以下，我們進一步說明，神經網路為何需要有多層的架構，且每一層為何需要有多個神經元來組成。

　　舉例來說，若我們只使用「花瓣長」和「花瓣寬」這兩個特徵當作輸入，來訓練神經元，目的是希望它能很成功地來分辨黃花和藍花。如圖 4-10 所示，黃圓圈表示的是黃花，藍圓圈表示的是藍花，這兩種花的花瓣長及花瓣寬的特性，可以用黃色及藍

色分別在圖 4-10 的二維空間中表示這兩種花。然而，若要直接用一個神經元，以花瓣長及花瓣寬的數據來當作輸入，就如同在圖 4-10 的二維空間中，擬找出一條紅線來區分出黃花和藍花，其實是無法辦到的。

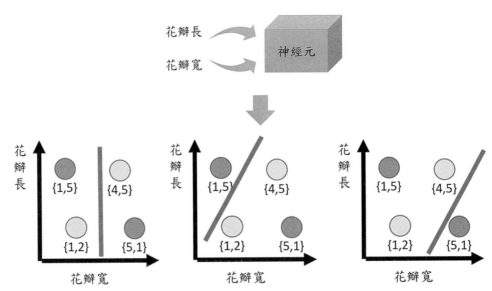

◎ 圖 4-10　使用「花瓣長」和「花瓣寬」這兩特徵做成二維座標

如圖 4-11 所示，在第一層的神經網路中，共有兩個神經元，輸入均是花瓣長及花瓣寬，若我們將輸入資料的空間作一個轉換，也就是，我們把兩輸入花瓣長及花瓣寬相加，當作一個坐標軸，把兩輸入花瓣長及花瓣寬相減，當作另一個坐標軸，如圖 4-11 所示，則讀者可發現，黃花和藍花在二維坐標上的顯示將很容易找到一條垂直的紅線將紅花和藍花進行分類。將這樣的觀念，對

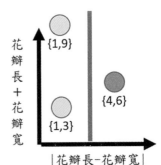

◎ 圖 4-11　使用「花瓣長+花瓣寬」和「花瓣長-花瓣寬」這兩特徵做成二維座標

應到神經元運算的設計，我們把花瓣長及花瓣寬當作原始的輸入，如圖 4-12 所示，第一層上面的神經原，負責將花瓣長及花瓣寬兩個輸入相加，而下面這個神經元則負責將兩輸入相減，之後，再將第一層中兩個神經元的輸出當作第二層神經元的輸入，便可將黃花和藍花分類出來了。

從這個例子可知，第一層的神經元，其＋工作是為了使第二層的神經元夠容易進行分類，而執行暖身動作，把坐標空間先轉換。這也意謂著，前層的神經元運算，其結果可供後層神經元使用，彼此合作，使找出的特徵，更易對圖片進行分類。單一層中的神經元之間，其關係較像是扮演分工，而前後層的神經元，其關係比較像是合作。因此，神經網路是由多層且多個神經元組成的，如圖 4-12 所示。每個神經元都扮演特徵提取或特徵處理的功能，透過多層次的處理，才能進行與人腦類似的分類工作。

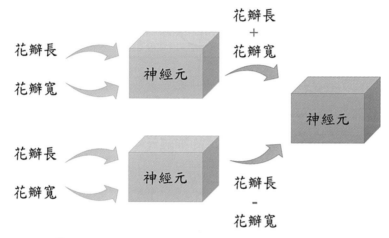

◎ 圖 4-12　神經網路是由多層且多個神經元組成

如圖 4-13 顯示了神經網路一般的架構，最左邊的第一層稱為輸入層(Input Layer)，其輸入資料的個數決定了該層神經元的個數；最右邊輸出分類或預測的結果，稱為輸出層(Output Layer)，隱藏層(Hidden Layer)則介於輸入層和輸出層中間。輸入層接收資料後，傳給隱藏層的每個神經元進行非線性的運算；其中，上一層的每一個神經元所產出的輸出，都會做為下一層的每個神經元的輸入，如圖 4-13，也因為這種上、下層完全連接的關係，造就了神經網路的複雜度。

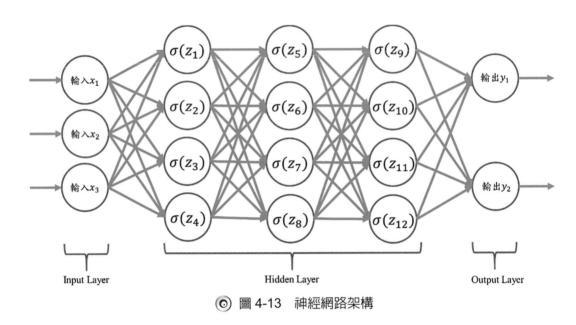

◎ 圖 4-13　神經網路架構

上一節所介紹的激活函數都會在上述的神經元中，幫助輸入值做非線性的訊號轉換；值得一提的是，softmax 會被使用在結果多於一個的分類問題中，且只會使用在輸出層。

4-2　卷積神經網路(Convolution Neural Network, CNN)

近年來，人工智慧帶動了技術發展、產品改革與應用創新的熱潮，部分原因是得益於卷積神經網路在影像辨識領域的貢獻。隨著硬體在計算效能的快速進步與演算法的精進發展，卷積神經網路在影像辨識的準確度已經高過於人類。以下，我們將揭開卷積神經網路的面紗，讓讀者清楚的瞭解其運作的原理與觀念。

4-2-1　影像辨識的重要性與應用

在影像處理方面，過去曾發生了一件很重要的事，那就是由一位法國發明家在1826 年創造出來第一張相片，這也是將人類透過眼睛所觀看到的世界，第一次直接重現在有形的物體上，令人無比振奮!隨著科技的進步，攝影器材拍攝的影像越來越像人類看到的真實世界。

影像辨識一直是人工智慧各種應用中很重要的一個領域，例如自動駕駛車的實現，其中很重要的一個技術，便是讓車用電腦知道車輛周遭的狀況，包括目前是否有

行人在車輛前方，或是目前是紅燈或綠燈，甚至包括各種交通號誌的辨識，這些技術上的需求，都需要車用電腦對車輛周遭具有快速影像辨識的能力，並進行決策，才能在安全的情況下由車用電腦實現自動駕駛。另一個常見的應用，便是工廠安全，電腦可透過蒐集的數據與影像辨識，即時判斷員工操作的程序是否正確、是否穿戴安全帽、機器是否處於危險狀態，透過影像辨識的判斷，一旦發生員工違規操作或機器處於危險狀態，便可立即給予提醒，避免工廠操作人員發生意外。一般而言，透過攝影器材拍攝出的影像，只是讓電腦系統能看到這個世界，但是卻不能理解它所看到相片中的事物及代表的意涵，而影像辨識就是讓機器能看懂他所觀察到的影像。

在過去，電腦中進行影像辨識的軟體，稱為電腦視覺系統，其主要用於判斷圖像資料中是否含有某個特定物體，並以圖像特徵來表示不同物體的特性，而近年來隨著硬體的發展與深度學習演算法的創新，已能讓電腦快速地辨識影像中的各種物體，對其進行分類，並將這樣的能力應用在各種領域。舉例而言，在購物方面的應用，深度學習支持下的影像辨識技術已有能力將使用者所拍攝的物品，進行辨識，並推薦購物網站，以方便其購買。而將具有人物的相片送進電腦，亦可透過深度學習網路來回答相片中的人物其年齡、性別、動作及心情等電腦對相片理解後的認知，這也應用在賣場人流分析及熱門商品的判斷、賣場商品擺放的決策及自動通知補貨訊息，甚至應用於無人商場。

一般而言，要教會電腦辨識影像中的物體，有兩種方式，一種稱為 Rule-based 的方法，也就是以人類的經驗，用一條條規則來教電腦判斷影像中的物體，例如，圖 4-14 所示，欲教電腦判斷相片中的動物是否為貓，可能用下列的規則：

If (耳朵= 2 隻) and (有尾巴) and (腳= 4 隻) and …
Then 這個動物就是是貓

Rule-based 的學習方法，也能讓電腦具有判斷動物的智慧，並將相片中的動物加以分類，看看是狗還是貓，但因規則的個數有限，無法教電腦自己學習規則外的事實，因此，電腦對分辨動物的能力有其極限，且所有對判斷動物的知識完全需要仰賴人們給予的規則，這使得電腦的學習受限於人類的教導。另一種方式便是深度學習，這種學習方式，比較接近人類的學習，不需要仰賴人們給予的判斷法則，只要有大量貓的相片當作電腦的輸入，它便可透過深度學習網路來取出這些相片中貓的特徵，當這樣的

模型建立後，改天即使拿一張完全沒見過的貓，只要其特徵接近貓，電腦便可辨識出貓，也就是說，這樣的學習方式，是讓電腦看過大量貓的相片，並告知這些相片都是貓，不是狗，因此，電腦透過深度學習網路，便可建立貓的模型，這樣的模型是電腦自己從數百萬張相片所歸納出來的有關貓的特徵，即使改天電腦看見一張從未見過的貓，電腦也會判斷出這是貓而不是狗。

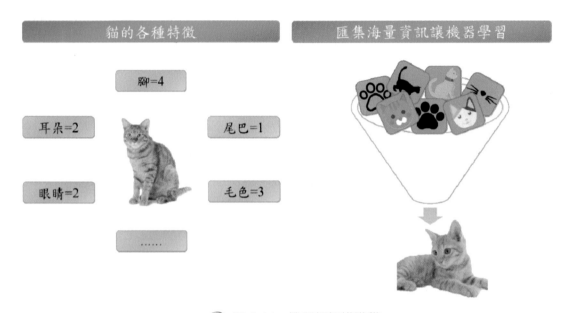

◉ 圖 4-14　機器如何辨識貓

採用深度學習的神經網路，主要是模擬人們大腦神經的運作，與人們從小到大學習如何辨識動物的方式較為類似。例如，當我們看見一隻動物時，會關注它的外形各種特徵，包括動物的體形、臉形、尾巴、身上的條紋等，我們的大腦是在比對，現在看見的動物，這些特徵和我們以前看過的許多種動物中，和貓的各種外形特徵最像，因此，便會把這個動物認定是貓。這樣的判斷方式與 Rule-based 不同，不需要進行每一條規則的條件比對，只要與過去在大腦中存留的印象來比較，看看這些外形特徵和那一種我們曾看過且認得的動物最像就可以了，因此具有一定的模糊性，而在神經網路的動物分類過程中，也存在著這樣的特性，也就是，在過去我們看過的同一種動物越多次，我們的大腦就越有機會學習到這種動物代表的特性，例如，在過去，若我們只看過黃色斑紋的貓，那麼貓的顏色是黃色的，便是我們辨識貓很重要的特徵。然而，今天突然看到一隻黑色斑紋的貓，但我們仍認為這是一隻外形比較像黃色斑紋的

貓，而不是其它種動物，因此，我們大腦中就會進一步學習到，原來貓也可能是黑色斑紋的，隨著我們看見的黑貓越多，我們的大腦就會認爲，其實黑貓也很常出現在我們日常生活中，因此，對貓的斑紋顏色而言，就不會一定要求是黃色的，也就是說，對於貓的顏色要求，必需是黃色的特徵便因爲看過越來越多的貓而漸漸寬鬆，不再要求貓一定是要黃色的了。

對於深度學習神經網路而言，神經網路是一層一層串連在一起的，每一層的神經網路有它一定的功能，例如，某一層可能是確定出動物臉的輪廓、而另一層可能是整理出動物臉的顏色、而其它層也擔負著辨識動物圖像的某種外觀特徵，由於要辨識的動物種類繁多，因此，需要有很多層的神經網路共同組成，才有能力分辨一張的圖片是貓、老虎還是狗，這也是我們強調"深度"的原由。這樣的網路，我們稱爲是卷積神經網路，以下，我們進一步說明卷積神經網路的架構與運作原理。

4-2-2　卷積神經網路架構(Architecture of CNN)

人類要辨識影像需要透過眼睛看到影像的畫面，透過視神經將這些畫面的訊號傳送至腦中，藉由大腦的許多神經元來處理這些訊號，使得人類最後可以在腦中形成這個影像，卷積神經網路就是以此概念設計的神經網路，透過輸入層、卷積層、池化層、全連接層、輸出層來模擬人類視覺的處理流程。

對比人類的視覺處理方式，輸入層就相當於人類的眼睛，用於接收畫面，卷積神經網路中的卷積層、池化層就類似於人類的視神經，將這個圖像的特徵提取出來，形成訊號，接著全連接層與輸出層則像是大腦，處理接收到的特徵訊號，使機器可以像人類一樣理解看到的事物，就能發展出更多便利的科技，例如自動駕駛技術就需要機器能夠理解車輛周遭環境，才能做出如何駕駛的判斷，又如工廠品質控管系統，能讓機器能分辨商品的好壞，更有效率且準確的挑出劣質品。

卷積神經網路在辨識物體時是如何運作的呢？舉例來說，人類希望能夠分辨老虎與貓，是透過老虎與貓的花紋、體型、牙齒等外觀上的特徵差異，去辨別兩者的不同，而卷積神經網路也是以類似的概念去學習如何分辨老虎與貓，卷積神經網路使用卷積層提取老虎和貓的各項特徵，利用池化層選出特徵中比較重要的特徵，再透過全連接層分類這些特徵，將其分爲是老虎或是貓的特徵，透過大量的老虎和貓的影像，使得

卷積神經網路越來越清楚老虎與貓的差異，最終就可以訓練出能分辨影像是老虎還是貓的卷積神經網路。

卷積神經網路的架構如圖 4-15 所示，輸入一張貓的圖片，透過濾波器對輸入過的圖片進行卷積運算，形成卷積層的數據，也就是代表貓的條紋或臉型，接著透過最大池化函數對卷積層的特徵進行池化，也就是將重要的、具有代表性的特徵取出，得到池化層的資料。這樣的卷積和池化運算，可能在神經網路中重複出現許多次，每次都對貓的相片取出不同的特徵，接著將這些特徵拉平成全連接網路層能使用的輸入，透過全連接層將前面各層所分析出的特徵進行分類，然後藉由輸出層的歸類得到結果，最終卷積神經網路判斷出這張圖是一隻貓。在卷積神經網路中，圖片透過較為接近輸入端的卷積層分析出該圖的細部特徵，如貓的腳、眼睛、耳朵和尾巴等局部特徵，隨著越多層的卷積處理之後，逐漸組成更完整的圖像特徵，如貓的頭、背部和四肢等部位，這些特徵比前幾層卷積層中的特徵，更能辨識該圖像的類別，但實際上，在卷積神經網路之中，前面幾層卷積層的特徵，若我們取出它訓練完的權重與輸入值、輸出值來觀察，並無法做清楚邏輯的解釋及概念的說明，這主要是因為權重與偏移值在訓練過程中的調整，已經融入一次次不同原因的修正，因此較難歸納出一套可視化的邏輯，透過輸入及輸出值來說明每個神經元所主要負責的任務，後面層數的特徵才有可能以肉眼辨識，因此圖 4-15 中貓的各種特徵，只是概念示意圖，而我們在文章中的說明，也只是為了幫助讀者更有概念地、更有邏輯地來看待卷積神經網路的運作。

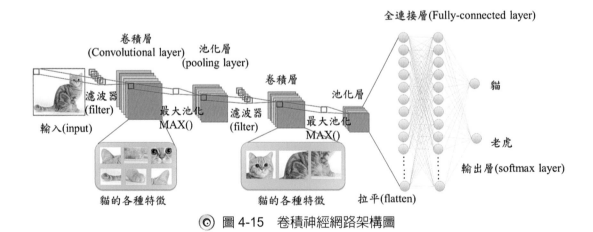

◎ 圖 4-15　卷積神經網路架構圖

4-2-3　輸入層（Input Layer）

　　在神經網路之中，所謂的輸入層也就是接收輸入數據的一層神經元，卷積神經網路自然也是如此，但在卷積神經網路中，傳輸的資料格式卻與一般神經網路有所不同，一般的神經網路輸入的資料會以向量方式表示，而卷積神經網路卻是以矩陣方式表示，原因是卷積神經網路的輸入是一張張的圖片，為了保留圖片中各物體的位置與關聯，所以在卷積神經網路中除了輸入層之外，在卷積層與池化層的部分也都是以矩陣的方式進行傳遞，直到特徵資料進入全連接層時，才會改為向量的方式，這也是為何卷積神經網路比起全連接神經網路在分類圖片方面更為精準的原因之一。

4-2-4　隱藏層（Hidden Layer）

　　輸入層與輸出層之間的層數都可以稱為隱藏層(Hidden Layer)，一般的全連接神經網路中，隱藏層都是由全連接層所組成，也就是每一層的所有神經元和下一層的各個神經元皆有連結，便是全連接層的構造，其構造如圖 4-16 所示，而在卷積神經網路的隱藏層卻是有所不同，其中包含卷積層與池化層，卷積神經網路在辨識圖片的準確度比其他神經網路高的原因，就在於這兩種特別的神經網路層數連接方式。

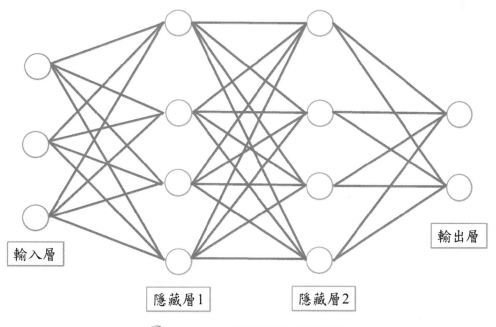

◎ 圖 4-16　神經網路基本架構圖

1. 卷積層

　　卷積層是卷積神經網路隱藏層中的一種，卷積層有幾個重要的名詞，包含濾波器(filter)、特徵圖(feature map)與激活函數(activation function)，卷積在數學中指的是通過兩個函數 f( ) 和 g( ) 生成第三個函數的一種數學算子，而在卷積層中則是指透過濾波器掃描輸入變成特徵圖，這行爲我們稱作爲卷積，有如函數 f( ) 的運作，接著特徵圖透過激活函數的轉換後就成爲卷積層的輸出，有如函數 g( ) 的運作，最後輸入至下一層神經元，至此便是卷積層的整體流程，接著本書將細部講解各個步驟是如何運作。

　　卷積的第一步是透過濾波器掃描輸入，什麼是濾波器呢？以形象化的概念來看，濾波器相當於相機的各種濾鏡，例如模糊化、銳化、邊緣化等等，如圖 4-17 所示，圖片左邊爲輸入，中間爲濾波器的參數矩陣，右邊爲透過此濾波器計算後的特徵圖，而在卷積神經網路之中，這些圖片的每個像素都會以矩陣方式儲存各像素的編碼數值，透過濾波器計算出特徵圖，有了濾波器的大致概念後，接著將介紹如何使用濾波器進行輸入的掃描。

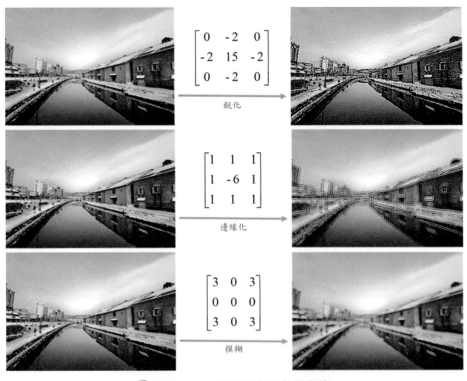

◎ 圖 4-17　透過濾波器處理圖像

　　卷積神經網路卷積的運作方式如圖 4-18 所示，左邊為數值化的輸入，中間是使用的濾波器，右邊是透過濾波器計算後的特徵圖，同樣以矩陣方式儲存數值，卷積神經網路為了保留空間特徵性，所以一層層網路間是以矩陣方式來表示。圖 4-18 中可以發現原圖以中間為分界線，透過邊緣化濾波器，特別強調圖的邊線，就可以得到原圖的邊線特徵。

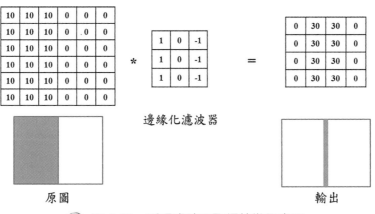

◎ 圖 4-18　透過濾波器取得特徵示意圖

　　接著提到透過濾波器產生特徵圖的計算方式，如圖 4-19 所示，輸入為 5x5 的矩陣數值，它代表著一張圖像，若我們使用 2x2 的濾波器進行卷積，濾波器會先從最左角的 2x2 矩陣開始掃描，濾波器的矩陣和相對應的輸入進行對應的數字相乘並進行加總，以圖 4-19 作為範例的式子為 6x1 + 0x0 + 2x0 + 0x1 = 6，而最終算出來的 6 便是特徵圖的一個神經元內的值。

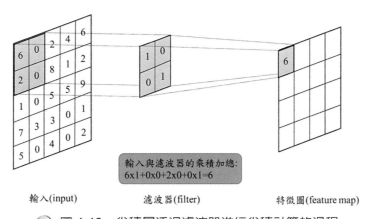

◎ 圖 4-19　卷積層透過濾波器進行卷積計算的過程

接著的下一個運算，將根據設定的間隔步長(stride)，決定濾波器一次要移動的格數，假設設定濾波器一次移動一步，則會如圖 4-20 所示右移一格，接著一樣透過濾波器計算出特徵圖上的一個神經元 0x1 + 2x0 + 0x0 + 8x1 = 8，特徵圖中的第二個神經元儲存的數值便是 8。

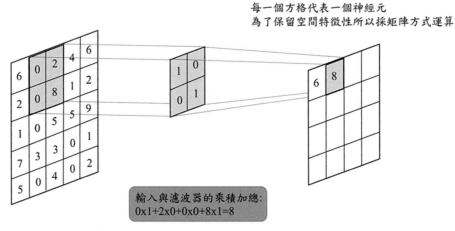

每一個方格代表一個神經元
為了保留空間特徵性所以採矩陣方式運算

輸入與濾波器的乘積加總：
0x1+2x0+0x0+8x1=8

◎ 圖 4-20　卷積層透過濾波器進行卷積的過程

依此類推，接著一步步的進行掃描直到整張輸入透過濾波器計算完成，如圖 4-21 所示，特徵圖的所有神經元便構成了一層卷積層，濾波器相當於每層神經元之間連接的權重，輸入則可能是最開始的圖片，或者經過卷積後的特徵圖，又或者是經過池化後的特徵圖。

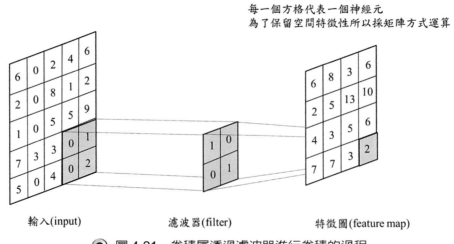

每一個方格代表一個神經元
為了保留空間特徵性所以採矩陣方式運算

輸入(input)　　　濾波(filter)　　　特徵圖(feature map)

◎ 圖 4-21　卷積層透過濾波器進行卷積的過程

另外，如圖 4-22 所示，左邊輸入的矩陣與右邊的特徵圖，兩邊的矩陣中每一格皆代表一個神經元，而濾波器則是連接兩層神經元的權重，輸入矩陣與權重的乘積加總後，就能得到特徵圖中的神經元數值。

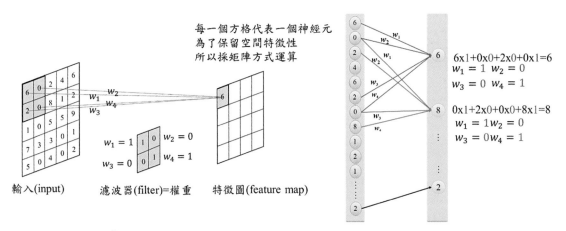

○ 圖 4-22　卷積神經網路中兩層神經元透過權重連接示意圖

在一層卷積層之中，可以使用多張濾波器，而濾波器的數目會決定該層卷積層的矩陣厚度，如圖 4-23 所示，當使用 3 張濾波器時，會得到 3 張特徵圖，有多少張濾波器就會計算出多少張特徵圖，而這些特徵圖合起來便是一層卷積層，以圖 4-23 為例輸入的格式為 5x5x1，透過 3 個 2x2x1 的濾波器計算出 4x4x3 的特徵圖，特徵圖的寬高是透過輸入的寬高與濾波器的寬高還有掃描的步長來決定，公式為 floor((輸入的高-濾波器的高+2*padding)/步長)+1，以圖 4-23 為例的算式為 floor((5-2+2*0)/1)+1=4，而因為使用了 3 層的濾波器，所以特徵圖的資料格式會變為 4x4x3，在此特別提醒一點，濾波器的深度與輸入的資料格式深度相同，假如此時以 3 張特徵圖組合而成 4x4x3 的卷積層為輸入再進行一次卷積，那使用的濾波器深度就必須為 3，而生成的特徵圖深度則是依據濾波器個數決定，總結來說，濾波器的深度為輸入資料格式的深度，輸出特徵圖的深度為使用濾波器的個數。

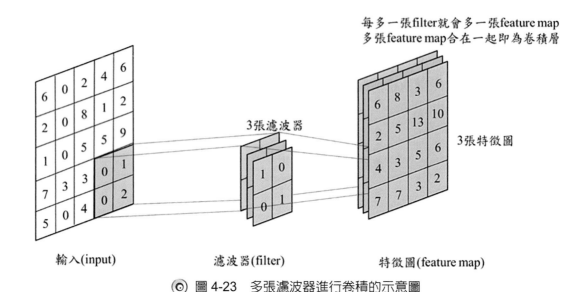

每多一張filter就會多一張feature map
多張feature map合在一起即為卷積層

3張濾波器

3張特徵圖

輸入(input)　　　　濾波器(filter)　　　　特徵圖(feature map)

◎ 圖 4-23　多張濾波器進行卷積的示意圖

　　在卷積過程中，如圖 4-23，似乎特徵圖的寬高一定會比輸入更小，導致卷積後的神經元保留的特徵比卷積前少，其實並不一定，如果想要保留與卷積前相同的神經元個數，也就是卷積後的特徵圖與輸入的寬高相同，就會使用到名為補零 (zero padding)的手法，所謂的 zero padding 是指在卷積神經網路中卷積層的輸入外圍補 0，而前一段文章中，計算特徵圖寬高公式中的 padding 指的就是在輸入外圍補 0 的圈數，如果 padding 為 1，則於輸入的外圍補一圈 0，假設 padding 為 2，則於輸入外圍補兩圈 0。如圖 4-24 所示，輸入的內圈白底的 6x6 矩陣為原始的輸入，外圈藍底的方框為 zero padding 手法，且 padding 為 1，於輸入外圈補上一圈 0，原先如果是使用 6x6 的輸入和 3x3 的濾波器進行步長為 1 的卷積，會輸出 4x4 的特徵圖，而透過 zero padding 的手法使得原始輸入 6x6 的矩陣透過 3x3 的濾波器進行步長為 1 的卷積後，可以得到 6x6 的特徵圖，如此就使得卷積層輸入與輸出的寬高維持一致。

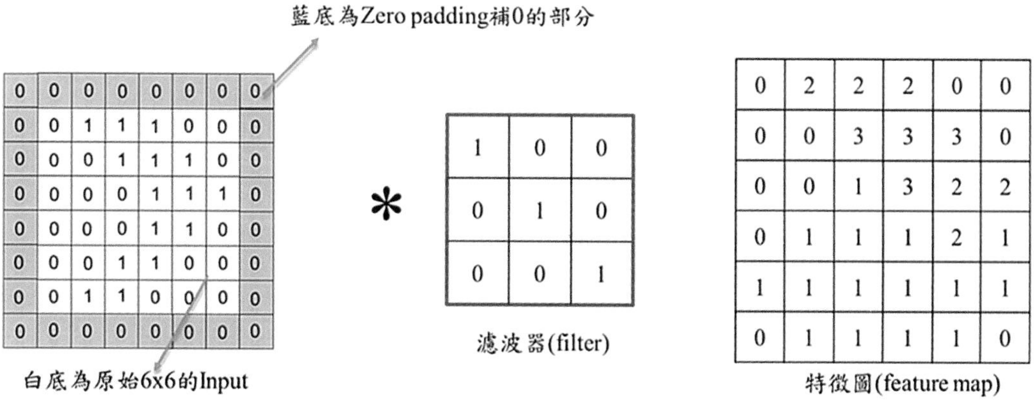

藍底為Zero padding補0的部分

濾波器(filter)

白底為原始6x6的Input

特徵圖(feature map)

◎ 圖 4-24 補零(zero padding)的運作方式

　　卷積的運作到此還剩下最後一步，在神經網路中，每層神經元在進入下一層神經元之前，大多需先經過一個激活函數，激活函數可以用來決定此層神經元的值是否要傳送給下一層神經元，通常，我們會希望，夠強的訊號，才對後續的決策發生影響力，因此，訊號夠強，再傳遞到下一個神經元。常用的激活函數有Sigmoid 函數、Tanh 函數及 ReLU 函數。

　　激活函數顧名思義為一種函數，因此在計算上便是輸入一個數會得到一個輸出值，而 ReLU 函數如圖 4-25 所示，只要輸入為負數，函數輸出值皆為零，若輸出為正數，則函數輸出值與輸入值相同，如圖 4-26 所示，左邊為卷積完成的一層神經元，中間為 ReLU 激活函數示意圖，右邊為實際此層卷積層輸出至下層神經元透過 ReLU 激活函數得到的實際輸出，可以看到左邊的負數在輸入至 ReLU 激活函數後輸出值皆為零，而只要輸入為正數，則輸出皆與輸入值相同，神經網路便是透過激活函數決定此層神經元的值是否要傳送給下一層神經元，從輸入透過濾波器進行卷積形成特徵圖，再到透過激活函數轉換神經元中的值，這樣就是一層卷積層的架構。

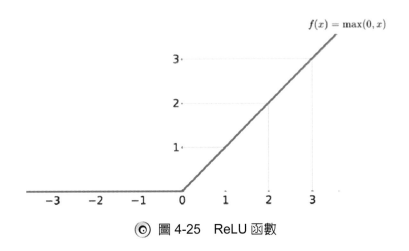

◎ 圖 4-25　ReLU 函數

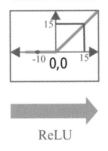

◎ 圖 4-26　ReLU 函數的運作方式

　　使用 ReLU 函數替代 Sigmoid 函數與 Tanh 函數的主要原因有三個，首先 ReLU 函數的分段線性性質能有效的克服梯度消失問題，而在神經網路之中梯度消失的問題極為重要，此問題是在使用梯度下降法和反向傳播訓練人工神經網路時出現的難題，在此類訓練神經網路的方法中，神經網路權重的更新值與梯度值相關，在某些情況下會使得梯度值幾乎消失，進而導致神經網路的權重無法更新，甚至使神經網路無法繼續訓練。第二點在於類神經網路的稀疏性，由於 ReLU 函數會使得部分神經元輸出為零，因此在兩層神經元間部分神經元的連接會消失，緩解過度擬合目標的問題。第三點在於計算簡單，相較於以前的激活函數，ReLU 計算量很小，只需要判斷輸入是否小於零，正數皆保持不變，負數才需改為零，因此在訓練神經網路時的效率會更佳。

　　以訓練一個用於辨識老虎與貓的卷積神經網路來說，卷積層的用意在於使用濾波器轉化出圖片的特徵，如花紋、體型、牙齒等外觀上的特徵，而這些特徵值透過一次激活函數篩選掉部分神經元，使神經網路認為比較重要的特徵才傳入下一層神經元，實際上卷積所製成的特徵圖無法人為定義是何種特徵，神經網路是自行訓練出各項參數，因此很難透過人為認定該神經網路的設計理念，但我們可以以形象化的概念去解釋各層神經元所代表的涵義。

2. 池化層

　　池化層也是卷積神經網路中隱藏層的一種，往往接在卷積層後面，主要用於透過池化來降低卷積層輸出的複雜度，並去除一些可有可無的特徵，但也希望能具有卷積輸出特徵的代表性，最常使用最大池化與平均池化兩種方法，最大池化指的是對輸入的卷積層指定的子矩陣內取最大值作為輸出，如圖 4-27 所示，輸入為 4x4 的矩陣，取 2x2 的最大池化，就會於輸入上取 2x2 的矩陣中最大的值作為池化的輸出，圖 4-27 中取最大池化的值為 6，接著會朝下一個 2x2 的矩陣取最大值，如圖 4-28 所示，直到整個輸入矩陣完成最大池化，如圖 4-29 所示，為完成池化的輸出，可以發現對輸出取 2x2 的池化會使輸出的矩陣為輸入的 1/(2x2)，而如果對輸入取 3x3 的池化則輸出的矩陣為輸入的 1/(3x3)，因為池化後輸出的寬為(輸入的寬/取池化的寬)，輸出的高為(輸入的高/取池化的高)，所以圖 4-29 的例子中輸出矩陣為(4/2)x(4/2)=2x2 矩陣。

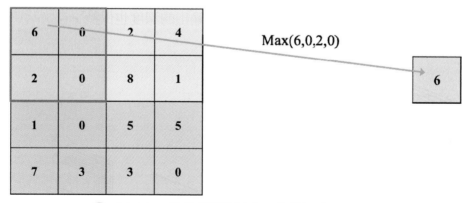

◎ 圖 4-27　池化層透過池化函數進行池化的過程

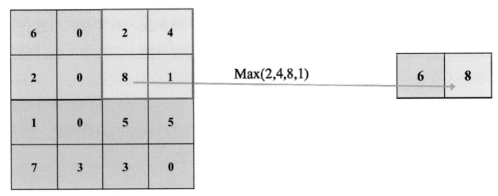

◎ 圖 4-28　池化層透過池化函數進行池化的過程

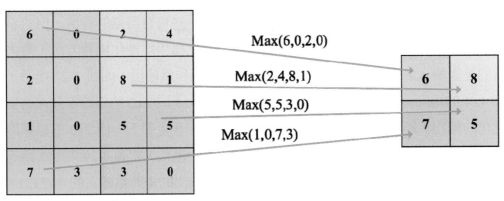

◎ 圖 4-29　池化層透過池化函數進行池化的過程

　　池化層輸出的資料格式除了寬度與高度之外，還有深度需要考量，池化層輸出的寬度與高度需要透過計算才有結果，而池化層的深度則是保持與輸入一致，如圖 4-30 所示池化層的輸入的深度為 x，則輸出的深度也保持 x。

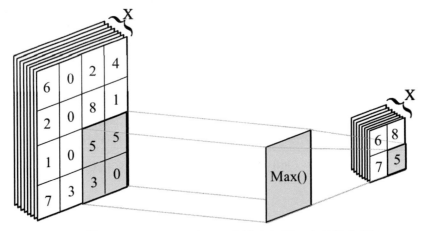

◎ 圖 4-30　透過池化函數輸出相同深度的池化層

假設池化方法使用平均池化，則是將原先取矩陣內最大值改為取矩陣內所有值的平均值，透過平均值來代表此小矩陣內的特徵，如圖 4-27 中的例子如果改為平均池化，則 4x4 矩陣左上角的 2x2 矩陣內取平均池化，輸出為(6+0+2+0)/4=2，而現今由於最大池化簡單且高效，因此廣泛應用於各種實際例子。

池化層的用途同樣可以透過訓練用於辨識老虎與貓的卷積神經網路來解釋其作用，以最大池化法來說，池化層的作用可以看成輸入了諸多老虎與貓的特徵，透過設計的池化矩陣寬高去分割卷積層的輸出特徵，利用最大池化將一個個小矩陣內的最大值視為最重要的特徵，保留並輸出至下一層神經元，相當於篩選老虎與貓各自重要的特徵，去掉一些可有可無的特徵，提高神經網路訓練速度，也減少過度擬合的可能性。

4-2-5　輸出層

從輸入到最終的輸出，卷積神經網路經過多次的卷積與池化，訓練出諸多特徵，接著要透過全連接層進行特徵分類，最終才有分類的輸出，從訓練一個辨識老虎與貓的卷積神經網路的角度來看，輸入的影像透過多次的卷積與池化擷取出老虎與貓各自的多項特徵，接著會使用全連接層將這些特徵進行分類，但在池化層連接至全連接層之前，由於池化層的輸出資料格式為矩陣且具有深度，可是全連接層的輸入多為向量，因此在池化層的輸出連接至全連接層之前，需要先將池化層的特徵輸出成平坦層 (Flatten layer)，如圖 4-31 所示，池化層矩陣排列的神經元此時會拉平為向量，後續才可與全連接層進行連接。

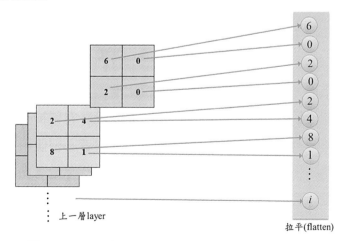

◎ 圖 4-31　池化層的神經元連接全連接層前的動作

　　經過一連串卷積與池化後的特徵提取，並將各個特徵給與不同的權重，再透過拉平送至全連接神經網路，將老虎與貓的花紋、體型、牙齒等特徵經過全連接神經網路的分類，最終分別匯集至輸出層的兩個神經元，而輸出層的神經元個數是取決於問題最終所擁有的類別個數，由於問題為辨識老虎還是貓，因此輸出層的神經元個數為二。如圖 4-32 所示，全連接層輸入至輸出層的數值 x_1，代表是貓的數值，數值 x_2 代表是老虎的數值，數值越大代表越有可能是此類別，但是由於數值級距可能差異過大，因此輸出層在輸出數值前，會先經過 Softmax 函數，將數值轉為該類別的機率，函數的運算方式如圖 4-32 所示，每個神經元數值先取指數運算(Exponential)，目的是將整體值域改為正實數，再分別除以所有類別取完 Exponential 數值的加總，這樣的動作為稱為正規化，最終輸出的數值加總為 1，且各類別的數值就代表輸入可能是此類別的機率，如圖 4-32 的例子，輸出分別為 0.98 與 0.02，根據卷積神經網路的判斷，有 98%的可能性輸入的圖片是貓，有 2%的可能性輸入的圖片是老虎，因此卷積神經網路判斷輸入為貓的圖片。

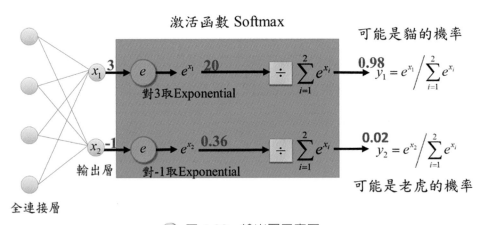

◎ 圖 4-32　輸出層示意圖

　　從輸入層、卷積層、池化層、全連接層到輸出層，透過一層層的神經元，建構出一個可以用於辨識圖像的卷積神經網路，然而，光是設計卷積神經網路中每一層的架構並不足以使該網路具有辨識圖像的能力，此時，使用者必須使用大量有標記的圖像去訓練卷積神經網路，例如，使用者想要訓練能夠辨識圖像是老虎還是貓的卷積神經網路，就必須將大量標有屬於老虎或是貓的圖像做為訓練資料，輸入至卷積神經網路進行訓練，使卷積神經網路能抓取老虎與貓各自的特徵，並能分類這些特徵。在訓練的過程中，剛開始由於輸入的資料較少，權重尚未修正完成，所以辨識正確率偏低，

也就是說，給予一張已標記爲貓的圖片當作輸入，其最後分類出來的結果，可能是老虎的機率較高，此時，卷積神經網路將透過從後層往前層修正權重及偏移值，使該網路在下一張貓的圖片當作輸入資料時，輸出的結果能讓分類爲貓的機率增加，隨著資料的增多與多次修正神經網路的權重，卷積神經網路的辨識正確率將逐步提高，使得輸入新的圖像時，能利用卷積神經網路準確的辨識圖像屬於老虎還是貓，當新的圖像辨識準確率達到使用者的需求時，該卷積神經網路便已訓練完成，可以實際應用於輸入一張未曾標記爲貓或老虎的圖片，此訓練好的網路便可聰明地辨識出圖片中的動物是貓或是老虎。

4-2-6　卷積神經網路的實際應用

　　由於卷積神經網路在影像處理的優異表現，因此與影像相關的應用都可以看到卷積神經網路的身影，其中最常見的當屬人臉辨識與自動駕駛，這兩者可說是卷積神經網路的最大受益者，自從卷積神經網路的出現，人臉辨識的準確度逐漸上升，達到可以應用於商業上的程度，而自動駕駛也是因爲卷積神經網路的發展，使得資料量龐大且變化多端的駕車環境，透過卷積神經網路進行分析，讓車載系統能夠辨識周遭環境，達到即時判斷環境並操控駕駛行爲，才使得自動駕駛部分程度上得以實現，接著本章節將介紹卷積神經網路是如何應用於人臉辨識與自動駕駛。

　　人臉辨識(如圖 4-33)顧名思義，是希望機器透過人臉的影像，能夠辨識出該人臉的身分。人臉辨識可用於門禁管理系統，機器透過人臉辨識判斷使用者是否擁有通過門禁的許可權，將沒有許可權的人阻擋於門外，達到管理出入人員的功能，人臉辨識還能應用於人臉支付的功能，使用者於銀行登記其人臉資料，使人臉成爲像提款卡之類的認證資料，就可以在與銀行有相關合作的商家透過人臉辨識進行金錢支付，除此之外，人臉辨識還能應用於犯罪偵防，警方透過建立罪犯的相關資料與人臉資料，利用架設於大街小巷的監視錄影機，實時對路上的行人進行人臉偵測，如辨識出犯人的樣貌，就能即時鎖定罪犯所在位置，出動警力進行逮捕。

　　人臉辨識的核心技術爲卷積神經網路，輸入大量的人臉影像進行訓練並建立人臉資料庫，機器透過卷積神經網路學習人臉影像的眼睛、鼻子、嘴巴、眉毛、各五官的間距等多項的特徵，由於每個人的特徵有所不同，因此卷積神經網路便能透過這些特

徵算出輸入的影像與資料庫中何者的人臉相似，進而達到人臉辨識的目的，並且結合虹膜、指紋、掌紋、聲紋等每個人皆不相同的個人特徵，能夠辨識得更為精準。

◎ 圖 4-33　人臉辨識

除了人臉辨識之外，卷積神經網路廣為人知的應用還有自動駕駛，自動駕駛一直是科幻電影中常見的片段，乘客只需坐在車內，告訴車載電腦本次出發的目的地，車子便會自動計算出最佳路線並自動駕駛，過程無須駕駛員操作，而這些只出現於科幻電影中的畫面，將逐漸於現實生活中一一實現。

自動駕駛於現實生活中被分類為 6 種等級，分別為等級 0 到等級 5，等級 0 的自動駕駛就是完全沒有任何輔助系統協助駕駛，駕駛需要隨時掌握車輛情況並自行駕駛；等級 1 的自動駕駛為駕駛者操作車輛，僅有少數裝置有時會發揮作用，主要是協助車輛穩定與防止煞車鎖死等功能；等級 2 的自動駕駛主要還是由駕駛員駕駛，系統則會階段自動輔助駕駛，例如，使用者可以定下車輛最高速限，車子前方如無障礙物則會自動依設定速度行駛，而前方如有車輛，自動駕駛車則會根據前車速度調節自身車輛的速度，且通常會提供自動緊急煞停系統，當車子前方偵測到有障礙物存在時，便進行自動煞車以避免撞到障礙物；等級 3 的自動駕駛會自行控制車輛，但使用者須隨時準備接手控制車輛，以應對車載系統無法處理的狀況；等級 4 的自動駕駛在條件許可的情況下可以完全由車輛自主駕駛，當系統判定自動駕駛的路段已經結束、出現嚴苛氣候或路面模糊不清等情況時，系統會提供駕駛充足的時間切換至手動駕駛，甚至當車輛提出切換駕駛要求時，但駕駛員卻未介入控制，等級 4 的車輛也會自動減速，

開至路邊或停在安全的地方；等級 5 的自動駕駛則完全無須駕駛員控制，只要告知車輛目的地，且不須預先設定路線，車輛會自行安全的開往目的地。

自動駕駛系統在判斷車輛該做出的行為前，很重要的一點就是要先了解周遭的環境狀況，此時就需要利用卷積神經網路，讓自動駕駛系統理解車輛的周圍環境，自動駕駛系統透過大量的行車影像數據，如車輛前方有障礙物的影像、車輛周遭有人的影像或前方紅綠燈目前為紅燈的影像等，訓練出能夠辨識車輛周遭環境的

◎ 圖 4-34　自動駕駛車

卷積神經網路，自動駕駛系統才能透過車子拍攝的影像，實時辨識周遭狀況，並針對該狀況做出合理的駕駛判斷，如圖 4-34 所示。

隨著科技的進步，越來越多科幻電影中的便利生活逐步實現，卷積神經網路能應用的地方越來越廣，且準確度會越來越高，在未來的科技中，卷積神經網路應該會更廣泛地介入我們的生活，並扮演舉足輕重的地位。

4-2-7　全連接神經網路

在深度學習實作中，大多採用圖 4-35 的六個程序來進行實作。首先，第一個程序為(1)「資料載入」，在這個程序中，我們先將訓練及測試用的資料載入。接著，第二個程序為(2)「資料前處理」程序，在這個程序中，我們對載入的資料進行前處理，這主要的原因可能是因為輸入資料的格式並未做正規化，或是資料並不完整，有些欄位缺少資料，另外，也可能是我們擬將輸入的資料中，篩選出幾個重要的欄位當作可能的特徵，當然，也可能是因為輸入或輸出的資料不符合模型的輸入及輸出格式，所以要進行資料前處理。接著，第三個程序是(3)「定義模型」，這項程序包括了定義輸入層資料的形狀、卷積層、池化層的結構、平坦層及全連結層的結構，最後，則是定義輸出層的結構。當定義了模型的結構後，接著，在第四個程序(4)「編譯模型」中，我們將對所定義的模型加以編譯，並在第五個程序(5)「訓練模型」中，開始導入資料來訓練。在完成訓練後，模型中的權重及 bias 值已確定，此時便可進行第六個程序，也就是稱為(6)「評估模型」，這個程序中，可將訓練好的模型取出，導入測試資料，此

時模型便會自動評估其執行期將測試資料拿來實驗時，其分類的結果正確與否，這樣的動作，也就是所謂的評估模型。

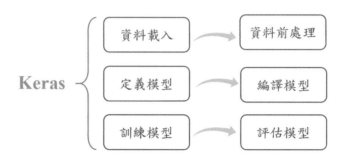

◎ 圖 4-35　深度學習發展程式的六個階段

　　我們所採用的範例為預測皮馬印地安人的糖尿病，而採用的資料集是來自 UCI 機器學習資料庫，它是一個標準的機器學習資料集，主要是描述病人的醫療記錄和病人五年內是否有發病，因此我們至網站內下載 diabetes.csv 檔案，網址如圖 4-36，而後當作訓練及測試模型的資料。

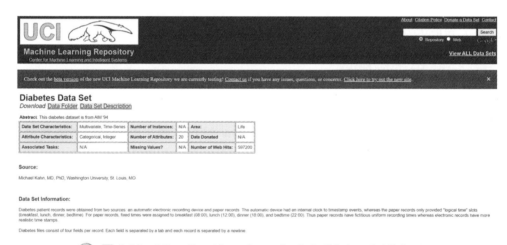

◎ 圖 4-36　https://archieve.ics.uci.edu/ml/datasets/diabetes

　　首先，我們採用 pandas 載入 diabetes.csv，使用 read_csv()函式呼叫資料集，並顯示前五筆病患的病歷紀錄，如下列指令所示：

```
import pandas as pd

df = pd.read_csv("diabetes.csv")
print(df.head())
```

```
     Pregnancies  Glucose  BloodPressure  SkinThickness  Insulin   BMI  \
0              6      148             72             35        0  33.6
1              1       85             66             29        0  26.6
2              8      183             64              0        0  23.3
3              1       89             66             23       94  28.1
4              0      137             40             35      168  43.1

   DiabetesPedigreeFunction  Age  Outcome
0                     0.627   50        1
1                     0.351   31        0
2                     0.672   32        1
3                     0.167   21        0
4                     2.288   33        1
```

我們可以使用 shape 屬性顯示資料的形狀，其擁有 768 筆資料及 9 個欄位(圖 4-37)。

```
print(df.shape)
```

```
(768, 9)
```

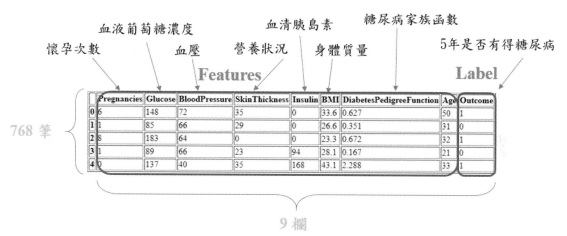

◎ 圖 4-37　皮馬印地安糖尿病資料集

當我們了解資料的型態結構後，接著下一步，我們便可以開始打造神經網路。

1. 資料載入

首先匯入所須模組及套件，並設定亂數種子的參數值，其目的是為了讓每次執行結果可在相同亂數條件下進行比較、分析、除錯，如下所示：

```
import numpy as np
import pandas as pd
from keras.models import Sequential
from keras.layers import Dense
```

```
np.random.seed(10)
```

2. 資料前處理

第二個步驟爲資料前處理，進行資料整理的動作，透過 values 將數值放到一個 List 變數中，並呼叫 random.shuffle()函式將資料打亂，使得所有資料隨機排序，最後將糖尿病資料集分別將前 8 個欄位切割爲特徵資料集，而最後一個欄位爲標籤資料集(圖 4-38)，如下所示：

```
df = pd.read_csv("diabetes.csv")
dataset = df.values
np.random.shuffle(dataset)
```

```
X = dataset[:,0:8]
Y = dataset[:,8]
```

	A	B	C	D	E	F	G	H	I
1	Pregnancie	Glucose	BloodPres	SkinThick	Insulin	BMI	DiabetesP(	Age	Outcome
2	6	148	72	35	0	33.6	0.627	50	1
3	1	85	66	29	0	26.6	0.351	31	0
4	8	183	64	0	0	23.3	0.672	32	1
5	1	89	66	23	94	28.1	0.167	21	0
6	0	137	40	35	168	43.1	2.288	33	1
7	5	116	74	0	0	25.6	0.201	30	0
8	3	78	50	32	88	31	0.248	26	1
9	10	115	0	0	0	35.3	0.134	29	0
10	2	197	70	45	543	30.5	0.158	53	1
11	8	125	96	0	0	0	0.232	54	1
12	4	110	92	0	0	37.6	0.191	30	0

X ← (columns A–H)　　Y → (column I)

◎ 圖 4-38　皮馬印地安糖尿病 csv 檔案

3. 定義模型

接著進入第三個步驟來到定義模型的部分，關於 Keras 提供兩種類型的模型，分別爲順序式模型(Sequential)和函數式模型(Functional)，其中主要差異爲 Sequential 模型僅提供單一輸入，單一輸出，模型是依順序一層層建構而成，然而 Functional 模型的運用更爲廣泛，支援多個輸入及輸出，必須對每一層的模型明確指明其輸入及輸出。

在這個範例中，我們使用的是順序式模型，首先必須建立 Sequential 物件，隨後，呼叫 add()函式開始打造第一層隱藏層，其輸入層有 8 種特徵(欄位名稱)，因此形態告知爲 input_shape=(8,)，我們建立 10 個神經元，再來新增第二層隱藏層，其中有 8 個神經元，此時這兩層隱藏層皆使用的是 relu 激活函數，最後新增輸出

層,由於我們要預測病患是否患有糖尿病,這是一種二元分類方式,因此通常會將神經元個數設定為 1,而輸出層會使用 sigmoid 作為激活函數,最後呼叫 model.summary()就可以顯示模型摘要資訊(圖 4-39)。

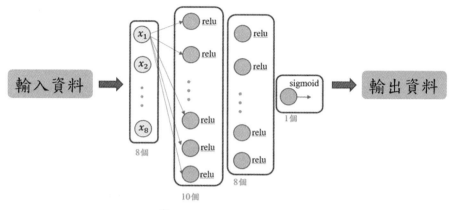

<input 資料> <輸出 資料>

relu relu relu relu sigmoid relu relu relu relu relu
8個 10個 8個 1個

◎ 圖 4-39　模型架構

```
model = Sequential()
model.add(Dense(10,input_shape=(8,), activation="relu"))
model.add(Dense(8,activation="relu"))
model.add(Dense(1,activation="sigmoid"))
model.summary()
```

```
Model: "sequential"

Layer (type)                  Output Shape               Param #
=================================================================
dense (Dense)                 (None, 10)                 90

dense_1 (Dense)               (None, 8)                  88

dense_2 (Dense)               (None, 1)                  9
=================================================================
Total params: 187
Trainable params: 187
Non-trainable params: 0
```

4. 編譯模型

　　定義完模型之後,我們要開始編譯模型,其中使用 compile()函式設定其損失函數的方式及優化器的選擇,由於輸出層只有一個神經元,擬進行分類,因此,在這裡我們採用二元分類的損失函數為 binary_crossentropy,sgd 的優化器,以及採用準確度為量測標準。

```
model.compile(loss="binary_crossentropy", optimizer="sgd",
              metrics=["accuracy"])
```

5. 訓練模型

緊接著，當我們編譯好模型後，我們方可將特徵資料 X，與標籤資料 Y 送進去建立好的模型進行訓練的動作，即第五個步驟訓練模型。首先，告知 fit()函數的參數，在這裡我們將訓練週期(epochs)設定為 150 次，也就是說相同資料可重覆洗牌訓練達 150 次，而批次(batch_size)主要是告知 fit()函數，在進行訓練中，每此取 10 筆資料同時訓練，如下所示：

```
history = model.fit(X, Y, epochs=150, batch_size=10)
```

```
Epoch 1/150
77/77 [==============================] - 0s 1ms/step - loss: 5.4258 - accuracy: 0.6240
Epoch 2/150
77/77 [==============================] - 0s 594us/step - loss: 0.6747 - accuracy: 0.6438
Epoch 3/150
77/77 [==============================] - 0s 619us/step - loss: 0.6495 - accuracy: 0.6604
Epoch 4/150
77/77 [==============================] - 0s 606us/step - loss: 0.6536 - accuracy: 0.6434
Epoch 5/150
77/77 [==============================] - 0s 645us/step - loss: 0.6574 - accuracy: 0.6458
Epoch 6/150
77/77 [==============================] - 0s 603us/step - loss: 0.6496 - accuracy: 0.6385
Epoch 7/150
77/77 [==============================] - 0s 656us/step - loss: 0.6613 - accuracy: 0.6121
Epoch 8/150
77/77 [==============================] - 0s 627us/step - loss: 0.6369 - accuracy: 0.6526
Epoch 9/150
77/77 [==============================] - 0s 623us/step - loss: 0.6532 - accuracy: 0.6468
```

6. 評估模型

最後一個步驟為評估模型，呼叫 evaluate()函式使用測試資料集來評估模型效能。

```
print("Testing...")
loss,accuracy = model.evaluate(X,Y)
print("準確度 = {:.2f}".format(accuracy))
```

```
Testing...
24/24 [==============================] - 0s 591us/step - loss: 0.5450 - accuracy: 0.7057
準確度 = 0.71
```

皮馬印地安糖尿病預測實例：

```python
#匯入所須模組及套件
import numpy as np
import pandas as pd
from keras.models import Sequential
from keras.layers import Dense

#指定亂數種子，讀取檔案後將資料分割
np.random.seed(10)
df = pd.read_csv("diabetes.csv")
dataset = df.values
np.random.shuffle(dataset)
X = dataset[:,0:8]
Y = dataset[:,8]

#定義模型
model = Sequential()
model.add(Dense(10,input_shape=(8,), activation="relu"))
model.add(Dense(8,activation="relu"))
model.add(Dense(1,activation="sigmoid"))
model.summary()

#編譯模型
model.compile(loss="binary_crossentropy", optimizer="sgd",
              metrics=["accuracy"])
#訓練模型
history = model.fit(X, Y, epochs=150, batch_size=10)
#評估模型
print("Testing...")
loss,accuracy = model.evaluate(X,Y)
print("準確度 = {:.2f}".format(accuracy))
```

```
Model: "sequential_1"
```

Layer (type)	Output Shape	Param #
dense_3 (Dense)	(None, 10)	90
dense_4 (Dense)	(None, 8)	88
dense_5 (Dense)	(None, 1)	9

```
Total params: 187
Trainable params: 187
Non-trainable params: 0
```

```
Epoch 145/150
77/77 [==============================] - 0s 499us/step - loss: 0.5738 - accuracy: 0.7056
Epoch 146/150
77/77 [==============================] - 0s 551us/step - loss: 0.5686 - accuracy: 0.7225
Epoch 147/150
77/77 [==============================] - 0s 512us/step - loss: 0.5870 - accuracy: 0.7109
Epoch 148/150
77/77 [==============================] - 0s 512us/step - loss: 0.5889 - accuracy: 0.6908
Epoch 149/150
77/77 [==============================] - 0s 551us/step - loss: 0.5853 - accuracy: 0.7051
Epoch 150/150
77/77 [==============================] - 0s 538us/step - loss: 0.5796 - accuracy: 0.6910
Testing...
24/24 [==============================] - 0s 649us/step - loss: 0.5725 - accuracy: 0.7057
準確度 = 0.71
```

4-2-8　卷積神經網路實作範例

在這個範例中，我們將以手寫數字的辨識為例，來說明卷積網路的程式設計。

1. 資料載入

首先，我們所採用的資料稱為 MNIST(Mixed National Institute of Standards and Technology)，它是一個手寫數字的圖片資料庫，通常用於影像資料的分類處理，其包含 60000 張手寫數字圖片的訓練資料和 10000 張測試資料，這些圖片都是手寫的數字圖片。卷積神經網路在訓練時，屬於監督式學習，因此，在訓練時，除了給予輸入資料是手寫數字的圖片外，仍需給予其相對應的答案(0,1,…,9)，也就是標籤。MNIST 資料集對使用者而言，很方便，它提供了成雙成對的手寫數字圖片和對應的資料標籤，而每張手寫數字圖片都已進行正規化，其尺寸皆為 28*28 像素的灰階點陣圖。

接下來就要開始說明 MNIST 手寫數字的資料前處理、模型建立以及模型測試程式該如何設計。首先，由於 Keras 平台已內建 MNIST 手寫辨識資料集，我們採用下列指令來匯入 MNIST，如下所示:

```
from keras.datasets import mnist
```

當完成匯入 MNIST 資料集後，便可以載入資料集，下列程式碼將呼叫 MNIST 模組中的 load_data()函式來載入資料集，並將訓練資料集的輸入資料和答案，分別放入 X_train 及 Y_train 兩個 List 型態的變數，而將測試資料集的輸入和答案，也分別放入 X_test 及 Y_test 兩個 List 變數中，如下所示：

```
(X_train,Y_train),(X_test,Y_test)=mnist.load_data()
```

為了檢視資料是否已順利載入，我們可以用下列指令來印出訓練資料集中的第一張手寫數字辨識圖片及其標籤：

```
print(X_train[0])
print(Y_train[0])
```

從圖 4-40 印出來的圖案可以發現，這是一個二維陣列，且明顯看出是數字 5，而對應的標籤資料執行結果確實也是數字 5，如下所示：

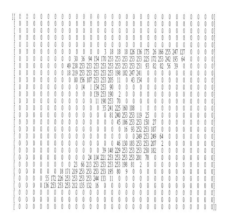

◎ 圖 4-40　MNIST 手寫數字資料集中，第一筆資料及標籤

　　除了載入資料外，為了能夠讓後面的模型能順利建立，以下，我們也在宣告區中，引入許多重要的模組及套件如下：

```
import tensorflow.keras as keras
import pandas as pd
from tensorflow.keras.datasets import mnist
from tensorflow.keras.models import Sequential
from tensorflow.keras.layers import Dense, Dropout, Flatten
from tensorflow.keras.layers import Conv2D, MaxPooling2D
from keras.utils.np_utils import to_categorical

(X_train,Y_train),(X_test,Y_test)=mnist.load_data()
```

2. 資料前處理

　　第二個步驟是執行資料前處理，這部份包括了下列三大工作：

(1) 將特徵資料轉換成 4D 張量形狀，主要是新增灰階色彩值的通道，這樣才符合模型輸入層的資料格式。

(2) 執行特徵標準化的正規化。

(3) 將標籤資料進行 One-hot 編碼，這主要是配合模型輸出共有十個類別所以要把資料轉成十個二進位，並將答案相對應的位置放入值 "1"，其它位置擺放"0"的值。

　　首先，我們透過 reshape()函式，將特徵的訓練和測試集資料轉換成 4D 張量形狀的特徵，由(樣本數,28,28)轉換成(樣本數,28,28,1)，其中，數字 1 表示的是一個頻道，也就是灰階的影像。之後，我們利用 Pandas 模組中的 astype()函式，將訓練的資料轉換為浮點數，這主要的原因是，訓練資料在後續需要除以 255 來進行正

規化，而為了配合除法的結果為浮點數，因此，在此處，我們先將訓練資料轉型為浮點數，其運算是浮點數除以符點數。之後，我們可以印出其特徵形狀，確保形狀的正確，以便送入 CNN 神經網路進行訓練，如下所示：

```
X_train=X_train.reshape(X_train.shape[0],28,28,1)
X_train=X_train.astype("float32")
print("X_train Shape:", X_train.shape)
X_test=X_test.reshape(X_test.shape[0],28,28,1)
X_test=X_test.astype("float32")
print("X_test Shape:", X_test.shape)
```

```
X_train Shape: (60000, 28, 28, 1)
X_test Shape: (10000, 28, 28, 1)
```

接下來，由於輸入圖片中，每個畫素(pixel)的值都落在固定範圍 0~255，來表示灰階中的顏色，其中 0 代表黑色，而 255 代表白色，我們希望送入輸入層的資料是已經被正規畫為 0~1 之間的數值，因此除以 255 執行灰階圖片的正規化，如下所示：

```
X_train=X_train/255
X_test=X_test/255
```

在處理完輸入資料後，我們進一步對輸出的標籤進行資料前處理。由於手寫數字的答案為 0~9，因此是屬於多元分類問題，輸出層的分類數為 10 類，分別是數字 0，1...9 等 10 類，因此，如圖 4-41，標籤應轉換為 One-hot 編碼，讓每一個數字擁有身分編碼，概念如下所示，數字輸出若為 5，則在第五個位置為 1，其他位置為 0。

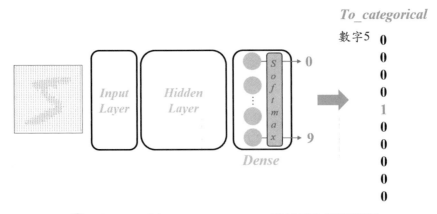

◎ 圖 4-41　以 One-hot encoding 將輸出的標籤編碼

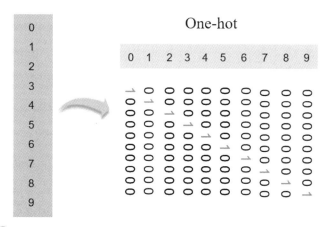

◎ 圖 4-41　以 One-Hot encoding 來將輸出的標籤編碼(續)

在此，我們將利用 keras.utils 套件中的函式 to_categorical()，將標籤資料執行 One-hot encoding，使其有如圖 4-42，顯示其形狀及編碼，如下所示：

```
Y_train=to_categorical(Y_train)
Y_test=to_categorical(Y_test)
print("Y_train Shape:",Y_train.shape)
print(Y_train[0])
```

```
Y_train Shape: (60000, 10)
[0. 0. 0. 0. 0. 1. 0. 0. 0. 0.]
```

◎ 圖 4-42　One-hot code

3. 定義模型

第三個步驟來到定義模型的部分，我們在設計 CNN 的 MNIST 手寫辨識模型，如圖 4-43 所示，我們使用 3 組卷積和池化層、Flatten 層及 1 個 Dense 層所構成之架構，如下所示：

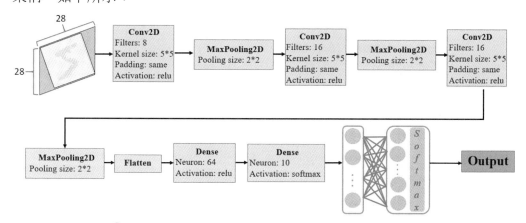

◎ 圖 4-43　我們所建立的卷積神經網路的模型及參數

　　MNIST 手寫數字圖片辨識主要就是將一張手寫二維的圖片資料當作輸入，放入模型後，經由卷積、池化、平坦及全連接層後，輸出一個標籤資料，因此在這個實作中，我們會使用 Sequential 模型進行模型建立的動作，首先必須呼叫 add() 函式新增第一組卷積和池化層，其中 Conv2D 的第 1 個參數 8 是過濾器數(即 filter 參數)，kernel_size 參數為 filter 大小，通常是正方形且為奇數，在此我們設定為 5*5，padding 參數是指 feature map 處理方式，通常經過卷積後，feature map 會變小，若需維持與原輸入相同的大小，則 padding 可用補零的方式來達到此目的，在此，我們用 same 來進行補零成相同尺寸，再來指定輸入資料的形狀和所使用的激活函數 relu，我們就建立完第一層 Conv2D。接下來仍使用 add()函式來新增第一組 MaxPooling2D 池化層，而 pool_size 參數即池化大小，我們指定為 2*2，此時同上述步驟建立第二組及第三組的卷積和池化層，並依圖 4-38 的設計，更改第二層與第三層 Conv2D 過濾器數量為 16。

　　定義完三組卷積和池化層後，依序新增平坦層及全連接層，並在全連接層設定神經元個數(64,10)及分別使用之激活函數(relu,softmax)，這樣一來，建立模型的任務就完成了。最後呼叫 model.summary()便可以顯示模型摘要資訊。

```
model=Sequential()
model.add(Conv2D(8,kernel_size=(5,5),padding="same",
input_shape=(28,28,1),activation="relu"))
model.add(MaxPooling2D(pool_size=(2,2)))
model.add(Conv2D(16,kernel_size=(5,5),padding="same",
activation="relu"))
model.add(MaxPooling2D(pool_size=(2,2)))
model.add(Conv2D(16,kernel_size=(5,5),padding="same",
activation="relu"))
model.add(MaxPooling2D(pool_size=(2,2)))
model.add(Flatten())
model.add(Dense(64,activation="relu"))
model.add(Dense(10,activation="softmax"))
model.summary()
```

```
Model: "sequential"

Layer (type)                 Output Shape              Param #
=================================================================
conv2d (Conv2D)              (None, 28, 28, 8)         208

max_pooling2d (MaxPooling2D) (None, 14, 14, 8)         0

conv2d_1 (Conv2D)            (None, 14, 14, 16)        3216

max_pooling2d_1 (MaxPooling2 (None, 7, 7, 16)          0

conv2d_2 (Conv2D)            (None, 7, 7, 16)          6416

max_pooling2d_2 (MaxPooling2 (None, 3, 3, 16)          0

flatten (Flatten)            (None, 144)               0

dense (Dense)                (None, 64)                9280

dense_1 (Dense)              (None, 10)                650
=================================================================
Total params: 19,770
Trainable params: 19,770
Non-trainable params: 0
```

在上述程式碼中，最後一層全連接層會使用 Softmax 作爲激活函數，其中主要因素爲 Softmax 適合用於多元分類神經網路輸出，並且能夠使得輸出機率總和等於 1，簡單來說，當我們輸入一張數字的影像後，經由 Softmax 的正規化處理，最後可以分別得知輸出影像爲 0~9 個別的機率，且其個別的機率總和爲 1，而爲什麼最後全連接層的神經元個數必須爲 10，其原因爲我們擁有 10 種分類標籤資料，因此我們在全連接層的個數必須設定爲 10。

4. 編譯模型

當定義好模型後，方可開始第四個步驟編譯模型。編譯模型時，通常必須告知程式其採用的損失函數及哪一種優化器，優化器的指定將影響梯度下降時的學習率，此外，還需要告知其評量的標準。在這裡呼叫 compile()函式的損失函數爲 categorical_crossentropy，優化器採用 adam，而量測標準是 accuracy，如下所示：

```
model.compile(loss="categorical_crossentropy",optimizer="adam", metrics=["accuracy"])
```

5. 訓練模型

　　第五個步驟呼叫 model.fit()函式來進行訓練模型，訓練模型時，需告知 fit()的參數，包括 validation_split 是告知在訓練時，需再把訓練資料挪出多少比例來進行精準度的驗證，這主要是避免造成過度擬合的訓練，在此，分割驗證資料設定為 20%。另外，還需告知 fit()函數的參數，訓練週期(epochs)為 10 次，也就是同樣的資料可重覆打散訓練十次。而批次(batch_size)主要是告知 fit()函數，在進行訓練時，每此取多少筆資料同時訓練，這邊我們指定的批次是 128，並將 verbose 設為 2，也就是要求為每個 epochs 都輸出一行紀錄，如下所示：

```
history=model.fit(X_train,Y_train,validation_split=0.2,epochs=10,
batch_size=128,verbose=2)
```

```
Epoch 1/10
375/375 - 16s - loss: 0.3955 - accuracy: 0.8815 - val_loss: 0.1411 - val_accuracy: 0.9551
Epoch 2/10
375/375 - 13s - loss: 0.1041 - accuracy: 0.9679 - val_loss: 0.0850 - val_accuracy: 0.9745
Epoch 3/10
375/375 - 13s - loss: 0.0740 - accuracy: 0.9772 - val_loss: 0.0610 - val_accuracy: 0.9816
Epoch 4/10
375/375 - 13s - loss: 0.0584 - accuracy: 0.9817 - val_loss: 0.0568 - val_accuracy: 0.9833
Epoch 5/10
375/375 - 13s - loss: 0.0480 - accuracy: 0.9853 - val_loss: 0.0520 - val_accuracy: 0.9857
Epoch 6/10
375/375 - 13s - loss: 0.0408 - accuracy: 0.9871 - val_loss: 0.0535 - val_accuracy: 0.9847
Epoch 7/10
375/375 - 13s - loss: 0.0359 - accuracy: 0.9887 - val_loss: 0.0484 - val_accuracy: 0.9868
Epoch 8/10
375/375 - 13s - loss: 0.0324 - accuracy: 0.9896 - val_loss: 0.0468 - val_accuracy: 0.9867
Epoch 9/10
375/375 - 13s - loss: 0.0310 - accuracy: 0.9901 - val_loss: 0.0438 - val_accuracy: 0.9877
Epoch 10/10
375/375 - 13s - loss: 0.0251 - accuracy: 0.9920 - val_loss: 0.0424 - val_accuracy: 0.9877
```

6. 評估模型

　　最後訓練完模型後，便可以呼叫 evaluate()函式使用測試資料集來評估模型效能，如下所示：

```
loss,accuracy=model.evaluate(X_train,Y_train)
print("訓練資料集的準確度={:.2f}".format(accuracy))
loss,accuracy=model.evaluate(X_test,Y_test)
print("測試資料集的準確度={:.2f}".format(accuracy))
```

```
1875/1875 [==============================] - 23s 12ms/step - loss: 0.0271 - accuracy: 0.9919
訓練資料集的準確度=0.99
313/313 [==============================] - 4s 12ms/step - loss: 0.0351 - accuracy: 0.9878
測試資料集的準確度=0.99
```

由上述程式碼可知，訓練資料集和測試資料集的準確度皆高達 0.99(即 99%)。

MNIST 手寫數字圖片辨識實例：

```python
#匯入所須模組及套件
import tensorflow.keras as keras
import pandas as pd
from tensorflow.keras.datasets import mnist
from tensorflow.keras.models import Sequential
from tensorflow.keras.layers import Dense, Dropout, Flatten
from tensorflow.keras.layers import Conv2D, MaxPooling2D
from keras.utils.np_utils import to_categorical

#載入MNIST數據集
(X_train,Y_train),(X_test,Y_test)=mnist.load_data()

#將訓練的資料轉換為浮點數
X_train=X_train.reshape(X_train.shape[0],28,28,1)
X_train=X_train.astype("float32")
#print("X_train Shape:", X_train.shape)
X_test=X_test.reshape(X_test.shape[0],28,28,1)
X_test=X_test.astype("float32")
#print("X_test Shape:", X_test.shape)

#進行正規化處理
X_train=X_train/255
X_test=X_test/255

#將標籤資料執行One-hot encoding
Y_train=to_categorical(Y_train)
Y_test=to_categorical(Y_test)
#print("Y_train Shape:",Y_train.shape)
#print(Y_train[0])

#定義模型
model=Sequential()
model.add(Conv2D(8,kernel_size=(5,5),padding="same",
input_shape=(28,28,1),activation="relu"))
model.add(MaxPooling2D(pool_size=(2,2)))
model.add(Conv2D(16,kernel_size=(5,5),padding="same",
activation="relu"))
model.add(MaxPooling2D(pool_size=(2,2)))
model.add(Conv2D(16,kernel_size=(5,5),padding="same",
activation="relu"))
model.add(MaxPooling2D(pool_size=(2,2)))
model.add(Flatten())
model.add(Dense(64,activation="relu"))
model.add(Dense(10,activation="softmax"))
model.summary()

#編譯模型
model.compile(loss="categorical_crossentropy",optimizer="adam", metrics=["accuracy"])
#訓練模型
history=model.fit(X_train,Y_train,validation_split=0.2,epochs=10,
batch_size=128,verbose=2)
#評估模型
loss,accuracy=model.evaluate(X_train,Y_train)
print("訓練資料集的準確度={:.2f}".format(accuracy))
loss,accuracy=model.evaluate(X_test,Y_test)
print("測試資料集的準確度={:.2f}".format(accuracy))
```

```
Model: "sequential_1"

Layer (type)                 Output Shape              Param #
=================================================================
conv2d_3 (Conv2D)            (None, 28, 28, 8)         208

max_pooling2d_3 (MaxPooling2 (None, 14, 14, 8)         0

conv2d_4 (Conv2D)            (None, 14, 14, 16)        3216

max_pooling2d_4 (MaxPooling2 (None, 7, 7, 16)          0

conv2d_5 (Conv2D)            (None, 7, 7, 16)          6416

max_pooling2d_5 (MaxPooling2 (None, 3, 3, 16)          0

flatten_1 (Flatten)          (None, 144)               0

dense_2 (Dense)              (None, 64)                9280

dense_3 (Dense)              (None, 10)                650
=================================================================
Total params: 19,770
Trainable params: 19,770
Non-trainable params: 0
_____
Epoch 1/10
375/375 - 13s - loss: 0.4214 - accuracy: 0.8746 - val_loss: 0.1440 - val_accuracy: 0.9567
Epoch 2/10
375/375 - 12s - loss: 0.1143 - accuracy: 0.9650 - val_loss: 0.0925 - val_accuracy: 0.9705
Epoch 3/10
375/375 - 13s - loss: 0.0759 - accuracy: 0.9767 - val_loss: 0.0742 - val_accuracy: 0.9770
Epoch 4/10
375/375 - 13s - loss: 0.0598 - accuracy: 0.9812 - val_loss: 0.0598 - val_accuracy: 0.9818
Epoch 5/10
375/375 - 13s - loss: 0.0493 - accuracy: 0.9844 - val_loss: 0.0616 - val_accuracy: 0.9822
Epoch 6/10
375/375 - 13s - loss: 0.0432 - accuracy: 0.9865 - val_loss: 0.0475 - val_accuracy: 0.9857
Epoch 7/10
375/375 - 13s - loss: 0.0369 - accuracy: 0.9885 - val_loss: 0.0498 - val_accuracy: 0.9860
Epoch 8/10
375/375 - 13s - loss: 0.0327 - accuracy: 0.9896 - val_loss: 0.0483 - val_accuracy: 0.9846
Epoch 9/10
375/375 - 13s - loss: 0.0292 - accuracy: 0.9901 - val_loss: 0.0564 - val_accuracy: 0.9853
Epoch 10/10
375/375 - 13s - loss: 0.0253 - accuracy: 0.9918 - val_loss: 0.0465 - val_accuracy: 0.9868
1875/1875 [==============================] - 8s 4ms/step - loss: 0.0220 - accuracy: 0.9936
訓練資料集的準確度=0.99
313/313 [==============================] - 1s 4ms/step - loss: 0.0346 - accuracy: 0.9889; 0s - loss: 0.0429 - ac
測試資料集的準確度=0.99
```

4-3　類神經網路的學習方式(Artificial Neural Network, ANN)

　　當多層神經網路的架構，包括層數，每層的神經元個數已決定後，我們將開始訓練神經網路，以下我們將以訓練能分辨貓與老虎的神經網路來舉例，說明訓練的過程。在訓練之初，我們必需準備很多的照片，這些照片已由人們對每張圖片加以標記(Label)，記錄其為貓還是老虎，也就是每張輸入的圖片已經知道答案，以便訓練神經網路。類神經網路學習的目的，主要是為了讓輸出的預測值接近實際值，也就是讓訓練好的神經網路，就是一個能代表所有訓練資料的模型，這樣的模型，其在執行任務時，輸入一張人們沒有標記，不知道是貓還是老虎的圖片，其分類或預測的結果能接近人們期待的真實答案。

　　既然對於訓練的圖片，我們已經有標記，也就是知道答案，在訓練的過程中，當神經網路的輸出值(貓或老虎)與實際值(我們所給的答案)相去甚遠時，就必須要從神經網路由後至前地修改參數(如權重及 bias 值)，將神經元中表達貓或老虎的特徵權重，加以修正，以便下一張已知答案的圖片輸入神經網路時，其輸出值(預測值)能更接近實際值，也就是分類出來的答案能更接近我們所給予的眞實答案，就這樣一張張具有答案的圖片送入神經網路當作輸入，其結果若不符合我們所標記的眞實答案，則一次次的修正神經元的權重值，直到大多數有標記的圖片送進神經網路時，其輸出都與我們所標記的答案相同，那麼這個神經網路就算是訓練完成了，也就是神經網路已經有能力用權重等參數來取出貓與老虎的特徵，並把貓與老虎的分類能力，形成一個模型。若我們要訓練一個擁有上萬神經元的神經網路時，參數更可能達到上百萬個，其修改參數的工作便交由機器執行，這就是類神經網路學習的過程。由於學習的過程中，是透過損失函數的重覆計算，因此，以下我們對損失函數做進一步的介紹。

4-3-1　損失函數介紹

　　神經網路學習過程中有一個重要的函數可以影響模型的好壞，稱爲損失函數(Loss function)。損失函數的重點在於計算輸出值和實際值的落差；當輸出值和實際值的落差越大，損失函數的值則越大，反之則越小；因此神經網路在學習的過程中，有一重要的目的，就是要讓損失函數最小化，以達到更好的分類或預測效果。

　　在實務上，若需要訓練一個神經網路，讓其有能力分辨貓和老虎，我們會將大量的貓和老虎的圖片輸入到神經網路，由於神經網路在訓練過程中，每條連結線都有權重，會將輸入的照片經過神經元的運算，加上權重的處理來將上一層神經元所計算的訊號(特徵)進行不同程度的加權後，傳遞到下一層的神經元，到最後一層時，神經網路會告訴我們每張照片中的動物，是貓的機率是多少，是老虎的機率又是多少。但實際上，尚未訓練好的神經網路，在訓練的過程中，並不會百分之百準確地分辨貓和老虎；所以，我們需要一個損失函數，用以計算神經網路所給的機率與實際爲貓或老虎的機率，到底差了多少；爲了計算這些「機率」的落差，我們可以使用交叉熵(Cross-entropy)函數，做爲這類神經網路的損失函數。這個函數主要是評估輸出值和實際值是否差異很大，以貓和老虎兩個類別而言，交叉熵函數有貓和老虎辨識的機率 y_1 和 y_2。若這張照片已被標記爲貓，則最佳的結果應該是 $y_1 = 1$，$y_2 = 0$。

交叉熵是針對機率的損失函數，因其能有效將預測機率和實際機率的落差進行量化，所以常在分類問題中使用，其公式如下：

$$-\sum_i \hat{y}_1 \ln(y_i) \qquad\qquad (4\text{-}8)$$

以「分辨貓和老虎」為例；在訓練過程中，每當隨機輸入一張貓或老虎的照片時，神經網路會判斷輸入的照片裡，是「貓」的機率是多少，是「老虎」的機率又是多少，即是上式的 y_i；而(公式 4-8)中的 $\hat{y}_1$ 所代表的是實際類別的機率。例如，我們假設「是貓的機率」為 y_1，「是老虎的機率」為 y_2，若我們輸入實際為「貓」的照片，所以 $\hat{y}_1 = 1$，而 $\hat{y}_2 = 0$。如圖 4-44 所示，即當神經網路判斷，是貓的機率 30%，則 $y_1 = 0.3$，是老虎的機率為 70%，則 $y_2 = 0.7$。

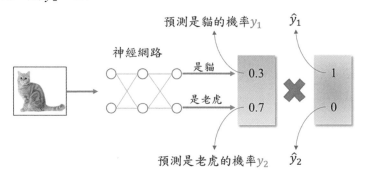

◎ 圖 4-44　神經網路使用交叉熵當損失函數

根據式(4-8)，使得該張照片的交叉熵如下：

$$-((1\times\ln 0.3) + (0\times\ln 0.7)) = -\ln 0.3 \fallingdotseq 1.2$$

若再輸入另一張「老虎」的照片，其神經網路判斷是貓為 10%，是老虎為 90%，且因為「實際輸入」為老虎的照片，則 $\hat{y}_1 = 0$，而 $\hat{y}_2 = 1$，如圖 4-45 所示。

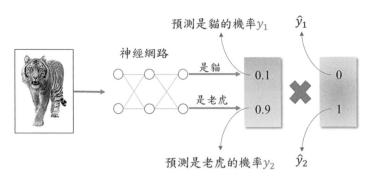

◎ 圖 4-45　神經網路使用交叉熵當損失函數

根據(4-7)，使得交叉熵為

$$-((1 \times \ln 0.1) + (0 \times \ln 0.9)) = -\ln 0.9 \doteq 0.1$$

根據上述兩個例子可以得知，神經網路對於每張照片都會給出是「貓」和「老虎」的機率；若該張輸入是「老虎」的照片，則當神經網路判斷是「老虎」的機率越高，交叉熵越「小」，反之，則越大。總結來說，交叉熵的重點在於，對於我們標記的正確類別(貓)而言，神經網路對於該分類(貓)的判斷結果機率是大還是小，若機率越大，則交叉熵越小，代表神經網路判斷越精準。

4-3-2 損失函數與梯度下降的學習方法

上面介紹了分類問題中常見的損失函數，其用處不只是在於評斷模型的好壞，更是神經網路能夠自我學習的關鍵之一，當損失函數值高的時候，代表神經網路預測錯誤的機率很高，因此，神經網路可以透過調整自身的網路權重來使損失函數的值逐步降低，當損失函數越來越低時，代表著神經網路的預測準確度越來越高，這個過程就如同人類的學習一樣，可以讓神經網路從錯誤中學習。

以下，我們用一個簡單的神經網路來說明如何修正權重才能使損失函數的值越來越低。以圖 4-46 中的神經網路架構為例，該神經網路架構為了方便解釋，暫不考慮 Softmax 及偏差(bias)，而每個神經元之間都會有各自的權重相連接，即下圖中的 w_1、w_2……w_8，y_1 代表的是貓的機率，其中 $y_1 = \sigma(\sigma(x_1w_1 + x_2w_3)w_5 + \sigma(x_1w_2 + x_2w_4)w_7)$，即 w_1、w_2、w_3、w_4、w_5 和 w_7 會影響到神經網路預測「是貓」的機率；而 y_2 代表的是老虎的機率，其中 $y_2 = \sigma(\sigma(x_1w_1 + x_2w_3)w_6 + \sigma(x_1w_2 + x_2w_4)w_8)$，即 w_1、w_2、w_3、w_4、w_6 和 w_8 會影響到神經網路預測「是老虎」的機率；$\hat{y}_1$ 則代表正確答案中是貓的機率；$\hat{y}_2$ 則代表正確答案中是老虎的機率，由於該神經網路是負責處理分類問題，因此其損失函數會採用交叉熵(Cross-entropy, $L(y, \hat{y}) = -\sum_{i=1}^{2} \hat{y}_i \ln y_i$)，將神經網路的各個參數代入 $L(y, \hat{y})$ 的公式中，我們可得到

$$L((w_1, w_2, \cdots, w_8), \hat{y})$$
$$= -(\hat{y}_1 \ln y_1 + \hat{y}_2 \ln y_2)$$
$$= -(\hat{y}_1 \ln \sigma(\sigma(x_1w_1 + x_2w_3)w_5 + \sigma(x_1w_2 + x_2w_4)w_7)$$
$$+ \hat{y}_2 \ln \sigma(\sigma(x_1w_1 + x_2w_3)w_6 + \sigma(x_1w_2 + x_2w_4)w_8))$$

由此關係可知，無論修改哪個權重都將會影響神經網路中損失函數的值，如果能讓損失函數的值逐步降低，將能改善神經網路判斷「是貓」或「是老虎」的精準度。

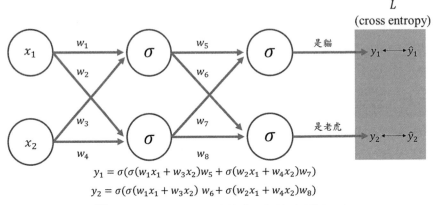

$$y_1 = \sigma(\sigma(w_1 x_1 + w_3 x_2)w_5 + \sigma(w_2 x_1 + w_4 x_2)w_7)$$
$$y_2 = \sigma(\sigma(w_1 x_1 + w_3 x_2)w_6 + \sigma(w_2 x_1 + w_4 x_2)w_8)$$

◎ 圖 4-46　w_1～w_8 會影響到神經網路預測

　　為了能讓大家更清楚如何修改權重才能使損失函數的值逐步降低，以下，我們用權重 w_1 舉例，並將 $\hat{y}$ 及其他權重的值固定，即 $L(w_1)$ 的函數，如圖 4-47 所示，來說明學習的過程。由於一開始神經網路權重的數值是隨機選取的，因此假設我們一開始挑選 w_1 的初始值為圖 4-47 之紅點(-7.5)，接著我們會將 w_1 對 L 偏微分算出當下紅點的梯度($\frac{\partial L}{\partial w}$)，如圖 4-48 的藍箭頭，如果紅點跟著梯度方向移動(藍色箭頭方向)，即減少 w_1 的值，會發現損失函數的值反而增加了，反過來說，如果你跟著梯度反方向移動，即增加 w_1 的值，就會發現損失函數的值降低了，也就是說，我們只需要計算出紅點的梯度方向，並故意往梯度的反方向移動紅點，損失函數的值便可以的往下降，直到紅點移動到損失函數 L 的最小值，這種方法也稱之為梯度下降法(Gradient descent)。

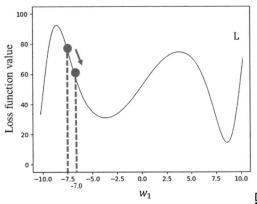

◎ 圖 4-47　利用梯度下降法修改權重

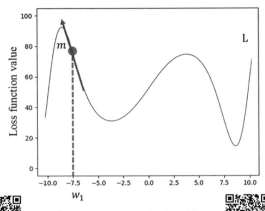

◎ 圖 4-48　w_1 對應的梯度

　　由於梯度下降法是計算出紅點當下的梯度後，故意往梯度的反方向移動，因此，當 w_1 的數值為 -7.5 時，假設 w_1 對損失函數 L 偏微分後計算出來的梯度為 -0.5，那麼我們只要故意在梯度前面加上個負號，便可以將梯度的方向反過來了，也會發現 w_1 $-(-0.5) = -7$，即經過計算後使 w_1 增加了，也就是說圖 4-48 的紅點會如圖 4-47 中的紅箭頭所示，往右邊移動，使損失函數的值降低；其中，圖 4-47 的紅點向右移動了「一步」，但實際上這「一步」並不會使得紅點移動到損失函數 L 的最小值，因此必須要再計算當下紅點的梯度，並使現在的紅點「再走下一步」，一路走到損失函數 L 的最小值為止；上述紅點所移動的每一步，就是梯度下降法裡的疊代運算，每走一步就需要重新疊代計算一次紅點的梯度，並經過多次疊代後，使紅點移動到損失函數 L 的最低點。

　　根據上述的解釋，我們已經了解到梯度下降法是如何決定權重 w_1 的移動方向；但是，如果權重 w_1 只有用「移動方向」來控制其學習，並不足以讓我們有效率的控制 w 的「移動距離」；即當 w_1 值為 -7.5 時，計算出來的梯度永遠都是 -0.5，根據梯度下降法 w_1 都會被修改為 -7，為了能讓 w_1 的修正更具備彈性，因此，我們會在梯度之前加上一個變數，這個變數可以控制 w_1 增加的量是多還是少，即公式會被修改為 $w_1 - \eta(-0.5)$，其中，我們稱 η 為「學習率」。透過控制 η 的大小，可以使得 w_1 的移動距離受到控制。以圖 4-49 與圖 4-50 為例，當學習率較小時，會使得 w_1 的移動距離較短，即圖 4-49；若學習率較大，則會使得 w_1 的移動距離較長，即圖 4-50。

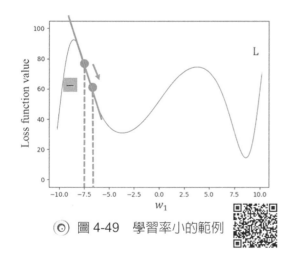

◎ 圖 4-49　學習率小的範例

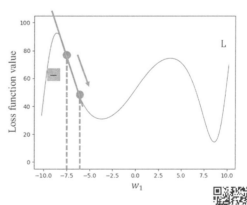

◎ 圖 4-50　學習率大的範例

　　而這個學習速率的設定也會影響到神經網路的學習效果，例如，當學習率過大時，可能會如圖 4-51 所示，w_1 所對應的紅點，會在快速的震盪，使得紅點無法逐步移動到最小值。但當學習率過小時，如圖 4-52 所示，數值變動較小，所以需要大量的計算，才能將 w_1 所對應的紅點移動至函數 L 的最小值。綜上所述，學習率過大或過小，都無法使神經網路達到好的學習效果，適當大小的學習率才能使權重用最有效率的方法找到最小值。

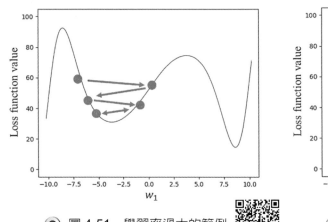

◎ 圖 4-51　學習率過大的範例　　　　◎ 圖 4-52　學習率過小的範例

　　根據上述的解釋可以了解到，梯度下降法是將舊有的 w_1，以當下 w_1 的梯度和學習率 η，更新為新的 w_1，而新的 w_1 所對應的紅點，會比舊的紅點更靠近損失函數 L 的最小值；總結來說，梯度下降法透過一次一次更新 w_1 的值，使其所對應的紅點一步一步走向損失函數 L 的最小值，因此，梯度下降的完整公式如下：

$$w_1^{新} = w_1^{舊} - \eta \frac{\partial L}{\partial w_1}$$

　　其中，$w_1^{舊}$ 為原先的 w_1，其減去學習率 η 和梯度 $\frac{\partial L}{\partial w_1}$ 相乘後的值，會使 $w_1^{舊}$ 修正為 $w_1^{新}$；梯度下降法便是利用上述的公式，將 w_1 所對應的紅點一步一步移動到函數 L 的最小值。

　　雖然梯度下降法能夠有效率地找到紅點的最小值，但因為計算紅點的梯度時，只能考慮到當下的情況，因此當它找到一個最低點時(即不管往左或往右都會增加損失函數的值)，梯度下降法會認回紅點已找到最小值，但實際上這個函數可能存在另一個更

小的值,即圖 4-43 中的綠點,但因梯度下講法僅能考慮當下情況的原因,因此紅點只會移動到當前的最小值就不再移動了,而非綠點的全域最小值,因此梯度下降法有可能找不到最佳解。

4-3-3 反向傳播的學習方法

經過前面講解梯度下降法,我們得知梯度下降法透過微分和學習率的控制,使神經網路裡的每個權重都有效率且有規劃的一步一步使損失函數的值最小化,進而提升整個神經網路的效能。但在實際應用上,一個神經網路裡,可能會有 7、8 層的神經網路,每層神經網路可能有 1000 個神經元,連接每個神經元時又有各自的權重,因此,在這個神經網路裡,可能有上萬個權重需要更新。若每個權重都用梯度下降法更新的話,單是更新一次神經網路的權重,就要計算所有權重的梯度,而單是計算一個權重的梯度就要經過數次的偏微分,因此,計算神經網路中所有權重的偏微分,就要計算上萬次的偏微分,這將會造成神經網路學習時效率非常的差。為提昇神經網路的計算效率,「反向傳播演算法(Backpropagation)」便被提出來,用來提升神經網路中權重更新的效率,其使用連鎖率的技巧,節省計算各權重梯度時的大量的偏微分計算。以下我們先講解微分的連鎖率後,再用例子詳細講解如何使用一般的偏微分來計算各權重的梯度,最後說明反向傳播法如何利用連鎖率,節省計算權重梯度時的大量運算。

反向傳播算法主要精神,是由神經網路的輸出開始,逐步往前計算梯度,達到「有效率的更新上百萬個權重」這一目標,為了能夠更清楚的講解反向傳播法,我們必須先了解微積分中的連鎖律;連鎖律是微積分中的重要法則之一,其針對複合函數的導數有其定義:

1. 第一連鎖律

設 $f(x)$ 和 $g(y)$ 是微函數,且 $f(x) = y$,$g(y) = z$

$$\frac{dz}{dx} = \frac{dy}{dx} \frac{dz}{dy} \qquad (4\text{-}9)$$

2. 第二連鎖律

設 $g(\alpha)$ 和 $r(\alpha)$ 是可微函數，且 $g(\alpha)=x$，$r(\alpha)=y$，$f(x,y)=\beta$

$$\frac{d\beta}{d\alpha}=\frac{dx}{d\alpha}\frac{d\beta}{dx}+\frac{dy}{d\alpha}\frac{d\beta}{dy} \tag{4-10}$$

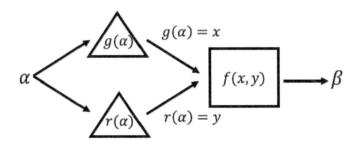

在第一連鎖律中，x 作為參數輸入進函數 f，並且輸出 y，y 又另作參數輸入進函數 g，輸出 z；因此，若參數 x 發生了變化，將會影響到參數 z；若參數 x 對參數 z 微分，則會得到式(4-9)。

在第二連鎖律中，參數 α 輸入進函數 g 和函數 r，各自輸出了參數 x 和 y，再將 x 和 y 同時輸入函數 f，最後輸出參數 β；以這個關係可得知，α 的變化將隨著各自的函數，影響到最終的參數 β，因此若 α 對 β 的微分，可得到式(4-10)，了解完這兩個連鎖律之後，便可以開始講解反向傳播法。

以圖 4-53 為例，在訓練神經網路的過程中，我們將 x_1 和 x_2 輸入神經網路後，經過每層神經元的激活函數 σ，會得到預測值 y_1 和 y_2，因此，我們可透過實際標記值 $\hat{y}_1$ 和 $\hat{y}_2$ 與預測值 y_1 和 y_2 的落差，計算出損失函數 L 的值，其中，若使用 Cross-entropy 當作損失函數 L，則根據式(4-11)之 Cross-entropy 公式

$$L=-\sum_i \hat{y}_1 \ln(y_i) \tag{4-11}$$

可以計算出圖 4-53 之神經網路的損失函數 L 的值，如式(4-12)所示。

$$L=-(\hat{y}_1 \ln \sigma(\sigma(z_0)w_5+\sigma(z_1)w_7+b_3)+\hat{y}_2 \ln \sigma(\sigma(z_0)w_6+\sigma(z_1)w_8+b_4)) \tag{4-12}$$

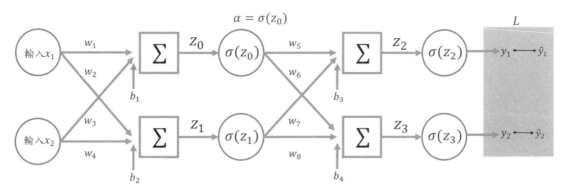

◎ 圖 4-53　神經網路架構

　　從圖 4-53 的例子中，我們可以發現，假設需要更新 w_1，則根據梯度下降法，需要計算 w_1 對損失函數 L 的偏微分，則可以求出 w_1 對損失函數 L 的梯度，即

$$\frac{\partial L}{\partial w_1} = \frac{\partial(-(\hat{y}_1 \ln \sigma(\sigma(z_0)w_5 + \sigma(z_1)w_7 + b_3) + \hat{y}_2 \ln \sigma(\sigma(z_0)w_6 + \sigma(z_1)w_8 + b_4)))}{\partial w_1}$$

其中

$$z_0 = x_1 w_1 + x_2 w_3 + b_1$$
$$z_1 = x_1 w_2 + x_2 w_4 + b_2$$

　　由上式可以發現，計算 $\frac{\partial L}{\partial w_1}$ 時，需要計算經過多次的微分運算，計算過程會相當的複雜，而反向傳播算法之所以可以用較少量的計算，由神經網路的輸出開始，逐步往前計算所有權重梯度，其精隨在於巧妙的運用連鎖律與偏微分，使偏微分計算僅需要一次，就能夠逐步推算出所有權重的梯度；運用微分連鎖率的關鍵是觀察函數之間的關係。從第一層觀察神經元的連結，我們可知 $z_0 = x_1 w_1 + x_2 w_2 + b_1$，故 z_0 的值會受到 w_1 的影響，而 L 的值會受到 z_0 的影響，因此，$\frac{\partial L}{\partial w_1}$ 可以根據第一連鎖律，將 $\frac{\partial L}{\partial w_1}$ 拆解為下式：

$$\frac{\partial L}{\partial w_1} = \frac{\partial z_0}{\partial w_1} \frac{\partial L}{\partial z_0}$$

　　拆解後的等式，右邊的兩個分式在反向傳播算法的可以再細分為兩個步驟，稱之為 Forward pass 和 Backward pass，顧名思義 Forward pass 就是可以透過神經網路的輸入到輸出依序計算出來，而 Backward pass 則是透過神經網路的輸出到輸入依序計算出來。這兩個名詞的具體內涵及其精神，目前仍看不出來，我們將在後面對這兩個名詞進一步用實例來說明。

$$\frac{\partial L}{\partial w_1} = \boxed{\frac{\partial z_0}{\partial w_1}}\boxed{\frac{\partial L}{\partial z_0}}$$

$$\underset{\text{Forward pass}}{\swarrow} \qquad \underset{\text{Backward pass}}{\searrow}$$

◎ 圖 4-54 $\frac{\partial L}{\partial w_1}$ 可拆解為 $\frac{\partial z_0}{\partial w_1}\frac{\partial L}{\partial z_0}$；$\frac{\partial z_0}{\partial w_1}$ 為 Forward pass，$\frac{\partial L}{\partial z_0}$ 為 Backward pass

(1) Forward pass 的計算過程：$\dfrac{\partial z_0}{\partial w_1}$

　　根據圖 4-53，已知，$z_0 = w_1x_1 + w_3x_2 + b_1$

　　因此，w_1 對 z_0 的偏微分即是 x_1：$\dfrac{\partial z_0}{\partial w_1} = x_1$

　　以圖 4-55 的數字為例，若 $x_1 = 2$ 且 $x_2 = 3$，則 $z_0 = 2w_1 + 3w_3 + b_1$，因此可以得知 w_1 對 z_0 的偏微分即是 $\dfrac{\partial z_0}{\partial w_1} = 2$，這樣的巧合，使得我們在 Forward pass 的計算過程中，根本不需要進行偏微分計算，只要拿輸入值當作偏微分結過就可以了。

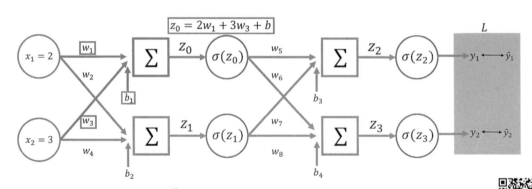

◎ 圖 4-55　Forward pass 的說明

　　透過上述例子可以得知，Forward pass 的計算結果，恰恰就是神經網路在計算 y_1，y_2 時，權重 w_1 乘上的數值，由於 w_1 是神經網路的第一層，因此 w_1 Forward pass 計算出來的值就恰好是輸入 x_1，而再往神經網路的下一層看，如果我們要計算權重 w_5 的梯度，即 $\frac{\partial L}{\partial w_5}$，也可以根據連鎖律拆解為 $\frac{\partial z_2}{\partial w_5} \cdot \frac{\partial L}{\partial z_2}$，其中 $\frac{\partial z_2}{\partial w_5}$ 為 Forward pass，而 $z_2 = \sigma(z_0)w_5 + \sigma(z_1)w_7 + b_3$，那麼 $\frac{\partial z_2}{\partial w_5}$ 則為 $\sigma(z_0)$，也恰好就是神經網路在計算 y_1，y_2 時，權重 w_5 乘上的數值，也是該層神經網路的輸入，也是上一層神經網路的輸出。也就是說，我們在 Forward pass 的計算過程中，根本不需要進行偏微分計算，只要拿這一層的輸入值當作偏微分結果就可以了。到這裡就會發現 $\frac{\partial z}{\partial w}$ 被稱之為 Forward pass 的原因就是，其偏微分的值都是藉由上一層神經網路的計算就可以得知，也就是由神經網路的輸入到輸出，依序由前往後計算就可以算出所有權重的 Forward pass 值，如圖 4-56 與圖 4-57 所示，圖 4-56 中紅框裡的值，其實在神經網路由前往後計算輸出 y_1 和 y_2 時就已經算完了，即如圖 4-57 所示，故其紅框裡的值只要依序從神經網路的第一層計算到最後一層，就可以通通都算出來了，完全不需要進行任何偏微分的計算；緊接著我們只需要再計算 Backward pass 就可以得到權種的梯度。

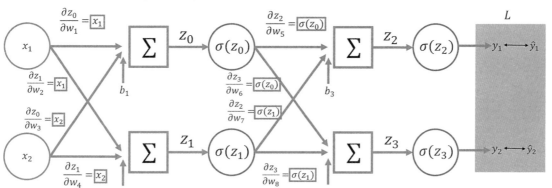

◎ 圖 4-56　Forward pass 值恰好等於前一層神經元的輸出

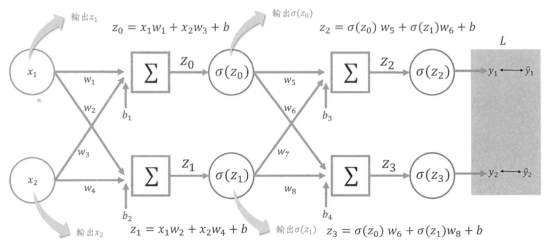

◎ 圖 4-57　$\sigma(z_0)$、$\sigma(z_1)$ 的值，可由神經網路的輸入到輸出，由前往後計算出來

(2)　Backward pass 的計算過程：$\dfrac{\partial L}{\partial z_0}$

　　既然各權重中 Forward pass 的值可以由神經網路的第一層到最後一層逐步推算出來，那麼 Backward pass 其意思當然就是希望其值能夠從神經網路的最後一層到第一層逐步推算出來，即如圖 4-58，y_1 和 y_2 可以分別推算出 $\dfrac{\partial L}{\partial z_2}$ 和 $\dfrac{\partial L}{\partial z_3}$，$\dfrac{\partial L}{\partial z_2}$ 和 $\dfrac{\partial L}{\partial z_3}$ 又可以推算出 $\dfrac{\partial L}{\partial z_0}$ 和 $\dfrac{\partial L}{\partial z_3}$；因此，為了能讓大家更清楚知道為什麼各權重的 Backward pass 值可以由後往前推算出來，我們用下列的例子說明。

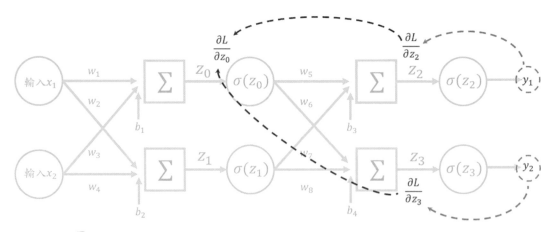

◎ 圖 4-58　Backward pass 從神經網路的最後一層反推到第一層的運算

透過圖 4-59，可以得知 z_0 的值影響到 $\sigma(z_0)$，透過損失函數，我們知道

$$L = -(\hat{y}_1 \ln(\sigma(\sigma(z_0)w_5 + \sigma(z_1)w_7 + b_3)) + \hat{y}_2 \ln \sigma(\sigma(z_0)w_6 + \sigma(z_1)w_8 + b_4))$$

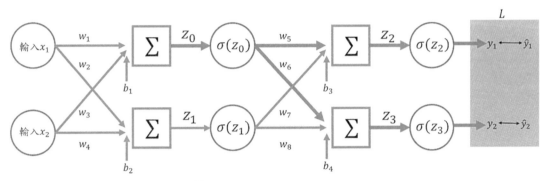

◎ 圖 4-59　Backward pass

損失函數 L 的值受到 $\sigma(z_0)$ 值的影響，因此可以根據連鎖律得出下式：

$$\frac{\partial L}{\partial z_0} = \frac{\partial \sigma(z_0)}{\partial z_0} \frac{\partial L}{\partial \sigma(z_0)} \tag{4-13}$$

其中，$\dfrac{\partial \sigma(z_0)}{\partial z_0}$ 為針對激活函數的偏微分，也就是 $\sigma'(z_0)$，且 z_0 經由 Forward pass 計算時已經得出數值，因此可以輕鬆將 $\sigma'(z_0)$ 的值計算出來；舉例來說，若採用 sigmoid 當作激活函數 σ，則須將式(4-14)之 sigmoid 微分，微分後的 sigmoid 函數如式(4-15)所示

$$\sigma(x) = \text{sigmoid}(x) = \frac{1}{1 + e^{-x}} \tag{4-14}$$

$$\sigma'(x) = \text{sigmoid}'(x) = \frac{1}{1 + e^{-x}}(1 - \frac{1}{1 + e^{-x}}) \tag{4-15}$$

因此可以得知 $\sigma'(z_0) = \sigma(z_0)(1 - \sigma(z_0))$。這樣的結果，很顯然可看出，$\sigma(z_0)$ 值是在神經網路運作時本來就可以直接算出，也因此，$\sigma'(z_0)$ 偏微分的計算可以直接由 $\sigma(z_0)(1 - \sigma(z_0))$ 的計算結果而得，不再需要進行偏微分計算。

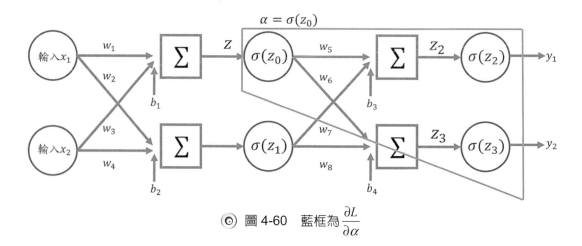

◎ 圖 4-60　藍框為 $\dfrac{\partial L}{\partial \alpha}$

因此，式(4-13)可以改寫成下式。

$$\frac{\partial L}{\partial z_0} = \sigma'(z_0)\frac{\partial L}{\partial \sigma(z_0)} \tag{4-16}$$

式(4-16)中 $\sigma'(z_0)$ 為已知，而 $\dfrac{\partial L}{\partial \sigma(z_0)}$ 可以再根據連鎖律進行拆解。其拆解方法如圖的 4-60 藍框所示，可得知

$$z_2 = \sigma(z_0)w_5 + \sigma(z_1)w_7 + b_3$$
$$z_3 = \sigma(z_0)w_6 + \sigma(z_1)w_8 + b_4$$

因此，如圖 4-61 所示，z_2 及 z_3 的值會受到 $\sigma(z_0)$ 的影響，又 L 也受到 z_2 及 z_3 的影響，因此，根據上述關係可以繪製出圖 4-62。

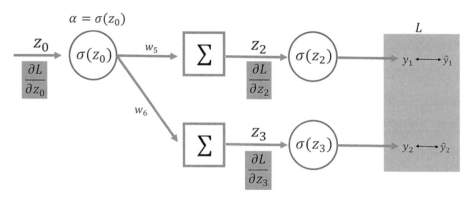

◎ 圖 4-61　$\sigma(z_0)$ 會影響 z_2 和 z_3，而 z_2 和 z_3 又會影響 L

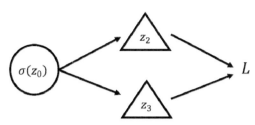

◎ 圖 4-62　$\sigma(z_0)$與z_2、z_3和L的關係圖

並根據第二連鎖律，可以將式(4-16)中$\dfrac{\partial L}{\partial \sigma(z_0)}$拆解為

$$\frac{\partial L}{\partial \sigma(z_0)} = (\frac{\partial z_2}{\partial \sigma(z_0)}\frac{\partial L}{\partial z_2} + \frac{\partial z_3}{\partial \sigma(z_0)}\frac{\partial L}{\partial z_3}) \qquad (4\text{-}17)$$

其中

$$z_2 = \sigma(z_0)w_5 + \sigma(z_1)w_7 + b_3$$
$$z_3 = \sigma(z_0)w_6 + \sigma(z_1)w_8 + b_4$$

然而，$\dfrac{\partial z_2}{\partial \sigma(z_0)}$及$\dfrac{\partial z_3}{\partial \sigma(z_0)}$可以輕鬆算出$\dfrac{\partial z_2}{\partial \sigma(z_0)} = w_5$，$\dfrac{\partial z_3}{\partial \sigma(z_0)} = w_6$，經過上述

計算後式(4-16)可以變成

$$\frac{\partial L}{\partial z_0} = \sigma'(z_0)\frac{\partial L}{\partial \sigma(z_0)} = \sigma'(z_0)(\frac{\partial z_2}{\partial \sigma(z_0)}\frac{\partial L}{\partial z_2} + \frac{\partial z_3}{\partial \sigma(z_0)}\frac{\partial L}{\partial z_3})$$
$$= \sigma'(z_0)(w_5\frac{\partial L}{\partial z_2} + w_6\frac{\partial L}{\partial z_3}) \qquad (4\text{-}18)$$

到此為止 Backward pass 的計算過程僅剩下$\dfrac{\partial L}{\partial z_2}$及$\dfrac{\partial L}{\partial z_3}$還沒有被計算出來。底

下，我們進一步說明$\dfrac{\partial L}{\partial z_2}$及$\dfrac{\partial L}{\partial z_3}$如何用第一連鎖律來計算。

而我們知道$y_1 = \sigma(z_2)$，$y_2 = \sigma(z_3)$，y_1，y_2的值會受到z_2，z_3的影響，又

L值會受到y_1，y_2的影響，因此$\sigma'(z_0)(w_5\dfrac{\partial L}{\partial z_2} + w_6\dfrac{\partial L}{\partial z_3})$又可以根據第一連鎖律，

分別將$\dfrac{\partial L}{\partial z_2}$，$\dfrac{\partial L}{\partial z_3}$拆解為

$$\frac{\partial L}{\partial z_2} = \frac{\partial y_1}{\partial z_2}\frac{\partial L}{\partial y_1} \text{ 及 } \frac{\partial L}{\partial z_3} = \frac{\partial y_2}{\partial z_3}\frac{\partial L}{\partial y_2} \text{ ，}$$

而 $y_1 = \sigma(z_2)$，因此 $\dfrac{\partial y_1}{\partial z_2} = \sigma'(z_2)$，又 $L = -(\hat{y}_1 \ln(y_1) + \hat{y}_2 \ln(y_2))$，所以 $\dfrac{\partial y_1}{\partial z_2} = -\hat{y}_1 \dfrac{1}{y_1}$，$\dfrac{\partial y_2}{\partial z_3} \dfrac{\partial L}{\partial y_2}$ 以此類推也可以輕鬆被算出，因此，式(4-18)可以被改寫爲

$$
\begin{aligned}
\frac{\partial L}{\partial z_0} &= \sigma'(z_0)\frac{\partial L}{\partial \sigma(z_0)} = \sigma'(z_0)(w_5 \frac{\partial L}{\partial z_2} + w_6 \frac{\partial L}{\partial z_3}) \\
&= \sigma'(z_0)(w_5 \frac{\partial y_1}{\partial z_2}\frac{\partial L}{\partial y_1} + w_6 \frac{\partial y_2}{\partial z_3}\frac{\partial L}{\partial y_2}) \\
&= \sigma'(z_0)(w_5 \sigma'(z_2)\frac{\partial L}{\partial y_1} + w_6 \sigma'(z_3)\frac{\partial L}{\partial y_2}) \\
&= \sigma'(z_0)(w_5 \sigma'(z_2)(-\hat{y}_1 \frac{1}{y_1}) + w_6 \sigma'(z_3)(-\hat{y}_2 \frac{1}{y_2}))
\end{aligned}
$$

其中 $\sigma'(z_0)$、$\sigma'(z_2)$ 和 $\sigma'(z_3)$ 是激活函數 σ 微分後，再帶入 z_0、z_2 和 z_3，且因 z_0、z_2 和 z_3 都是常數，所以 $\sigma'(z_0)$、$\sigma'(z_2)$ 和 $\sigma'(z_3)$ 也都是常數，可透過簡單的加減法與乘除法計算而得。又因爲 w_5 和 w_6 也是常數，所以若要計算 $\dfrac{\partial L}{\partial y_1}$ 和 $\dfrac{\partial L}{\partial y_2}$ 這兩個微分運算，即可透過簡單的加法和乘法推算出 $\dfrac{\partial L}{\partial \sigma(z_0)}$，最後再乘上 $\sigma'(z_0)$，就可算出而 $\dfrac{\partial L}{\partial z_0}$，而不需要計算複雜的偏微分。至此 Backward pass 的計算就結束了。

讓我們回到圖 4-54 的觀察，當 $\dfrac{\partial L}{\partial z_0}$ 透過 backward pass 計算完成後，配合先前所談到的 forward pass，我可以計算出 $\dfrac{\partial z_0}{\partial w_1}$，將這兩個結果進行相乘，圖 4-54 所擬計算的 $\dfrac{\partial L}{\partial w_1}$ 便可完成，而它其的權重對 L 的偏微分亦可依類似的步驟完成了，因此其計算的方式，較先前所說明的梯度下降法計算方式更爲簡單，省去了複雜的偏微分計算。

(3)　Backward Pass 的重要觀念

　　然而，上述計算被稱作 Backward pass 的原因是，我們如果把神經網路反過來看，即從神經網路的輸出依序到輸入，由神經網路的後面往前面計算，如圖 4-63 所示，反過來的神經網路其輸入為 $\dfrac{\partial L}{\partial y_1}$ 和 $\dfrac{\partial L}{\partial y_2}$，我們根據之前的計算了解到，權重 w_1 中 Backward pass 的值可以透過計算

$$\sigma'(z_0)(w_5\sigma'(z_2)\frac{\partial L}{\partial y_1} + w_6\sigma'(z_3)\frac{\partial L}{\partial y_2})$$

而上述的計算就是圖 4-63 中的沿著紅箭頭方向依序計算，也就剛好是把反過來的神經網路，之輸入 $\dfrac{\partial L}{\partial y_1}$ 乘上類似激活函數的 $\sigma'(z_2)$，可以計算出 $\dfrac{\partial L}{\partial z_2}$，而另一個輸入 $\dfrac{\partial L}{\partial y_2}$ 乘上 $\sigma'(z_2)$ 便可以計算出 $\dfrac{\partial L}{\partial z_3}$，計算出 $\dfrac{\partial L}{\partial z_2}$、$\dfrac{\partial L}{\partial z_3}$ 後再根據繼續跟著紅箭頭方向，會發現 $\dfrac{\partial L}{\partial z_2}$ 乘上 w_5 加上 $\dfrac{\partial L}{\partial z_3}$ 乘上 w_6 後再乘上類似激活函數的 $\sigma'(z_0)$ 便會是 $\sigma'(z_0)(w_5\sigma'(z_2)\frac{\partial L}{\partial y_1} + w_6\sigma'(z_3)\frac{\partial L}{\partial y_2})$ 也就是權重 w_1 中 Backward pass 的值，即圖 4-63 藍框中的公式所示。

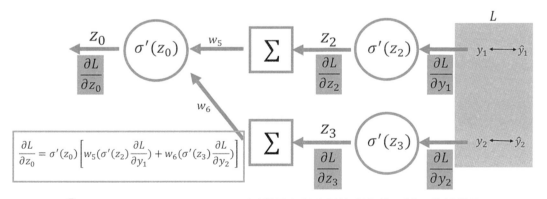

◎ 圖 4-63　Backward pass 可以從反向角度計算所有的 z 對 L 的偏微分

　　因此在 Backward pass 中，只要從反向的角度來看，將輸出層計算出來，就可以回推到以往所有的 z 對 L 的偏微分；而我們圖 4-63 計算的部分就是圖 4-64 中藍框的部分，同理，只需要計算出圖 4-64 橘框裡的 $\dfrac{\partial L}{\partial y_1}$ 和 $\dfrac{\partial L}{\partial y_2}$，即可

算出 $\frac{\partial L}{\partial z_2}$ 和 $\frac{\partial L}{\partial z_3}$，再依橘框裡的 $\frac{\partial L}{\partial z_2}$ 和 $\frac{\partial L}{\partial z_3}$ 推算出黑框裡的 $\frac{\partial L}{\partial z_0}$ 和 $\frac{\partial L}{\partial z_1}$。因此，所有的 z 對損失函數 L 的微分，都可以使用單純的乘法和加法算出。Backward pass 的計算就能夠一層一層的由後往前推算，將所有權重的 Backward pass 值計算出來，而不用每一個權重都重新計算一次偏微分。

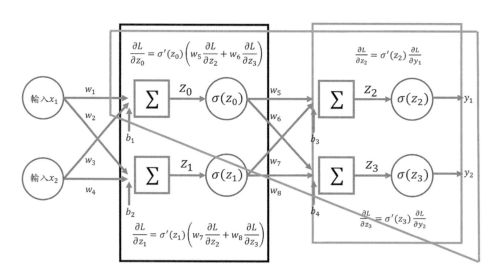

◎ 圖 4-64　計算出 $\frac{\partial L}{\partial z_2}$ 和 $\frac{\partial L}{\partial z_3}$，即可推算出 $\frac{\partial L}{\partial z_0}$ 和 $\frac{\partial L}{\partial z_1}$

　　反向傳播演算法是將 $\frac{\partial L}{\partial w_1}$ 藉由連鎖律拆解為 $\frac{\partial z_0}{\partial w_1}\frac{\partial L}{\partial z_0}$，$\frac{\partial z_0}{\partial w_1}$ 為 Forward pass 經計算後值 x_1，而 $\frac{\partial L}{\partial z_0}$ 為 Backward pass 值為

$$\sigma'(z_0)(w_5\sigma'(z_2)(-\hat{y}_1\frac{1}{y_1}) + w_6\sigma'(z_3)(-\hat{y}_2\frac{1}{y_2}))，$$

因此 w_1 的梯度 $\frac{\partial L}{\partial w_1}$ 的值便是

$$x_1 \times \sigma'(z_0)(w_5\sigma'(z_2)(-\hat{y}_1\frac{1}{y_1}) + w_6\sigma'(z_3)(-\hat{y}_2\frac{1}{y_2}))$$

神經網路中其他的權重也可以用該方法計算出梯度，有了每個權重的梯度，就能夠使用梯度下降法，利用 $\frac{\partial L}{\partial w}$ 和學習率 η 更新權重 w，使神經網路損失函

數的值越來越小，除此之外，無論是 Forward pass 及 Backward pass 都只需要計算一次就能夠將所有權重的梯度計算完畢，故能有效率的解決神經網路權重修正的問題。

4-3-4 梯度消失的問題與 ReLU 函數

根據前一節的介紹，得知反向傳播算法透過 Forward pass 及 Backward pass 計算各權重的梯度，其中，在 Backward pass 中由後往前推算各權重的梯度時，可以發現當權重靠近輸出層時，計算其梯度所需要乘的激活函數的微分(σ')越少，當權重離輸出層越遠時，計算其梯度所需要乘的激活函數的微分(σ')也就越多以圖 4-65 為例，假定一個 n 層的神經網路，每層神經元只有一個，採用 sigmoid 當作激活函數，且使用反向傳播算法修改權重，即

$$\frac{\partial L}{\partial w_1} = \frac{\partial z_1}{\partial w_1} \frac{\partial L}{\partial z_1}$$

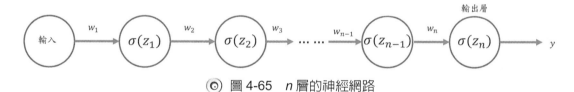

◎ 圖 4-65　n 層的神經網路

其中，Backward pass($\frac{\partial L}{\partial z_1}$)的值將會如下，即：

$$\frac{\partial L}{\partial z_1} = (((y \times \sigma'(z_n)) \times w_n) \sigma'(z_{n-1})) \times w_{n-1} \cdots \times w_2 \sigma'(z_1)$$

依上式可以得知，$\frac{\partial L}{\partial z_1}$ 裡面包含了多個激活函數的微分相乘，即 $\sigma'(z_1)$、$\sigma'(z_2)$、$\sigma'(z_3)\cdots$等；為了計算 $\sigma'(z_1)$、$\sigma'(z_2)$、$\sigma'(z_3)\cdots$等數值，須將式(4-19)的 sigmoid 函數微分

$$\text{sigmoid}(x) = \frac{1}{1+e^{-x}} \tag{4-19}$$

其微分後的函數與其圖形如下，

$$\text{sigmoid}'(x) = (1 - \frac{1}{1+e^{-x}})\frac{1}{1+e^{-x}} \tag{4-20}$$

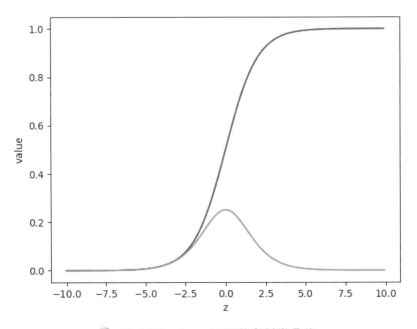

◎ 圖 4-66 sigmoid 函數與其微分後

如圖 4-66 所示，藍線為原始的 sigmoid 函數，紅線為微分後的 sigmoid 函數，其中，微分後的 sigmoid 函數最大值為 0.25；因此，如圖 4-67 與 4-68 所示，$\sigma'(z_1)$、$\sigma'(z_2)$、$\sigma'(z_3)$⋯等的值都小於 0.25，由於 $\frac{\partial L}{\partial w_1} = (((y \times \sigma'(z_n)) \times w_n\sigma'(z_{n-1})) \times w_{n-1}\cdots \times w_2\sigma'(z_1)$，因此在計算 $\frac{\partial L}{\partial w_1}$ 乘上大量小於 0.25 的值，所以最終的計算結果將會趨近於 0，導致 w_1 的梯度趨近於零，也可以說是 w_1 的梯度消失了。而大量乘以 sigmoid 函數的微分 (< 0.25) 便是梯度消失產生的原因；此問題曾使 90 年代類神經網路的發展一蹶不振。

$$\frac{\partial L}{\partial z_1} = \boxed{\sigma'(z_1)}w_2\boxed{\sigma'(z_2)} \ldots \ldots \left[w_n\frac{\partial L}{\partial z_n}\right]$$

$$< 0.25 \qquad < 0.25$$

◎ 圖 4-67 $\sigma'(z_1)$ 和 $\sigma'(z_2)$ 的值都小於 0.25

$$\boxed{\frac{\partial L}{\partial w_1}} = \boxed{\frac{\partial z_1}{\partial w_1}}\boxed{\frac{\partial L}{\partial z_1}}$$

趨近於0　　　趨近於0

◎ 圖 4-68　$\dfrac{\partial L}{\partial z_1}$ 趨近於 0，$\dfrac{\partial L}{\partial w_1}$ 也會趨近於 0

為了解決這個瓶頸，便出現了激活函數 ReLU。如式(4-19)與圖 4-69 所示，當 z 為負數或 0 時，其經過 ReLU 函數後的函數值均為 0；當 z 為正數時，則函數值為 z。

$$\text{ReLU}(z) = \begin{cases} 0 \text{ for } z \leq 0 \\ z \text{ for } z > 0 \end{cases} \tag{4-19}$$

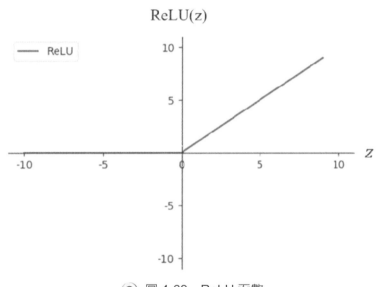

◎ 圖 4-69　ReLU 函數

根據式(4-20)與圖 4-70，當 z 為正數時，會使得微分後 ReLU 函數值等於 1。當 z 為負數或 0 時，函數值等於 0。

$$\text{ReLU}'(z) = \begin{cases} 0 \text{ for } z \leq 0 \\ 1 \text{ for } z > 0 \end{cases} \tag{4-20}$$

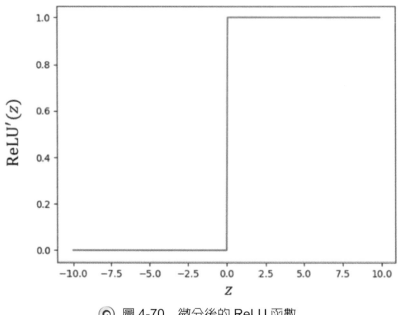

◎ 圖 4-70　微分後的 ReLU 函數

正因這樣的特性，使得 $\dfrac{\partial L}{\partial z_1}$ 不會因爲激活函數的設計，而導致 $\dfrac{\partial L}{\partial z_1}$ 越算越小的狀況，從而避免梯度消失的問題。

$$\frac{\partial L}{\partial z_1} = \underbrace{\sigma'(z_1)}_{=1} w_2 \underbrace{\sigma'(z_2)}_{=1} \cdots \cdots \left[w_n \frac{\partial L}{\partial z_n} \right]$$

◎ 圖 4-71　$\sigma'(z_1)$ 和 $\sigma'(z_2)$ 的值都等於 1

此種激活函數大大的降低了梯度消失的問題，又因爲 GPU 的運算吞吐量大，使得神經網路的運算速度得以大幅提升，更讓神經網路以深度學習一詞重新奪回大家的目光，其研究的火熱程度至今不減。

4-4　遞歸神經網路(Recurrent Neural Network, RNN)

人們在訓練神經網路時，發現最原始的架構不能夠在辨識圖片上發揮很好的作用，便加入卷積層，池化層創造了卷積神經網路，對卷積神經網路而言，在訓練期透過很多輸入貓及老虎的圖片，對神經網路中的權重加以訓練，使分類明顯的特徵，如花紋、顏色、長像等，能加強其權重，使得輸出層能精準地分辨出該圖片是貓還是老虎。然而，對於語句而言，通常一句話的語意必需仰賴其前後詞，例如，輸入若是「很好」，輸出可能希望是「正面的評價」，但是輸入若是「不好」，輸出便希望是「負面的評價」，同樣是兩個字的輸入，其輸出便高度仰賴著「好」這個字之前所出現的字是「很」還是「不」，但對於卷積神經網路而言，它並無記憶的特性，無法記住「好」這個字先前出現的字，因此便無法對這兩種不同的輸入做很棒的分類。基於記憶的需求，遞歸神經網路便應運而生了。

4-4-1　自然語言處理問題

人類的語言相當複雜，即使是很相似的詞句，也可能代表著不同的意思，比方說：「快樂」是正向的，「不快樂」是負向的，「好不快樂」卻又是正向的，因此如果在解決自然語言問題的時候，僅依靠是否看到負向字「不」，就認定這句話代表負向情緒，那麼便很容易鬧出笑話，如果要避免此種情況，在分析詞句時，需要考慮到詞彙的前後關係及順序，才能夠將正確的意思解讀。

由上述的例子中，我們可以發現人類的語言前後字句有相關性，以下我們再舉個簡單的例子來說明，神經網路的目標為看到地名就要預測出發地或目的地，但是『前往台北』中的『台北』代表的是目的地，而『離開台北』中的『台北』則是出發地，雖然兩個『台北』代表的意思不同，但人類可以輕鬆判斷，『台北』前面的字詞是『離開』或『前往』，正是影響『台北』是否為出發地的關鍵，但是本書上幾個章節所提及的深度神經網路(DNN)及卷積神經網路(CNN)卻無法知道『台北』之前輸入過什麼詞彙，因此當輸入為『台北』時輸出僅會有一種答案，顯而易見的，深度神經網路(DNN)及卷積神經網路(CNN)並無法解決股票預測及自然語言的問題，而其解決方式便是在神經網路內加入『記憶』，讓神經網路把看過的文字『記住』才能夠了解真正的意思，並根據記憶的內容，給予同個輸入不同的答案。

一般的神經網路　　有記憶的神經網路

輸入：　台北　　　　　　台北

剛剛有聽
到出發

輸出：　目的地　出發地　　　目的地

◎ 圖 4-72　有記憶與無記憶神經網路的差別

4-4-2　遞歸神經網路架構

自然語言處理、關鍵字辨識等問題都需要在神經網路中加入記憶，神經網路中的記憶需負責存放以前看過的資料，也就是過去一段時間同一個神經元的輸出資料，當作現在這個時間該神經元的其中一筆輸入資料。換句話說，在神經網路中加入記憶，就是紀錄神經網路每個隱藏層的輸入，舉剛剛自然語言處理的例子--『前往台北』，將第一個詞彙『前往』輸入神經網路，接著神經網路便把『前往』記在記憶中，接著輸入第二個詞彙『台北』，神經網路便能透過記憶得知剛剛看過『前往』而正確的預測出『台北』為目的地，反之字句如果是『離開台北』輸入第二個詞彙『台北』時，神經網路中的記憶變就是『離開』，也能正確的預測出『台北』是出發地。

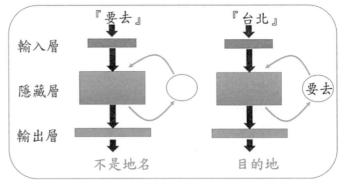

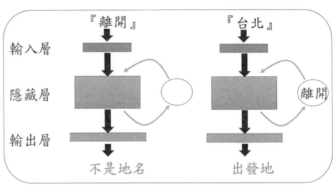

◎ 圖 4-73　遞歸神經網路概念圖

　　講完上述淺顯易懂的案例，能夠大致了解遞歸神經網路(RNN)的架構，但實際上訓練神經網路時，無論是輸出、輸入皆採用矩陣的形式來表示，而神經網路內的權重、記憶存放的內容也都是數值，因此欲使遞歸神經網路能夠運作，需先將文字等訓練資料轉換成矩陣，才能夠將其用來訓練神經網路，而最常採用的方法就是將每一個詞彙進行編碼，對於『前往台北』及『離開台北』這兩句話，總共有三個詞彙，分別為『前往』、『離開』、『台北』，文字採用的編碼方式通常分為兩步驟，第一步為標籤編碼(Label encoder)，做法為將每個不同的詞彙從 0 開始依序編碼，『前往』標籤編碼為 0、『離開』標籤編碼為 1、『台北』標籤編碼為 2。

　　標籤編碼完後，字句『前往台北』為[0 2]，『離開台北』為[1 2]，但如果僅透過標籤編碼把詞彙轉換後就拿來訓練遞歸神經網路會發現一個問題，也就是神經網路可能將這些純量的標籤當作數值來計算，這將使得遞歸神經網路會認為詞彙『台北』比『前往』大兩個單位，但實際上詞彙之間並沒有大小關係，『台北』沒有比『前往』大，『前往』也沒有比『離開』小，為了解決此問題，將詞彙轉換成標籤編碼後，會再利用獨熱編碼(One-hot encoder)，藉此消去詞彙之間的大小關係，而做法為將每個不同的詞彙轉換成多維度的向量，向量的維度取決於詞彙轉換成標籤編碼後最大的數字加 1，意思即為有 10 個不同的詞彙，獨熱編碼將會轉換成 10 維的向量，20 個不同的詞彙獨熱編碼就會轉換成 20 維度的向量，故將『前往』、『離開』、『台北』獨熱編碼後向量的維度為 3，而其中 3 個維度代表著不同的意思，第 1 個維度代表的是『前往』，第 2 個維度代表的是『離開』，第 3 個維度代表的是『台北』，經過獨熱編碼轉換後代表『前往』的向量為[1 0 0]，1 的意思可以解釋為 "是"，而 0 可以解釋為" 否"，向量[1 0 0]內涵的意義便為第一個 1：是『前往』、第二個 0：不是『離開』、第三個 0：不是『台北』，以此類推『離開』代表的向量為[0 1 0]，『台北』代表的向量為[0 0 1]，詞彙經過獨熱編碼轉換後會發現，詞彙彼此之間的大小關係被消彌了，向量[1 0 0]並無比向量[0 1 0]小，因此遞歸神經網路在學習時並不會認為『前往』比『離開』小，所以神經網路的學習成效會比僅用標籤編碼還要好。

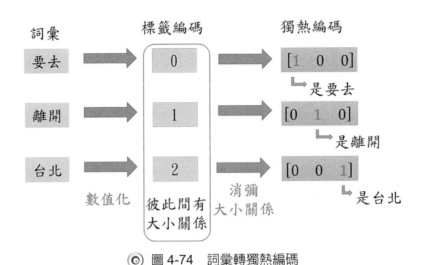

◎ 圖 4-74　詞彙轉獨熱編碼

　　將『前往』轉換成向量[1 0 0]、『離開』轉換成向量[0 1 0]、『台北』轉換成向量[0 0 1]後，便可以更深入地探討 RNN 網路的運作了。為了方便解釋，我們先假設已經訓練好一個能夠分辨『台北』為目的地或出發地的遞歸神經網路，遞歸神經網路的架構及權重如圖 4-75 所示，圖 4-75 中綠色且較粗的線權重為 2，其餘的線(包括黑線、藍線及紫線)權重皆為 1，初始記憶內的數值應為 0，且暫時不考慮激活函數。

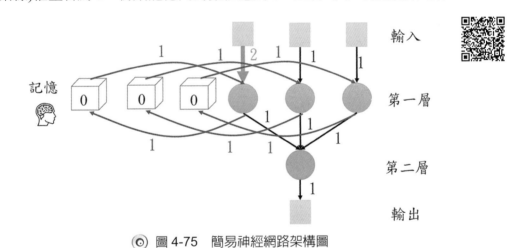

◎ 圖 4-75　簡易神經網路架構圖

　　如圖 4-76(a)先將代表『前往』的向量[1 0 0]輸入神經網路中，因為神經網路中有記憶，故計算時神經網路的第一層神經元會受到記憶內數值的影響，經計算後第一層最左邊的神經元的數值為：輸入(1) × 權重(2) ＋ 記憶(0)*權重(1)，其計算結果為 2，如圖 4-76(a)中神經元內的數值，類似這樣的計算，第一層中其它兩個神經元也可算出數值均為 0。之後，這些神經元的值將更新記憶，三個記憶單元所記之值分別為 2,0,0。

緊接著，第二層輸入之權重，均爲黑線，也就是其權重均爲 1，因此，第二層神經元的數值爲每個第一層的輸出*權重，即爲 $2 \times 1 - 0 \times 1 + 0 \times 1 = 2$，遞歸神經網路的輸出即爲 2。

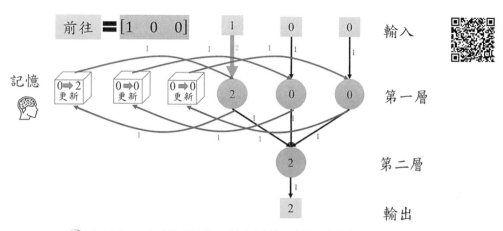

◎ 圖 4-76 (a)將「前往」輸入遞歸神經網路的結果

緊接著第二輪的計算，我們以圖 4-76(b)來說明，如圖 4-76(b)，我們再將代表『台北』的向量[0 0 1]輸入神經網路，第一層三個神經元的記憶經過第一輪的計算後爲2,0,0，因此，第一層神經元在第二輪的計算，由左至右應依序爲 $2(0 \times 1 + 2 \times 1)$、$0(0 \times 1 + 0 \times 1)$、$0(1 \times 1 + 0 \times 1)$，記憶內的數值則由左至右依序被更新爲 $2(2 \times 1)$、$0(0 \times 1)$、$1(1 \times 1)$，第二層神經元的數值爲 $3(2 \times 1 + 0 \times 1 + 1 \times 1)$，遞歸神經網路的輸出即爲 3，最後，我們發現，先將『前往』輸入，再將『台北』輸入後神經網路輸出的數值爲 3。

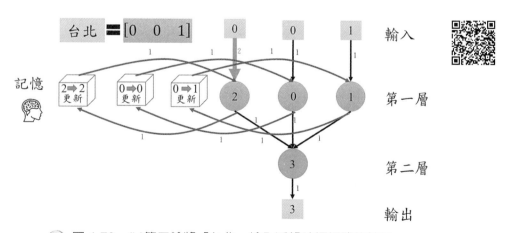

◎ 圖 4-76 (b)第二輪將「台北」輸入遞歸神經網路的結果

　　反之，若先輸入代表『離開』的向量[0 1 0]，再輸入代表『台北』的向量[0 0 1]，經過計算後會發現如圖 4-77 所示，雖然第二輪同樣輸入爲『台北』，但輸出卻可以爲 2，證明了在神經網路中加入記憶會影響輸出的結果，因此，神經網路便能夠根據看到『台北』之前的詞彙分辨『台北』是出發地還是目的地。

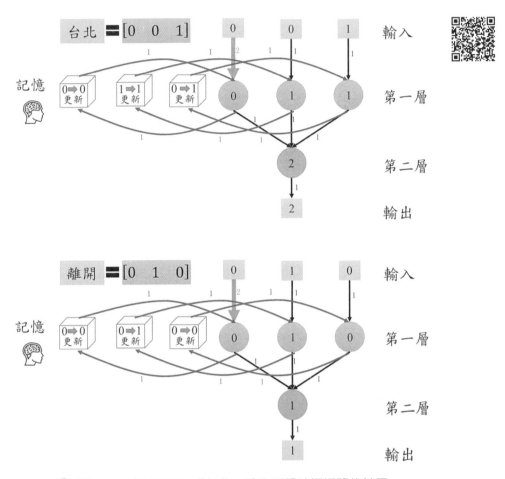

◎ 圖 4-77　將「離開」「台北」輸入遞歸神經網路的結果

　　但如果我們把神經網路中的記憶拔除，會發現如下圖 4-78 所示，輸出的結果僅僅取決於神經網路的輸入，無論輸入『台北』前的詞彙爲何，均對這一輪的計算無影響力，輸出皆爲 1，這也說明了自然語言處理的問題在沒有記憶的神經網路是無法學習的。

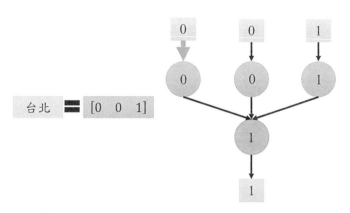

◎ 圖 4-78　傳統的神經網路無法學習自然語言

　　透過上述的兩個例子能理解遞歸神經網路的大致運作方式，並且無論是從人類自然語言的邏輯切入，或從神經網路內數學運算的角度觀察，都能證明遞歸神經網路架構中記憶的重要性及必要性。

　　總結來說，遞歸神經網路的大致架構可由圖 4-79 來表示，這種表達方式雖然能夠清楚表達遞歸神經網路的架構，但值得注意的是這種表示方法無法說明輸入的序列長度會影響遞歸神經網路的複雜度，舉例來說，『前往台北』在遞歸神經網路看到『台北』時，前面僅需要記住一個詞彙，但如果字句變成了-『我今天前往台北』，遞歸神經網路看到『台北』時，前面卻有『我』、『今天』、『前往』三個詞彙，既然要記住三個詞彙，遞歸神經網路的複雜度應該要比僅需記住一個詞彙的遞歸神經網路還要高，因此，如果要更詳細的表達遞歸神經網路面對不同序列長度時，相同的架構有不同的複雜度，應該繪製遞歸神經網路的時空展開圖，時空展開圖能夠更清楚的表達每個輸入之間的時序關係，更重要的是，遞歸神經網路的回修演算法 BPTT (Backpropagation Through Time)便是基於時空展開圖設計出來的，要了解遞歸神經網路是如何被訓練，必須先明白時空展開圖所代表的意義，下小節將說明遞歸神經網路如何根據輸入和輸出的時序關係繪製時空展開圖。

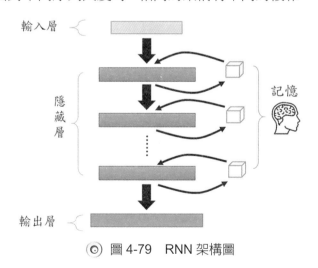

◎ 圖 4-79　RNN 架構圖

4-4-3 遞歸神經網路時空展開圖

遞歸神經網路把前後輸入串連起來的關鍵就是靠記憶，時空展開圖便是以這個爲基礎繪製出來的，而在討論遞歸神經網路的時空展開圖之前，要先清楚了解遞歸神經網路的訓練資料到底是什麼形式，遞歸神經網路的訓練資料通常是相同長度的序列資料，如今天欲訓練一個遞歸神經網路來預測輸入的詞彙究竟是出發地還是目的地，同上一小節提到的例子，就要先收集大量兩個詞彙的序列，如：『要去台北』、『離開台北』、『抵達台北』、『遠離台北』等。

了解訓練遞歸神經網路需要什麼樣的序列資料後，便可將遞歸神經網路繪製成時空展開圖，遞歸神經網路的時空展開圖像是把很多個神經網路透過記憶左右串在一起，並根據輸入的序列長度決定串接的數量，而序列的第一筆資料輸入後建構出來的神經網路是時序 t_1，序列的第二筆資料輸入則後建構的神經網路則爲時序 t_2，序列如有 n 筆資料且內容依序爲 $x_1, x_2, \cdots, x_n$，則時空展開圖的時序有 $t_1, t_2, \cdots, t_n$，每個時序的相對應輸出爲 $y_1, y_2, \cdots, y_n$，時序 t_1 的輸入 x_1，輸出爲 y_1，時序 t_2 的輸入 x_2，輸出爲 y_2，以此類推可以繪製出圖 4-80。

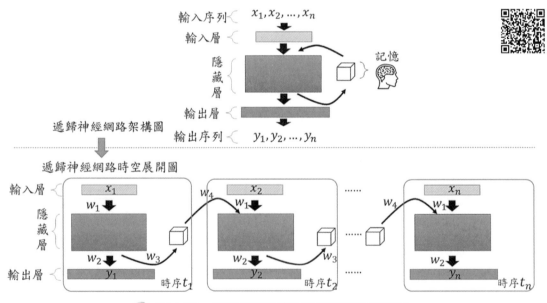

◎ 圖 4-80　遞歸神經網路所轉換的時空展開圖

從圖 4-81 發現遞歸神經網路是將隱藏層的輸出乘上權重後存放到記憶中，下個時序在從記憶中提取數值並乘上權重後當作隱藏層的輸入使用，但實際上也可以當成當

前時序的隱藏層輸出乘上權重後變成下個時序隱藏層的輸入，如同下圖，這種作法不但省去了儲存記憶的步驟，同時也節省了參數數量，隱藏層的輸出只需要乘上一個權重便可以提供給下個時序使用，而不像簡化前儲存記憶時需要乘一次權重，提取記憶內的數值時也要乘上一次權重。

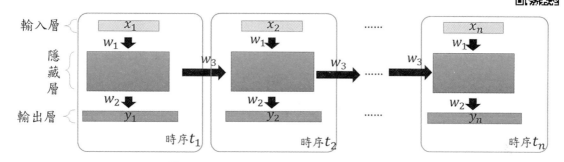

◎ 圖 4-81　遞歸神經網路的時空展開圖

　　總而言之，時空展開圖就是將同一序列中的詞彙依序輸入神經網路中，進而繪製成的神經網路，既然時空展開圖中的所有輸入都來自同一筆序列，因此對遞歸神經網路而言其實只輸入了一筆資料，既然是同一筆資料，無論是時序 t_1、時序 t_2 還是時序 t_n 的權重 w_1、w_2、w_3 都是一樣的，所以在訓練遞歸神經網路時，會等到該序列的所有內容都輸入遞歸神經網路後，才會一起修正權重，也就是說訓練遞歸神經網路時，不會一看到有錯就馬上修正，而是等序列內的 n 筆資料都預測完，把所有的錯誤一起考量，找出最好的修正方法。

　　以序列長度為 3 的『學生前往台北』為例，序列內輸入有兩筆，『學生』為時序 t_1 的輸入，『前往』為時序 t_2 的輸入，『台北』為時序 t_3 的輸入，遞歸神經網路的預測分別為『不是地名』、『目的地』、『出發地』，其時空展開圖如圖 4-82 所示，另外在講解如何修正遞歸神經網路前，要特別提到我們繪製神經網路示意圖時，習慣將最高機率的預測結果直接當作神經網路的輸出，但實際上神經網路的輸出並不是只有最高機率的類別，而是包含了各類別的機率，如圖 4-82 時序 t_1 中的輸出 y_1 所示。

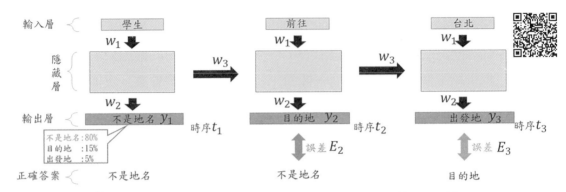

◎ 圖 4-82　『學生前往台北』為輸入的遞歸神經網路時空展開圖

從上面這個網路的設計，我們可以計算其輸出值如下：

1. 遞歸神經網路的第一個時序 t_1 的輸出為：

　　$y_1 = (學生 \times w_1) \times w_2$

2. 遞歸神經網路的第二個時序 t_2 的輸出為：

　　$y_2 = ((學生 \times w_1) \times w_2 + 前往 \times w_1) \times w_2$

3. 遞歸神經網路的第三個時序 t_3 的輸出為：

　　$y_2 = ((((學生 \times w_1) \times w_3 + 前往 \times w_1) \times w_2) \times w_3 + 台北 \times w_1) \times w_2$

假設時序 t_2 輸入『前往』得到的輸出 y_2，及時序 t_3 輸入『台北』得到的輸出 y_3 都是錯誤的，也就是遞歸神經網路在時序 t_2 及 t_3 出錯了，其誤差分別為 E_2 及 E_3，遞歸神經網路的總誤差為 $E_{total} = E_2 + E_3$，而修正神經網路權重的目的在於將總誤差降至最小，其中神經網路的總誤差為 $E_{total} = \sum_T E_T$，其中 E_T 表示遞歸神經網路中第 T 個時序的誤差，另外，遞歸神經網路中，每個時序採用的損失函數是交叉熵(Cross Entropy, $-\sum \hat{L}_t \ln(L_i)$)，其中，$\hat{L}_t$ 表示標準答案中，第 i 個類別為正確答案的機率(只有正確類別的機率是 1，其餘類別的機率為 0)，而 L_i 表示神經網路預測第 i 個類別為正確答案的機率。因此，

$E_2 = -\sum_i \hat{L}_t \ln(L_i)$，$\hat{L}_t$ 中只有類別「不是地名」的機率是 1，其餘類別皆為 0

　　$= -$ ((不是地名) ln (神經網路預測類別是「不是地名」的機率)

　　　$+$ (是地名) ln (神經網路預測類別是「是地名」的機率)…)

　　$= -$ ((不是地名) ln (神經網路預測類別是「不是地名」的機率)　　　$= 0$

　　$= -$ (不是地名) ln ((學生$\times w_1$) $\times w_3$ +前往$\times w_1$) $\times w_2$)

　　$= -$ (1) ln ((學生$\times w_1$) $\times w_3$ +前往$\times w_1$) $\times w_2$)，

由此可見，E_2 的大小會受到 w_1，w_2，w_3 的影響；同理，我們可以計算出 E_3

$E_3 = -\sum_i \hat{L}_t \ln(L_i)$，$\hat{L}_t$ 中只有類別「目的地」的機率是 1，其餘類別皆為 0

　　$= -$ ((目的地) ln (神經網路預測類別是「目的地」的機率)

　　　$+$ (目的地) ln (((((學生$\times w_1$) $\times w_3$ +前往$\times w_1$) $\times w_3$) +台北$\times w_1$) $\times w_2$)

　　$= -$ (1) ln (((((學生$\times w_1$) $\times w_3$ +前往$\times w_1$) $\times w_3$) +台北$\times w_1$) $\times w_2$)，

E_3 的大小會受到 w_1，w_2，w_3 的影響，因此，在本例子中神經網路的目標為改變 w_1，w_2，w_3 之大小，使 E_2 及 E_3 數值的總和趨近於 0，而採用的方法便是梯度下降法，即將權重 w_1，w_2，w_3 分別對 E_2 及 E_3 偏微分，而偏微分後的值則代表了權重的數值應該增加或減少的量，因此 W_1 的修正量便是 $-\eta(\frac{\partial E_2}{\partial W_1} + \frac{\partial E_3}{\partial W_1})$、$w_2$ 的修正量便是 $-\eta(\frac{\partial E_2}{\partial W_2} + \frac{\partial E_3}{\partial W_2})$、$w_3$ 的修正量便是 $-\eta(\frac{\partial E_2}{\partial W_3} + \frac{\partial E_3}{\partial W_3})$，其中 η 為學習速率，反覆使用梯度下降法修正 w_1，w_2，w_3 後，會如同之前章節所介紹的梯度下降法一樣，使遞歸神經網路的損失函數數值降低，並提升遞歸神經網路預測時的正確率。

如果更直覺一點從反向傳播的方向去觀察遞歸神經網路的權重修正，如同下圖 4-83 所示，紫色箭頭代表誤差 E_1 的傳播路徑，紅色箭頭代表誤差 E_2 的傳播路徑，綠色箭頭代表誤差 E_3 的傳播路徑。觀察三個顏色的箭頭後會發現，在遞歸神經網路中，時序 t_3 的輸出結果有可能是因為受到時序 t_1、t_2 時隱藏層的輸出影響，因此其輸出為「出發地」，當時序 t_3 的輸出有誤時，其誤差的反向傳播應該也要向前傳播到時序 t_1、t_2，換句話說錯誤發生在越後面的時序，其反向傳播的路徑越遠、影響的範圍越廣，除此之外，以 w_1 為例，w_1 在時序 t_1、時序 t_2 及時序 t_3 時計算出來的修正量都不相同，

但修正遞歸神經網路的權重時，考量的是遞歸神經網路看完句子後，整體遞歸神經網路的誤差，因此，將 w_1 在時序 t_1、t_3 計算出來的修正量相加，便是遞歸神經網路在閱讀完「學生前往台北」後，權重 w_1 修正量。

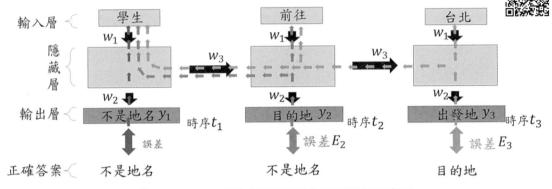

◎ 圖 4-83　遞歸神經網路反向傳播路徑示意圖

　　上述透過遞歸神經網路的時空展開圖，談到了遞歸神經網路是如何將不同時序的錯誤整合在一起，並透過梯度下降法修正各個權重，也提到了誤差是如何在遞歸神經網路時空展開圖中反向傳播的，本小節的最後將透過兩個例子，分別是遞歸神經網路的正向傳播及反向傳播，來談談遞歸神經網路的缺點，先假設有一個很簡單的遞歸神經網路，輸入的序列為 7，即一句話裡面有 7 個詞彙，按照順序分別為，『抵達』、『充滿』、『人情味』、『及』、『美食的』、『都市』、『台南』，而訓練該遞歸神經網路的目標如同之前的例子一樣，負責判斷該詞彙是出發地還是目的地，同時該遞歸神經網路中除了與記憶有關的權重為 w 外，剩餘的權重皆為 1，也不考慮激活函數，其時空展開圖如圖 4-84。

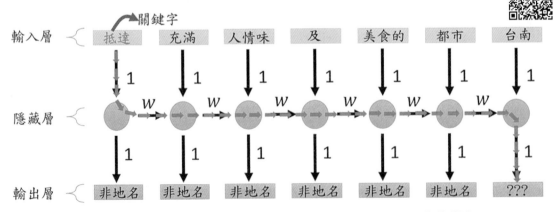

◎ 圖 4-84　遞歸神經網路的缺點，關鍵字因距離過長而喪失影響力

從人類的角度觀察『抵達充滿人情味及美食的都市台南』，但影響『台南』是出發地還是目的地的關鍵字是『抵達』二字，接著觀察時空展開圖會發現詞彙『抵達』與『台南』間隔了 5 個其他的詞彙，也就是說『抵達』要透過遞歸神經網路的記憶正向傳播到最後一個時序，來預測『台南』是否為出發地或目的地時，需要經過 6 個記憶權重 w，即在預測『台南』時關鍵字『抵達』的影響力為原先的 w^6，而在遞歸神經網路中權重 w 通常是一個小於 1 的值，故先假設遞歸神經網路中的記憶權重 w 為 0.1，則『抵達』在預測『台南』的影響力為原先的 0.000001，幾乎沒有了影響力，這也代表了遞歸神經網路沒有辦法記住太久遠的詞彙，也無法擁有長久的記憶，遞歸神經網路無法擁有長久記憶的問題於長短期記憶網路(Long Short-Term Memory, LSTM)獲得改良，我們將在下個章節介紹。

第一個例子用遞歸神經網路正向傳播的角度觀察，而第二個例子則是從遞歸神經網路反向傳播的角度觀察，觀察遞歸神經網路在反向傳播時，是否也有類似的問題，假設遞歸神經網路在最後一個時序將『台南』錯誤預測成出發地，如要修正權重，使遞歸神經網路預測正確，最重要的就是將修正量從發生錯誤的時序傳遞至第一個時序，如圖 4-85 所示紫色箭頭所示，藉此修正第一個時序的權重，讓神經網路知道詞彙『抵達』很重要，會影響後面詞彙的預測。

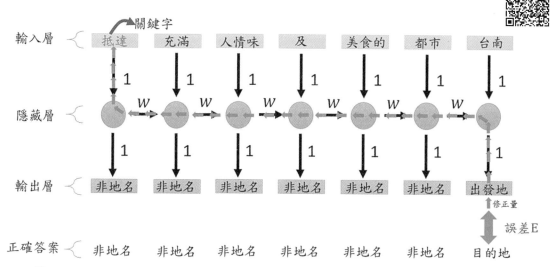

◎ 圖 4-85　遞歸神經網路的缺點，關鍵字因距離過長而使修正時產生梯度消失問題

紫色箭頭將修正量從誤差 E 傳遞到詞彙『抵達』時，也經過了 6 個記憶權重 w，也就是修正量也會是原先的 w^6，而記憶權重 w 通常是個很小的數值，也就是說當修正量傳遞到『抵達』時，趨近於 0，幾乎沒有修正的功能，當修正量在反向傳遞的過程中因為種種因素使得其修正量越來越小，導致修正量趨近於 0，稱之為梯度消失，梯度消失在遞歸神經網路中更是明顯，所以遞歸神經網路無法處理太長的序列，為了解決遞歸神經網路中梯度消失的問題，便有人在遞歸神經網路中加入三個閥門，分別為輸入閥門、輸出閥門及遺忘閥門，使遞歸神經網路的記憶能夠更長久，同時也能解決反向傳播時梯度消失的問題，這種改良過的遞歸神經網路稱之為短期記憶網路(LSTM, Long Short-Term Memory)，也是目前最常使用的遞歸神經網路架構。

4-4-4 長短期記憶

LSTM 是遞歸神經網路的一種變形，其特別之處在於一般的遞歸神經網路無法控制哪些記憶要被保留，哪些記憶要被遺忘，而 LSTM 卻擁有了這種能力，也因為 LSTM 更能夠控制記憶的內容，所以能夠有較長久的記憶以及反向傳播時不易發生梯度消失，更適合用來處理長序列問題。

LSTM 的整體架構與之前提到的遞歸神經網路差異不大，最大的差異是在 LSTM 的神經元被加入了三個閥門，分別為輸入閥門、輸出閥門及遺忘閥門，而這三個閥門的值也由 LSTM 的輸入乘上權重控制，如同圖 4-86。

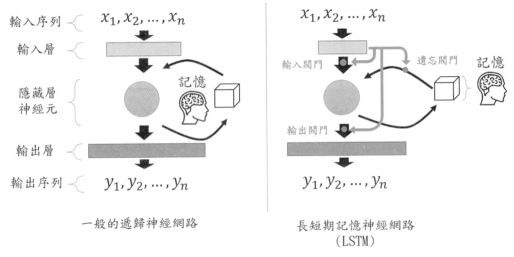

◎ 圖 4-86　一般的遞歸神經網路與長短期記憶神經網路的比較圖

　　了解了 LSTM 與一般的遞歸神經網路有何不同之後，接著用簡單的例子探討三個閥門分別在 LSTM 起了什麼樣的作用，先假設有個只有一個神經元的 LSTM 如圖 4-87，其記憶內容已經存在 x_1，輸出閥門的值假定為 0.5，輸入閥門的值假定為 0.7，遺忘閥門的值為 0.9，剩餘的權重為 1，不考慮激活函數。這邊我們擬強調，輸入閥門、輸出閥門及遺忘閥門的值，可視為邊上的權重值，其值均可由輸入 x_2 乘上權重後來決定，也就是說，輸入值可以控制各閥門的值大或小，使得輸入閥門、輸出閥門及遺忘閥門對神經元影響的程度是可控制的。

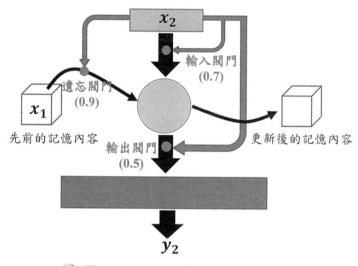

◎ 圖 4-87　LSTM 神經元的運作示意圖

　　如圖 4-87 LSTM 神經元的輸入，同時受到 x_2 乘上輸入閥門以及記憶內容 x_1 乘上遺忘閥門的影響，提取記憶內容時，需先經過遺忘閥門，遺忘閥門的功能可以視為要提取多少成的記憶，當輸出閥門的值為 0.9 時，代表著要提取 9 成的記憶內容，也可以說是有 9 成的記憶內容不能被遺忘，就圖 4-87 的例子而言，提取記憶內容 x_1 時，會先乘上 0.9，接著再加上 x_2 乘上輸入閥門，與遺忘閥門類似，可視為該次預測受到幾成新輸入的影響，上述例子輸入閥門的值為 0.7，即預測時參考 7 成新的輸入，因此該神經元的輸入為 $0.9x_1 + 0.7x_2$，而這同時也會儲存至 LSTM 的記憶，記憶內容會被更新為 $0.9x_1 + 0.7x_2$，最後神經元的輸出訊息時，還要經過一個輸出閥門，決定多少的輸出訊息要被繼續傳遞至下一個神經元，圖 4-87 的輸出閥門為 0.5，因此神經元在輸出時，便會乘上 0.5 僅輸出 5 成的訊息給下一層，該神經元最後的輸出為 $(0.9x_1 + 0.7x_2) \times 0.5$。

由上述的例子可以了解輸入閥門的功能是決定多少成新的內容要被神經元參考中，因此輸入閥門的數值應為 0～1 之間，0 代表新的內容完全不被神經元參考中，1 代表新的內容全部都要被神經元參考；遺忘閥門的功能是決定已經存在記憶的內容有多少成不能被遺忘，因此數值也應該在 0～1 之間，0 代表記憶內容全部遺忘，1 代表不能遺忘任何記憶內容；輸出閥門的功能為讓多少神經元的輸出訊息傳遞下去，數值也在 0～1 之間，0 代表該次神經元的輸出訊息完全不傳遞，1 代表該次神經元的輸出訊息會完整傳遞至下一個神經元。而各個閥門的值也是透過當前的輸入乘上權重來決定的，因此也能藉由神經網路的預測與正解之間的誤差，再透過反向傳播法修正各個權重，藉此讓神經網路自行學會控制各個閥門的數值。

由於 LSTM 可以更靈活的控制其記憶內存放的內容，相較於一般的遞歸經網路更能夠處理長序列的問題，接著帶大家從數學的角度來看，為什麼 LSTM 相較於之前提到的遞歸神經網路不容易產生梯度消失的問題，在講解這個問題前，需先將 LSTM 繪製成一個時空展開圖，且為了方便比較，採用類似的例子，先假設有一個很簡單的 LSTM，輸入的序列為 4，即一句話裡面有 4 個詞彙，按照順序分別為，『抵達』、『充滿』、『美食的』、『台南』，而訓練該遞歸神經網路的目標如同之前的例子一樣，負責判斷該詞彙是出發地還是目的地，其時空展開圖應如圖 4-88，綠色箭頭代表乘上權重後傳遞的方向，黑色箭頭代表資料流動的方向，⊕符號表示相加，⊗符號表示相乘，ʃ符號表示通過 sigmoid 函數。

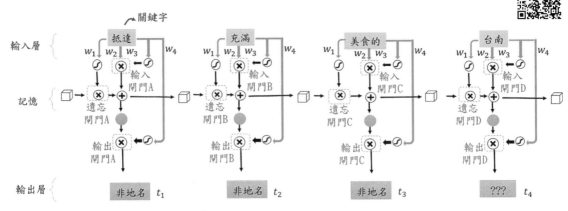

◎ 圖 4-88　LSTM 時空展開圖

關鍵字『抵達』藉由記憶從時序 t_1 傳遞到時序 t_4 時，路徑如同圖 4-89 紅色箭頭。

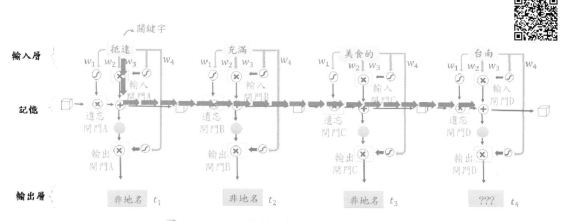

◎ 圖 4-89　關鍵字在 LSTM 的傳遞路徑

　　『抵達』會先經過輸入閘門 A 後儲存到記憶中，時序 t_1 的記憶內容應為 "(『抵達』×輸入閘門 A)"，記憶傳遞給下個時序 t_2 時會先經過遺忘閘門 B，再加『充滿』× 輸入閘門 B，計算後時序 t_2 的記憶內容為 "(『抵達』× 輸入閘門 A) × 遺忘閥門 B + 『充滿』× 輸入閘門 B")，接著繼續傳遞下去，時序 t_3 時的記憶內容應為為 "((『抵達』× 輸入閘門 A) × 遺忘閥門 B +『充滿』× 輸入閘門 B")) × 遺忘閘門 C +『美食的』× 輸入閘門 C，如圖 4-90 所示，最後在提取該記憶內容時乘上遺忘閘門 D 便是影響到『台南』進行預測時的記憶內容，將上述的公式整理後，只提出公式中與關鍵字『抵達』有關的部分，便會得到公式：『抵達』× 輸入閘門 A × 遺忘閥門 B × 遺忘閘門 C × 遺忘閘門 D，會發現關鍵字『抵達』在傳遞時，除了一開始乘以輸入閥門 A 外，在 LSTM 透過記憶傳遞時都是乘以遺忘閥門，而乘以遺忘閥門代表的意義就是 "不" 要遺忘的資料有幾成，也就是說如果神經網路要把以前看過的詞彙通通記住，那麼遺忘閥門的值應該通通都為 1，也就是說關鍵字『抵達』在 LSTM 透過記憶傳遞時，並沒有像一般的遞歸神經網路一樣記憶會被越乘越小，最後趨近於 0，反過來說，在 LSTM 在反向傳播修正權重時也因為大部分遺忘閥門的值皆為 1，因此也不會有修正量在反向傳播時越來越小的問題，也就解決了梯度消失的問題。

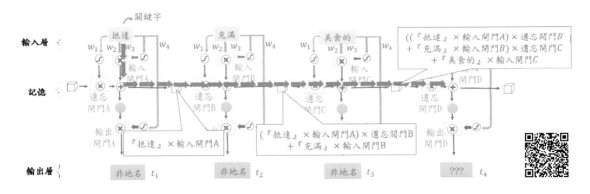

◎ 圖 4-90　LSTM 時空展開圖的記憶內容示意圖

4-4-5　遞歸神經網路應用模式

遞歸神經網路被廣泛應用於解決自然語言處理、影片處理、問答模型等問題，為了能夠更準確的解決面臨的問題，遞歸神經網路也有了大量的變形，其中最經典的便是自然語言處理，舉個例子來說『台北即將到了』中的台北為目的地，但原本的遞歸神經網路只能夠由前至後的閱讀字句，因此在看到『台北』時，遞歸神經網路尚未讀到『到了』，所以自然無法正確將台北預測為目的地，但是人類卻能夠在聽完完整句子後，不受詞彙順序的影響，正確判讀出台北為目的地，為了使遞歸神經網路也像人類一樣具備這種能力，因此便延伸出了雙向遞歸神經網路(Bidirectional RNN)，其架構如圖 4-91(a)。

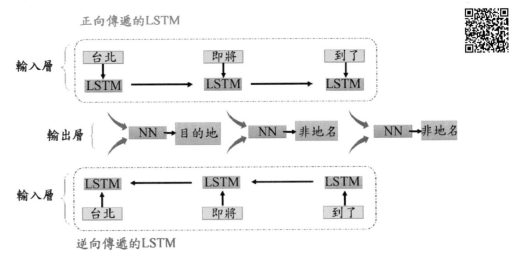

◎ 圖 4-91　(a)雙向長短期記憶神經網路，正向傳遞的 LSTM 神經網路負責將句子由前往後讀，逆向傳遞的 LSTM 神經網路負責將句子由後往前讀，解決了理解倒裝句的問題

　　雙向遞歸神經網路的輸出不僅僅是由一個 LSTM 神經網路決定的，而是由兩個不同方向的 LSTM 神經網路共同決定，在上述例子中，句子「台北即將到了」可拆解為三個詞彙，分別是：『台北』『即將』『到了』，其中一個正向傳遞的 LSTM 神經網路會將句子中的詞彙由前往後閱讀，因此，正向傳遞的 LSTM 神經網路便會依序將『台北』『即將』『到了』輸入神經網路中，但這樣的缺點如同之前所提到的，神經網路閱讀到『台北』時，尚未看過『到了』便無法判斷『台北』代表出發地或目的地，換句話說，正向傳遞的 LSTM 神經網路中，關鍵字『到了』是無法影響神經網路預測『台北』是否為出發地或目的地的結果，如圖 4-91(b)紅色箭頭所示，為了彌補這個缺點，便加入了另一個逆向傳播的 LSTM 神經網路，希望透過另一個能將句子中的詞彙由後往前讀的 LSTM 神經網路來協助神經網路判斷，而這個由後往前讀的逆向傳遞 LSTM 神經網路，其閱讀到的詞彙依序為『到了』『即將』『台北』，也就是說這個逆向傳遞的 LSTM 神經網路在看到『台北』之前已經看過『到了』，便有辦法判斷『台北』為目的地，如圖 4-91(c)紅色箭頭所示，逆向傳遞的 LSTM 神經網路中，關鍵字『到了』是能夠影響神經網路預測『台北』是否為出發地或目的地的結果，總結來說，雙向遞歸神經網路的設計理念就是，設計一個正向傳遞的 LSTM 神經網路先將句子由前往後讀，再設計一個逆向傳遞的 LSTM 神經網路將句子由後往前讀，然後再由兩個不同傳遞方向的 LSTM 神經網路共同決定該詞彙是否為目的地或出發地，避免因為句子內詞彙的順序影響神經網路的預測結果。

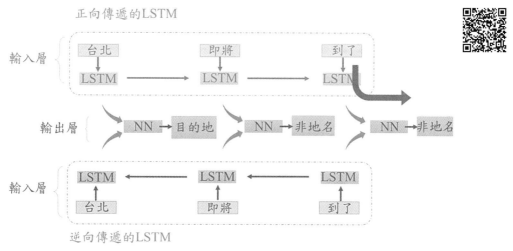

◎ 圖 4-91　(b)雙向長短期記憶神經網路中的正向傳遞 LSTM 神經網路，是無法將關鍵字「到了」透過記憶往前面的時序傳遞，藉此影響神經網路預測「台北」是否為出發地或目的地的結果

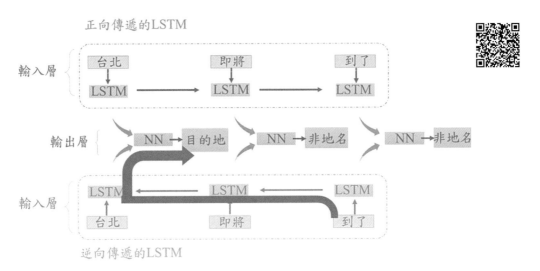

◎ 圖 4-91　(c)雙向長短期記憶神經網路中的逆向傳遞 LSTM 神經網路，關鍵字「到了」是能夠
　　　　　透過記憶傳遞，藉此影響神經網路預測「台北」是否為出發地或目的地的結果

　　另外，遞歸神經網路也可以用來分析句子背後代表的情緒，例如：『你再不來試試看』代表著憤怒，『終於完成了』代表著開心、放鬆，在這個情況下，無論什麼長度的句子都僅有一個輸出，也是一種多個輸入對一輸出的遞歸神經網路，其架構便會被修改如圖 4-92，遞歸神經網路會將所有的句子中的所有詞彙讀完之後，再預測句子可能代表的情緒，所以也不需要雙向的遞歸神經網路來避免於預測時還有詞彙尚未被閱讀過。

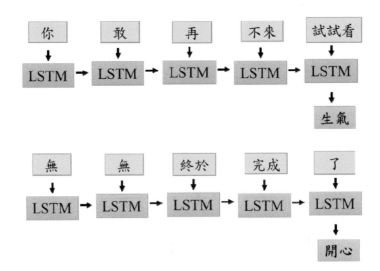

◎ 圖 4-92　用來分析文字情緒的 LSTM 網路架構圖

　　遞歸神經網路除了能夠處理自然語言的問題外，亦可以用來分析影片，如判斷影片是否包含色情或暴力等內容，遞歸神經網路適合用來分析影片的主因，其實影片就是將大量前後有關的圖片組在一起後，依序撥放圖片就是大家所認知的影片了。本書之前有提到，圖片的分析適合用卷積神經網路，而序列問題則適合用遞歸神經網路，因此在影片分析時，不僅僅只採用遞歸神經網路，而是將其與卷積神經網路結合起來，圖片分析交給卷積神經網路，並將分析後的內容按照順序丟給遞歸神經網路來分析圖片之間的關係，其架構圖 4-93 如下，從架構圖也可以發現這種架構對於遞歸神經網路而言也是一種多對一的架構，只是輸入的部分先請卷積神經網路發揮長處，協助遞歸神經網路分析圖片。

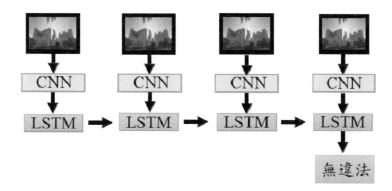

◎ 圖 4-93　用來分析影像的 LSTM 網路架構圖，CNN 神經網路負責分析影像中每一格的圖片並提取特徵給 LSTM 神經網路，而 LSTM 神經網路則負責分析影像中每格圖片的關聯性。

　　遞歸神經網路結合卷積神經網路，除了可以分析影片外，也可以用來建置視覺問答模型(Visual Question Answering,VQA)，視覺問答模型的意思是讓神經網路看過一張圖片後，請人類問與圖片相關的問題，如圖片內有什麼動物，神經網路便要根據圖片的內容回答，也就是說視覺問答模型整合了卷積神經網路的圖片分析與遞歸神經網路的自然語言分析，最後再透過全連接神經網路將兩者的分析結果整合，尋找出最適合的答案，圖 4-94 是一個經典的視覺問答模型。卷積神經網路採用的架構是 VGGNet，圖片透過 VGGNet 萃取出 4096 個特徵後，再透過全連接網路將其濃縮成 1024 個特徵，自然語言分析的遞歸神經網路則是採用 LSTM 分析，分析後的特徵也會透過全連接網路濃縮成 1024 個特徵，最後將卷積神經網路從圖片中萃取出來的 1024 個特徵與遞歸

神經網路從自然語言中萃取出來的 1024 個特徵相乘後，送到全連接網路中預測答案最有可能的是哪個。

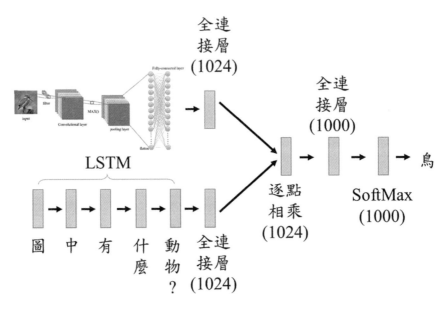

◎ 圖 4-94　視覺問答模型的網路架構圖，CNN 神經網路負責分析圖片中有什麼特徵，LSTM 網路負責分析問題，最後透過全連接層將兩個神經網路合併，並輸出答案

4-4-6　長短記憶神經網路實作範例

　　由於 LSTM 能夠靈活的控制記憶體內存放的內容，在處理時間序列記憶資料的問題，能有自動抓取重要特徵，並將這些特徵保留在記憶中，以便和後續的資料一起當作輸入，使時間序列的資料得以參考先前時序的重要特徵。在本節中，我們將採用 Google 的股票資料來製作一個基於 LSTM 的股價預測深度學習模型。

　　根據前述的六個程序，首先我們說明資料載入的細節。

1. 資料載入

　　首先，我們匯入 SKlearn 套件模組的 MinMaxScaler、Keras 的 Squential 模組，以及 Dense 全連接層、Dropout、Activation、Flatten、LSTM、TimeDistributed、RepeatVector 和 Input，除此之外，Keras 的優化器於編譯模型時所需的 Adam 以及訓練模型需要的 EarlyStopping 和 ModelCheckpoint。

```
from sklearn.preprocessing import MinMaxScaler
from keras.models import Sequential
from keras.layers import Dense, Dropout, Activation, Flatten, LSTM, TimeDistributed, RepeatVector,Input
from keras.optimizers import Adam
from keras.callbacks import EarlyStopping, ModelCheckpoint
```

　　接著，我們需從 Yahoo 金融網站所下載 Google 歷史股價資料，如圖 4-95，其網址如下：http://finance.yahoo.com/quote/GOOG/，進入此網站頁面點選 Historical Data，並可於 Time Period 選單選取開始及結束時間，並於右側按下 Apply 按鍵，下方將顯示指定時間的歷史股價資料，點選下方 Download 下載此 CSV 檔案，在此我們下載了 Google 歷史股價資料的訓練集與測試集分別如下：

訓練集(GOOG_Train.csv)：股價於 2016/01/01~2020/12/31 的歷史資料。

測試集(GOOG_Test.csv):股價於 2021/01/01~2021/05/31 的歷史資料。

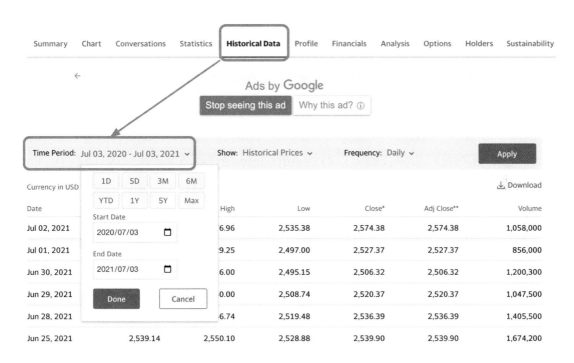

◎ 圖 4-95　美國 Yahoo 金融網站載入 Google 歷史股價資料

　　下載完所需的資料集後，我們仍然依照前述的六大程序，首先需匯入 Pandas 套件，並使用 read_csv()函式將已下載的資料集(GOOG_Train.csv)載入檔案，設定索引欄位 index_col 為 Date，並呼叫 head()函式可顯示前 5 筆資料。執行結果如下圖：

```python
import pandas as pd
df_train = pd.read_csv("GOOG_Train.csv",
                       index_col="Date", )
print(df_train.head())
```

```
              Open         High          Low        Close    Adj Close    Volume
Date
2016-01-04  743.000000  744.059998  731.257996  741.840027  741.840027  3272800
2016-01-05  746.450012  752.000000  738.640015  742.580017  742.580017  1950700
2016-01-06  730.000000  747.179993  728.919983  743.619995  743.619995  1947000
2016-01-07  730.309998  738.500000  719.059998  726.390015  726.390015  2963700
2016-01-08  731.450012  733.229980  713.000000  714.469971  714.469971  2450900
```

上述 Google 股價資料集共有 7 個欄位，其中，Date 為股價日期、Open 為開盤股價、High 為最高股價、Low 為最低股價、Close 為收盤價、Adj Close 為調整後的收盤價、Volume 為成交數量。

2. 資料前處理

在瞭解了 Google 股價資料的各個欄位意義後，接著我們將對資料進行前處理。由於 Google 股價預測，只需使用 Adj Close 欄位，在載入我們的訓練集資料後，我們需利用 Dataframe 物件取出此欄位，在這邊，第零維度表示資料的筆數，我們都想取用，因此以 iloc[:]表示，在第一個維度中，表示想取用的行，也就是欄位，於上述的資料集中我們可以看到 Adj Close 是在第 5 個欄位，因此我們以 iloc[:, 4:5]來表示，取 Adj Close 欄位所有的資料。之後，我們使用 values 將 Dataframe 傳回為二維 numpy 陣列。除此之外，我們以 len()函式來顯示欄位總筆數，在這裡我們即可知道 Adj Close 欄位的資料共有 1258 筆股價資料，其結果如下所示：

```python
X_train_set = df_train.iloc[:, 4:5].values
X_train_len = len(X_train_set)
print("筆數：", X_train_len)
```

筆數： 1258

接著，在資料前處理的程序中，我們仍需對訓練及標籤資料進行前處理，首先指定回看天數 train_days 為 60 天變數值，並建立 X_train_data 和 Y_train_data 分別作為訓練資料及標籤資料存放清單，再使用 for 迴圈建立 len(X_train_set)-train_days-1=1197 筆特徵和標籤資料範圍，例如，第一筆的訓練資料是第 1~60 天的股價，標籤則是第 61 天的股價，而第二筆訓練資料是第 2~61 天的股價資料，標籤則為第 62 天的股價，依此類推。

　　執行 for 迴圈所產生的 X_train_data 爲新增從 i 變數開始的 60 天的股價資料，Y_train_data 是新增第 61 天的股價資料，也就是透過 Google 前 60 天的歷史股價資料來預測第 61 天的股價，最後再傳回 Numpy 陣列的訓練資料和標籤資料，之後產生訓練資料集分別爲 X_train 的特徵資料及 Y_train 的標籤資料。執行結果後顯示一次訓練天數(回看天數)以及訓練資料集的形狀，如下所示：

```python
import numpy as np

train_days =60
X_train_data, Y_train_data =[], []

for i in range(len(X_train_set)-train_days-1):
    a=X_train_set[i:(i+train_days),0]
    X_train_data.append(a)
    Y_train_data.append(X_train_set[i+train_days,0])

X_train=np.array(X_train_data)
Y_train=np.array(Y_train_data)

print("一次訓練天數:", train_days)
print("X_train.Shape:", X_train.shape)
print("Y_train.Shape:", Y_train.shape)
```

```
一次訓練天數： 60
X_train.Shape: (1197, 60)
Y_train.Shape: (1197,)
```

　　由於眞實資料集過於龐大，圖 4-96 將簡化介紹上述所產生回看股價的特徵資料以及標籤資料，假設回看天數以 3 天爲例(train_days=3)，第一筆的特徵資料爲取前三天的股價，並且預測第一筆的標籤資料爲第四天的股價爲標籤資料，以此類推。

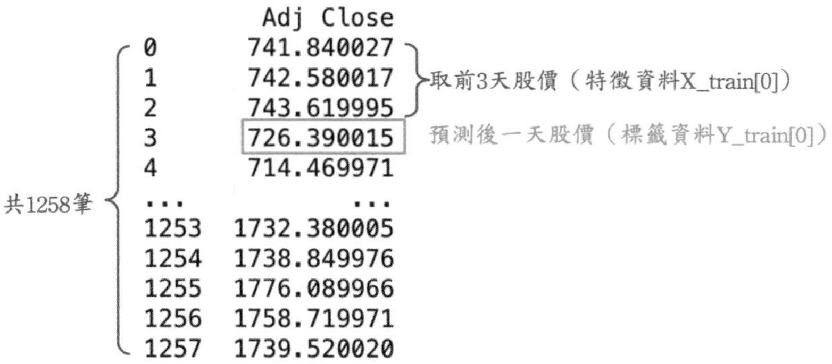

◎ 圖 4-96　簡化特徵資料和標籤資料示意圖

接著，我們將資料進行標準化的處理，對原始數據的線性進行變換使結果範圍為 0~1 之間，其中 max 為數據的最大值，min 為最小值，並將原本資料以及標準化後的資料顯示如下：

```
print("原本資料:",df_train.iloc[:, 4:5])
df_train.iloc[:, 4:5]=df_train.iloc[:, 4:5].apply(lambda x: (x - np.min(x)) / (np.max(x) - np.min(x)))
print("標準化後: ",df_train.iloc[:, 4:5])
```

```
原本資料:                        標準化後:
Date            Adj Close     Date            Adj Close
2016-01-04      741.840027    2016-01-04      0.063446
2016-01-05      742.580017    2016-01-05      0.064084
2016-01-06      743.619995    2016-01-06      0.064981
2016-01-07      726.390015    2016-01-07      0.050124
2016-01-08      714.469971    2016-01-08      0.039845
...                    ...    ...                  ...
2020-12-23      1732.380005   2020-12-23      0.917558
2020-12-24      1738.849976   2020-12-24      0.923137
2020-12-28      1776.089966   2020-12-28      0.955248
2020-12-29      1758.719971   2020-12-29      0.940271
2020-12-30      1739.520020   2020-12-30      0.923715
```

最後，取 Adj Close 欄位所有的資料，並建立MinMaxScaler 物件 sc 後，設定物件範圍 0~1 之間，並呼叫此物件的 fit_transform()函式，執行訓練資料的正規化。由於 Google 歷史股價資料範圍固定，沒有極端最大值或最小值，即可使用正規化將資料縮放至 0~1 之間的範圍並儲存在 X_train_Adj。

接著，我們將針對資料的輸入層格式進行轉換。對於 LSTM 的輸入資料集，通常具有時間序列的特質，如圖 4-97 所示，當我們需要將資料送進 LSTM 進行學習時，都需要將針對時間序列資料，轉為三維度，分別為樣本數、展開時序的長度、以及每個資料的編碼。Google 歷史股價資料共有 1197 筆的股價資訊，而時序展開共有 60 筆資料的長度，對每筆資料而言，就是一天的股價，只有 1 個股價價格，所以，我們得到的整個訓練集特徵資料為 3D 張量(1197,60,1)。下述程式碼則使用 Numpy 中的 reshape()函式將原始 X_train 資料轉換成(樣本數, 時序展開長度, 資料編碼)的張量。

```
X_train_set = df_train.iloc[:, 4:5].values
sc = MinMaxScaler(feature_range = (0, 1))
X_train_set = sc.fit_transform(X_train_set)
X_train = np.reshape(X_train, (X_train.shape[0], X_train.shape[1], 1))
print("X_train.Shape:", X_train.shape)
print("Y_train.Shape:", Y_train.shape)
```

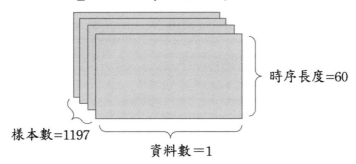

＠ 圖 4-97 本實作 Google 歷史股價 3D 張量特徵資料示意圖

3. 建立模型

　　特徵資料形狀轉換後，接下來即可定義 LSTM 模型規劃神經網路架構，首先建立 Sequential 物件，Sequential 模型可將神經層單一輸入及輸出，且每一層連接著下一層神經層，在本實作範例模型設計為 1 層的 LSTM 層，呼叫 add()函式新增神經層。於第一層 LSTM 的第一個參數設為 10，代表 LSTM 內存記憶的大小，啟動函數指定為 ReLU 函數，並指定 input_shape 參數輸入資料的形狀為(60, 1)，60 代表時序長度且每筆資料是一維的資料形狀，最後 Dense 輸出層為 1 個神經元，由於預測Google 股價為迴歸分析，所以在輸出層不需要啟動函數將資料轉換成 0~1 或 -1~1 等範圍來建立非線性的轉換，最後，我們可以呼叫 summary()函式來顯示模型的摘要。

```
model = Sequential()
model.add(LSTM(10,activation='relu',
               input_shape=(X_train.shape[1], X_train.shape[2])))
model.add(Dense(1))
model.summary()
```

```
Layer (type)                 Output Shape              Param #
=================================================================
lstm (LSTM)                  (None, 10)                480
_____
dense (Dense)                (None, 1)                 11
=================================================================
Total params: 491
Trainable params: 491
Non-trainable params: 0
```

4. 編譯模型

　　在定義模型之後，我們需要編譯模型，讓已定義的模型轉換成低階的 Tensorflow 計算圖，我們呼叫 compile()函式即可編譯模型，先前的範例分類，由於本模型主要作為預測用途，並非分類，因此，其計算輸出值與標籤的誤差，將採用的損失函數(loss 參數)mae，而優化器(optimizer 參數)則設定為 adam 來指定其學習率，最後，評估標準(metrics 參數)採用 mean_absolute_error。

```
model.compile(loss="mae", optimizer="adam",metrics=['mean_absolute_error'])
```

5. 訓練模型

　　模型建立後，接著便可將訓練資料送入 LSTM 模型訓練。首先呼叫 EarlyStopping()函式，當在訓練模型時被監測的數據不再提升，則會停止訓練，這可防止模型過度訓練造成訓練不佳，並將回傳值設定為 callback，在函式參數中的 monitor 為被監測的數據設定為 loss。patience 設為 10 是在沒有進步的訓練輪數，在設定值 10 之後訓練將會被停止。verbose 設定為 1 是指顯示詳細的訓練的資訊，由於 mode 參數有三種分別為 auto、max 以及 min，這裡指定為 min 模式，當被監測的數據停止上升，訓練就會停止。而在 ModelCheckpoint()函式在每一個訓練期之後將會保存模型當前的權重，filepath 為訓練模型寫入此文件，以及 save_best_only 是指在訓練模型時最佳的模型將不會被覆蓋，其他參數如 monitor、verbose 和 mode 設定將參照 EarlyStopping()函式參數。最後呼叫 fit()函式來進行訓練，第一個參數是訓練的資料(X_train)，第二個參數是訓練的標籤資料(Y_train)，epochs 訓練資料重覆使用的次數設定為 1000 次，而 batch_size 為每一次訓練的批次大小設為 10，並建立 callbacks 列表其為每個不同訓練階段將參考的回調參數，最後 shuffle 指定為 True，可隨機從訓練集讀取資料，其訓練過程如下：

```
callback = EarlyStopping(monitor="loss", patience=10,
                         verbose=1, mode="min")
checkpoint = ModelCheckpoint(filepath='model.h5',monitor='loss',
                         verbose=1,save_best_only='True',mode='min')
model.fit(X_train, Y_train, epochs=1000, batch_size=10,
          callbacks=[callback,checkpoint],shuffle=True)
```

6. 評估模型

　　首先載入 GOOG_Test.csv，取出 Adj Close 欄位的所有資料，並重覆上述步驟二的方法產生的特徵資料(X_test_data)和標籤資料(Y_test_data)，將特徵資料執行正規化後，轉為 3D 張量一維矩陣陣列(樣本數, 時間間距, 特徵值)，最後呼叫 predict() 函式預測股價，由於預測股價值為已正規化後的值，所以我們需要呼叫 inverse_transform()函式將預測股價值轉回股價，並準備最後步驟所需繪出的 Google 股價預測的趨勢圖表。

```
df_test = pd.read_csv("GOOG_Test.csv")
X_test_set = df_test.iloc[:, 4:5].values

X_test_data, Y_test_data =[], []
test_days=60
for i in range(len(X_test_set)-test_days-1):
    a=X_test_set[i:(i+test_days),0]
    X_test_data.append(a)
    Y_test_data.append(X_test_set[i+test_days,0])

X_test=np.array(X_test_data)
Y_test=np.array(Y_test_data)

X_test = sc.transform(X_test)
X_test = np.reshape(X_test,(X_test.shape[0], X_test.shape[1], 1))
X_test_pred = model.predict(X_test)
X_test_pred_price = sc.inverse_transform(X_test_pred)
```

　　我們引入 Matplotlib 繪圖視覺化套件，呼叫 plot()函式分別顯示測試集(Y_test)真實 Google 股價和(X_test_pred_price)預測的股價，並加以分別使用顏色參數 color 顯示不同色彩及標籤參數label標注該資料的標籤，x.label()為 x 軸名稱以及 y.label()為 y 軸名稱，legend()為圖像加圖例，最後再使用 show()顯示此圖表，如圖 4-98 所示。

```
import matplotlib.pyplot as plt

plt.plot(Y_test, color="red", label="Real Stock Price")
plt.plot(X_test_pred_price, color="blue", label="Predited Stock Price")
plt.xlabel("Time")
plt.ylabel("Google Time Price")
plt.legend()
plt.show()
```

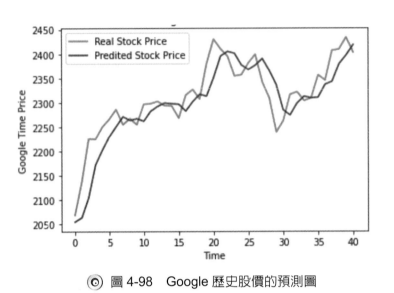

◎ 圖 4-98　Google 歷史股價的預測圖

4-5　自編碼網路(Autoencoder Network, AE)

　　在前面的章節中，我們已學習了強而有力的卷積神經網路(CNN)，在 CNN 網路中，經過大量具有標籤的資料的進行學習，其所訓練的模型，可對這些數據或圖片進行分類，但若有一組新資料，擬當作訓練好模型之輸入資料，想在訓練好的模型加入一個新類別，那麼原先訓練模型的資料也必需再次送入 CNN 網路中，與新資料一同進行訓練，這樣的做法將曠日費時。以圖 4-99 為例，已知有兩個類別的標籤，分別為正方體、長方體，每一種標籤都賦予 1000 張圖形做為訓練的輸入資料，而訓練出的模型可分辨是近似於正方體或是長方體這兩類。在訓練之後，若有另一組新的資料是圓體，且這些資料已經具有名為圓體的標籤，我們若擬造出如圖 4-99 具有正方體、長方體及圓體這三種類別的分類模型，則在神經網路的部分，要把所有的舊資料及新資料當作輸入，進行重新訓練，才能訓練出可以辨識三組標籤為正方體或長方體或是圓體的模型。

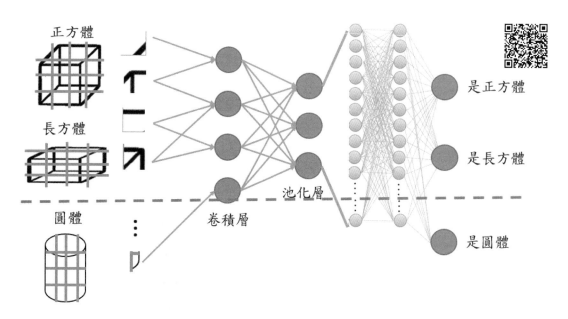

正方體

長方體

圓體

卷積層

池化層

是正方體

是長方體

是圓體

◎ 圖 4-99　CNN 網路必需將原始資料與新資料重新輸入學習，才能訓練出可以分類正方體或長
方體或是圓體的模型

4-5-1　自編碼網路之網路結構與運作

　　針對這個問題，我們建議可以採用自編碼網路(Autoencoder Network, AE)來解決。
自編碼網路是一種透過類神經網路，採取無監督式自動學習資料中的特徵，以圖片來
舉例，自編碼網路將原始圖片抽取出特徵值，代表其原始圖片的精隨，然後也可藉由
特徵值還原其圖片。從網路架構來說，自編碼網路可以分為編碼器(Encoder)網路及解
碼器(Decoder)網路，編碼器網路和解碼器網路不一定要同時使用，換言之，您可以只
用編碼器網路去取得資料的特徵，再套用自己的分類模型，如 KNN 等，將資料進行
分類。以圖 4-100 為例，當從解碼器網路輸出一張新的圖片，會與原始圖片做比對，
並修正其誤差，再透過編碼器網路取特徵值，產生新的圖片，使其能有效還原近似於
其原始的圖片。而在編碼器網路與解碼器網路中有許多的隱藏層(Hidden layer)，其中
編碼節點數量是遞減的；相對應的解碼節點數量則是遞增的。

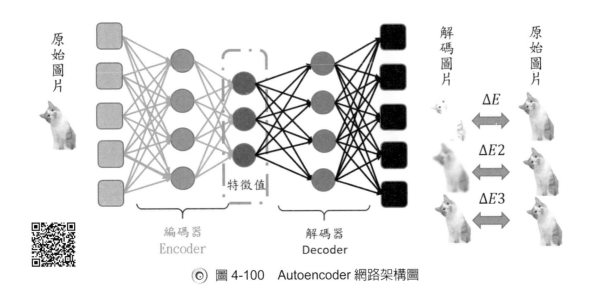

◎ 圖 4-100　Autoencoder 網路架構圖

　　如圖 4-101 所示，我們運用卷積的特性套用在自編碼網路上，依據卷積層的目的，它將對不同的輸入資料提取出特徵值，搭配上自編碼的精神，不斷的將特徵降維至可取代輸入的特徵值，而實現 Decoder 的網路，也可藉由提取出的特徵值將其還原，Decoder 網路也是利用卷積的方式一層一層的解壓縮。所以卷積自編碼，就是將圖片進行降維再降維，直到取得特徵值，再利用相同的方式卷積還原其圖片。

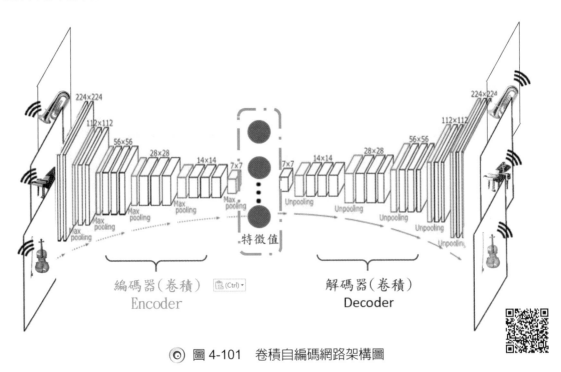

◎ 圖 4-101　卷積自編碼網路架構圖

4-5-2 自編碼網路之應用

自編碼網路的特色是，輸入資料不需要標記，便可從資料中提取特徵，因此，在應用上，以圖 4-102 所示，通常可以和其他的深度學習網路或是分群(如 K-Means)、分類(如 KNN)的網路配合使用。它也可以和深度學習的網路來搭配使用。

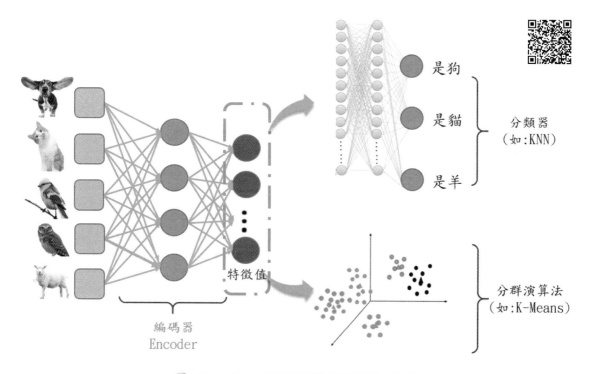

◎ 圖 4-102　自編碼網路搭配分群、分類

自編碼網路可運用在自動畫圖，透過許多名人的畫作當做訓練集資料，根據自編碼的特性，自編碼網路將可從這些名作中，萃取出特徵，再利用這些特徵透過解碼器網路的運作，就可利用這些特徵去構建新的圖。

自編碼也可運用在自動描繪字跡，將被學習者的字跡收集起來，當作自編碼網路的輸入訓練資料，自編碼網路將可自動模擬出作者的字跡。此外，自編碼網路也可運用在創作音樂上，讓機器學習每個樂器的聲音，創作出不一樣的風格曲貌。如圖 4-101所示，每個樂器的音檔都貼上標籤，且賦予 1000 個這樣的音檔當作訓練資料，再利用卷積編碼器網路來取出個別樂器特徵，利用這些樂器特徵值，再透過解碼器網路，便可自由搭配出新風格的音樂了。

4-5-3 自編碼實作範例

根據上述介紹的自動編碼器，是一種類神經網路，它是一種無監督式學習網路，其中，編碼器其目的是對一組數據來進行學習特徵，並保留資料的重要特徵。最近，在自編碼器廣泛地用於數據的生成模型，諸如處理尺寸很大的圖片時，即可利用自編碼器來降維並取出重要特徵來進行學習。本實作採用 MNIST 手寫辨識資料集，使用自編碼器來編碼以及解碼手寫數字圖片。如圖 4-103 所示，我們將原始圖片透過編碼器 Encoder 進行壓縮，並且使用解碼器 Decoder 解壓縮圖片。

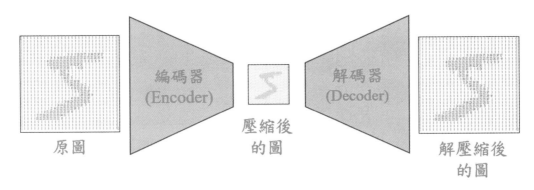

◎ 圖 4-103　自編碼器的編碼及解碼數字圖片過程

由於 Keras 的 Sequential 建立模型的模組只能將神經網路單一輸入及輸出，且每一層連接著下一層神經層，無法建立多輸入或多輸出的神經網路模型，或是重覆使用訓練的模型，所以我們需使用 Keras 的 Functional API 來建立神經網路模型。如圖 4-104 所示，自編碼器神經網路的前半段為編碼器，每一層的神經元數都比前一層少，這樣才能抓重點及特徵，而後半段為解碼器，每一層的神經元數都比前一層多，這樣才具有生成的能力；除此之外，前後半段的神經元數都是對稱的。

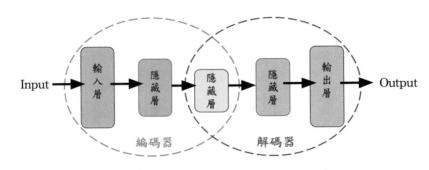

◎ 圖 4-104　自編碼器神經網路模型架構圖

　　根據先前敘述的六個程序，首先需載入資料。此項實作我們採用 4-2-7 節 MNIST 手寫辨識資料集的圖片。

1. 資料載入

　　首先匯入 Python 套件模組的 Numpy，Keras 的 MNIST 資料集、model 模型、Dense 全連接層以及 Input 輸入，如下所示：

```
import numpy as np
from keras.datasets import mnist
from keras.models import Model
from keras.layers import Dense, Input
```

　　上述程式匯入套件後，便可載入 MNIST 資料集，我們可呼叫 load_data()函式載入資料集，並將訓練資料集的輸入資料和答案，分別放入 X_train 以及 Y_train 兩個 List 型態的變數，而將測試資料集的輸入和答案，也分別放入 X_test 和 Y_test 兩個 List 變數中，由於本實作為無監督式學習，無需標籤資料，所以 Y_train 及 Y_test 兩的答案變數即可忽略，如下所示：

```
(X_train, __), (X_test, __) = mnist. load_data()
```

2. 資料前處理

　　這部分包括了將 Dense 全連接網路需要的影像輸入資料，在觀念上，這是一維的像素，但在建立模型時，需要表達資料的樣本數在第零維度，因此，合計共兩個維度的張量，以便供全連接網路當作輸入資料。我們透過 reshape()函式，將特徵的訓練以及訓練資料集資料轉換成 2D 的張量形狀特徵，第零維是樣本數，第一維是每筆資料的輸入個數，共有 28*28=784 個像素。對於 MNIST 資料集來說，將原本(樣本數, 28, 28)轉換成(樣本數, 784)，其中 784 表示每一個樣本是一個向量。之後，我們呼叫 Pandas 模組的 astype()函式，將訓練資料集轉為浮點數，主要原因是為了配合除法結果為浮點數，在此我們將訓練資料轉型為浮點數，讓運算為浮點數除以浮點數，最後可將其特徵形狀印出，以便送入我們接下來需定義的神經網路模型進行訓練，如下所示：

```
X_train = X_train.reshape(X_train.shape[0], 28*28)
X_train = X_train.astype("float32")
print("X_train Shape:",X_train.shape)
X_test = X_test.reshape(X_test.shape[0], 28*28)
X_test = X_test.astype("float32")
print("X_test Shape:",X_test.shape)
```

```
X_train Shape: (60000, 784)
X_test Shape: (10000, 784)
```

接著,由於輸入圖片中的每一個特徵值向量都落在 0~255 的固定範圍,而我們希望送入輸入層的資料形狀被正規化為 0~1 之間的數值,因此除以 255 執行特徵值 784 向量的正規化,如下所示:

```
X_train = X_train/255
X_test = X_test/255
```

3. 建立模型

特徵資料形狀轉換後,接著即可使用 Functional API 建立自編碼網路的模型,我們規劃神經網路架構,在 Keras 建立神經層可視為函式來呼叫,也就是類似 $Y=F(X)$ 的語法,等號的左邊是這一層神經網路的輸出,而 F 則為建立這一層神經網路的方法,而參數 X,則是這一層的輸入資料,也是上一層的輸出資料。

在本實作 Encoder 時,第 1 層為輸入層,依序建立 3 層 Dense 隱藏層,最後為輸出層,如圖 4-105 所示。

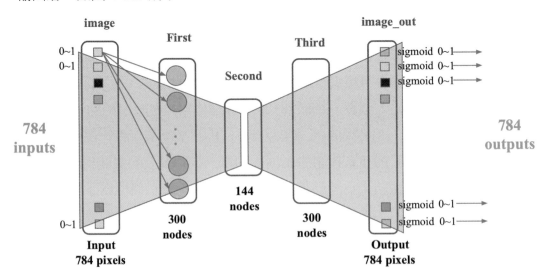

◎ 圖 4-105 自編碼器模型

依上述三自編碼器模型的設計，我們首先建立 Input 輸入層物件，shape 是輸入資料的形狀為 784，由上述資料前處理所轉換成的張量形狀，其輸出的資料，取名為 image，這將會是下一層的輸入資料，如下所示：

```
image = Input(shape=(784,))
```

然後建立 Encoder 的第 1 層隱藏層，我們打算以 Dense 神經網路來建構，因此呼叫 Dense 函式，並將上一層的輸出，也就是 image，當作這一層的輸入，這一層的功能，主要以 Dense 函數來指定其神經元數為 300，啟動函數為 ReLU，這樣就可以建立這一層的神經元，再來便可指定其輸出資料取名為 First，也就是第 2 層隱藏層的輸入張量，如下所示：

```
First = Dense(300, activation="relu")(image)
```

在此，我們可將 Dense 指令視為建構這一層的函數 F()，而 image 則為 F()的輸入參數，本層的輸出，命名為 First。再來建立 Dense 物件的第 2 層隱藏層，呼叫 Dense 函式，而上一層的輸出，名稱為 First，即為這一層神經層的輸入，這層的功能，神經元數設為 144，啟動函數為 ReLU，其輸出資料取名為 Second，也就是第 3 層隱藏層的輸入張量，如下所示：

```
Second = Dense(144, activation="relu")(First)
```

接著建立 Dense 物件的第 3 層隱藏層，呼叫 Dense 函式，並以上一層的輸出變數，也就是 Second，當作這層的輸入，在這一層中，依照圖 4-104 的設計，我們的神經元數設為 300，啟動函數為 ReLU，輸出則取名為 Third。如下所示：

```
Third = Dense(300, activation="relu")(Second)
```

最後將這三層另外取名為 Encoder，為達到此目標，我們呼叫 Dense()函式，並將上一層的輸出 Third，當作這一層的輸入，而這一層的設計，如圖 4-104 所示，共有神經元數為 784，由於輸出層輸出的機率介於 0 和 1 之間，所以通常在啟動函數使用 Sigmoid 函數，並將本層的輸出，命名為 image_out 物件，如下所示：

```
image_out = Dense(784, activation="sigmoid")(Third)
```

上述程式已建立 3 層 Dense 隱藏層，且神經元數分別是 300, 144, 300 個。接著，我們將為整個 Autoencoder 建立一個名為的 ae 的物件，並呼叫 model() 函式，第一個參數為輸入的張量 image 以及第二個參數輸出張量 image_out，最後其可呼叫 summary() 了解該模型的資訊，如下所示：

```
ae = Model(image, image_out)
ae.summary()
```

Layer (type)	Output Shape	Param #
input_1 (InputLayer)	[(None, 784)]	0
dense (Dense)	(None, 300) 編碼器	235500
dense_1 (Dense)	(None, 144)	43344
dense_2 (Dense)	(None, 300) 解碼器	43500
dense_3 (Dense)	(None, 784)	235984

```
Total params: 558,328
Trainable params: 558,328
Non-trainable params: 0
```

如上述自編碼器模型的設計，輸入層及輸出層的形狀為對稱的 784，第 2 層和第 4 層都為 300，中間層為 144。總之，整個模型的前半段為編碼器模型，如圖 4-106，後半段為解碼器模型，在此呼叫 model()函式，建立前半段，也就是 encoder 物件。第一個參數為輸入張量 image，第二個參數為輸出張量 Second 如下，最後在呼叫 summary()印出模型資訊，如下所示：

```
encoder = Model(image, Second)
encoder.summary()
```

Layer (type)	Output Shape	Param #
input_1 (InputLayer)	[(None, 784)]	0
dense (Dense)	(None, 300)	235500
dense_1 (Dense)	(None, 144)	43344

```
Total params: 278,844
Trainable params: 278,844
Non-trainable params: 0
```

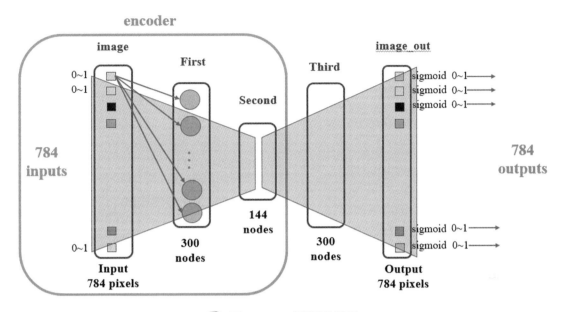

◎ 圖 4-106　編碼器模型

　　最後如圖 4-107 為建立解碼器模型的設計，首先需新增解碼器模型的 Input，
shape 是輸入資料的形狀為 144，其輸出的資料，取名為 decoder_img，這將會是
下一層的輸入資料，如下所示：

```
decoder_img = Input(shape=(144,))
```

　　前述所建立的 ae 模型的最後 2 層的神經層，分別為倒數第 1 層及第 2 層，首
先我們使用 model 物件的 layers 取出倒數第 2 層可表示-2，呼叫參數 decoder_img
為上一層輸出張量，其輸出名稱設定為 layer1。以此類推，取出 ae 模型的最後 1
層可表示為 layers -1，呼叫參數 layer1 張量，其輸出名稱設為 layer2，最後可建立
解碼器 model 模型，第一個參數為輸入張量 decoder_img，第二個參數為輸出張量
layer2，最後在呼叫 summary()印出模型資訊，如圖 4-107 所示。

```
decoder_img = Input(shape=(144,))
layer1= ae.layers[-2](decoder_img)
layer2= ae.layers[-1](layer1)
decoder = Model(decoder_img, layer2)
decoder.summary()
```

```
Layer (type)                Output Shape            Param #
=================================================================
input_3 (InputLayer)        [(None, 144)]            0
_____
dense_2 (Dense)             (None, 300)              43500
_____
dense_3 (Dense)             (None, 784)              235984
=================================================================
Total params: 279,484
Trainable params: 279,484
Non-trainable params: 0
```

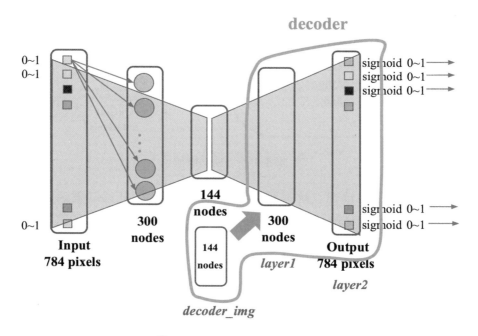

◎ 圖 4-107　解編碼器模型

4. 編譯模型

　　在定義模型之後，我們需要編譯模型，讓已定義的模型轉換成低階的 Tensorflow 表達的圖，我們呼叫 compile()函式即可編譯模型，由於本模型主要為多元分類，因此，將採用的損失函數(loss 參數) binary_crossentropy，而優化器 (optimizer 參數)則設定為 adam 來指定其學習率，而量測標準為 accuracy，如下所示：

```
ae.compile(loss="binary_crossentropy", optimizer="adam",
           metrics=["accuracy"])
```

5. 訓練模型

在完成編譯模型後，即可將訓練資料進行自編碼器模型的訓練，訓練模型時需呼叫 fit()函式，告知 fit 的參數，包括第一、二個參數的分別為訓練和標籤資料，由於本實作數字手寫圖形資料也拿來當作標籤資料，所以兩個參數都設為 X_train，validation_data 為驗證資料集指定為測試資料集 X_test，epochs 訓練資料重覆使用的次數設定為 10 次，而 batch_size 為每一次訓練的批次大小設為 128，並將 verbose 設為 2，指定要求每一次的 epoch 都須輸出一行紀錄，訓練過程如下：

```
ae.fit(X_train, X_train, validation_data=(X_test, X_test),
                epochs=10, batch_size=128, verbose=2)
```

```
Epoch 1/10
469/469 - 2s - loss: 0.1462 - accuracy: 0.0108 - val_loss: 0.0935 - val_accuracy: 0.0137
Epoch 2/10
469/469 - 2s - loss: 0.0877 - accuracy: 0.0120 - val_loss: 0.0822 - val_accuracy: 0.0120
Epoch 3/10
469/469 - 2s - loss: 0.0802 - accuracy: 0.0135 - val_loss: 0.0772 - val_accuracy: 0.0130
Epoch 4/10
469/469 - 2s - loss: 0.0767 - accuracy: 0.0142 - val_loss: 0.0749 - val_accuracy: 0.0131
Epoch 5/10
469/469 - 2s - loss: 0.0744 - accuracy: 0.0135 - val_loss: 0.0733 - val_accuracy: 0.0152
Epoch 6/10
469/469 - 2s - loss: 0.0729 - accuracy: 0.0146 - val_loss: 0.0717 - val_accuracy: 0.0120
Epoch 7/10
469/469 - 2s - loss: 0.0717 - accuracy: 0.0139 - val_loss: 0.0708 - val_accuracy: 0.0141
Epoch 8/10
469/469 - 2s - loss: 0.0709 - accuracy: 0.0142 - val_loss: 0.0701 - val_accuracy: 0.0134
Epoch 9/10
469/469 - 2s - loss: 0.0702 - accuracy: 0.0144 - val_loss: 0.0694 - val_accuracy: 0.0157
Epoch 10/10
469/469 - 2s - loss: 0.0696 - accuracy: 0.0151 - val_loss: 0.0696 - val_accuracy: 0.0148
```

6. 評估模型

訓練完模型，便可呼叫 predict()函式，輸入的資料為 X_test，表示測試資料集，先進入 encoder 進行壓縮圖片，再使用 decoder 模型來進行解壓縮圖片，也就是生成圖片，如下所示：

```
encoded = encoder.predict(X_test)
decoded = decoder.predict(encoded)
```

最後，我們使用 Matplotlib 繪圖套件，呼叫 plot()函式，匯出 MNIST 資料集的前 8 張數字圖片，這裡設為 x = 8，我們也利用 figsize 設置圖形的尺寸，這裡設 10 為圖形的寬，3 為圖形的高。接著，利用 for 迴圈將資料集前 8 張數字圖片，分別

顯示出原始壓縮以及解壓縮的圖片,其中使用 plt.subplot()函式繪出 3x8 個子圖,第一個參數 3 是子圖的行數,第二個參數 8 是子圖的列數,第三個參數是代表第幾個的子圖。其中 imshow()函數可將數據顯示為圖像,而 cmap()參數為顏色圖名稱,最後 axis()函式參數設為 off,可關閉 Matplotlib 子圖的軸。繪圖程式碼如下:

```python
import matplotlib.pyplot as plt

plt.figure(figsize=(10, 3))
x=8
for i in range(x):
    #原始圖片
    y = plt.subplot(3, 8, i + 1)
    y.imshow(X_test[i].reshape(28, 28), cmap="binary")
    y.axis("off")
    #壓縮圖片
    y = plt.subplot(3, 8, i + 1 + x)
    y.imshow(encoded[i].reshape(12, 12), cmap="binary")
    y.axis("off")
    #解壓縮(還原)圖片
    y = plt.subplot(3, 8, i + 1 + 2 * x)
    y.imshow(decoded[i].reshape(28, 28), cmap="binary")
    y.axis("off")
```

4-6　生成對抗網路(Generative Adversarial Network, GAN)

4-6-1　工匠與鑑定師的問題

　　生成對抗網路(Generative Adversarial Nets, GAN),它主要功能是模仿,讓電腦產生出以假亂真的圖片、文字等,目前使用較多的是讓電腦自動產生卡通圖案、詩集、文章或是知名畫家的畫作。它主要的概念,是讓神經網路看過一些真實圖片的樣本,經過一連串仿真的訓練之後,希望他能生產出類似真實但有不同風格的圖片。GAN 除

了讓電腦透過模仿來產生近似的圖片之外,還需要具有分辨的能力,能分辨製造出來的圖片是否與真實圖片很像。以下,我們用一個故事來說明生成對抗網路運作的方式。

● **工匠與鑑定師的故事**

假設有一位善於製作偽寶石的工匠,他每天只做一件事,就是想盡辦法把一般石頭加工,做得跟真的寶石一樣。在此同時,假設當地也有位珠寶鑑定師,他注意到大量出自工匠的仿冒寶石。而鑑定師受過專業訓練,發現了區分真假作品的訣竅,並且傳授給大家,希望大家不要被工匠給騙了。

過了一段時間後,工匠發現自己的生意大受影響,才知道大家已經發現自己假寶石的明顯弱點。因此,他反過來特別針對鑑定師傳出的訣竅,並加以改善,把石頭打造出更像真品的寶石。一段時間後,大家又被耍得團團轉,而工匠也賺了一大筆錢。但很快的,鑑定師又發現其他區別真假寶石的方法。再一次的,工匠再度受挫,只好針對新的瑕疵再次改進。就這樣,經過無數次的鬥智、對決,沒有誰能夠永遠擊敗對方。但也因此,工匠的仿造技術和鑑定師的鑑定技術都在不知不覺中進步了許多,雙方的實力已遠超過了許多專業的工匠和鑑定師。

讓我們回到主題「生成對抗網路」。我們希望讓機器來模仿,產生出足夠以假亂真的圖片,因此,剛開始時,我們會在電腦中製造出工匠與鑑定師這兩種網路,剛開始給予工匠參考很多的真實圖片,希望工匠能夠模仿出類似的圖片,在此同時,也使鑑定師來與工匠對抗,目的是辨識出品質不佳,找出不夠像真圖片的圖片,強迫使工匠的技術能夠再提升,以製造出更像的圖片,就這樣,工匠與鑑定師反反覆覆地對抗,最終,工匠將有能力產生逼真的圖片。在真實的應用中,生成對抗網路不僅能自動產生圖片,我們也希望電腦看過詩集「唐詩三百首」之後,能夠自行生產新的詩集,或者機器聽過流行音樂之後,機器能夠創造出新的流行音樂。生成對抗網路(GAN)能做的不只有這些,它有著無窮無盡的可能,只要準備好訓練的樣本,機器隨時就能夠模仿。

4-6-2 生成對抗網路架構及訓練

在這個章節中,我們先對生成對抗網路的基本原理進行介紹,接著再針對其運作的流程與細節進行說明。

1. 生成對抗網路基本原理

如果想利用深度學習來完成上述工匠與鑑定師的工作，我們可以將故事中的兩個角色替換成類神經網路，如此一來，整個架構就是所謂的**生成對抗網路**。而生成對抗網路中，工匠所扮演的神經網路就是**生成器**(Generator)，鑑定師所扮演的神經網路就是**鑑別器**(Discriminator)，工匠產生的假寶石所對應到的就是生成器所生成的偽造圖像、影像等，相對地，鑑定師要做的事也對應到判別器的目的，就是判別生器出來的產物是否為真。

假設生成器的目標是要生成卡通人物的頭像，而我們會有個資料集裡面圖片都是真實的卡通頭像。首先，我們知道生成器就是一個網路，生成器剛開始不太知道怎麼去生成卡通人物頭像，所以生成器只能夠產生「看起來像是」卡通人物頭像的模糊圖片。而判別器要做的事情，就是判斷生成器所產生的這張圖像到底是偽造的，還是真實的。因此，如圖 4-108 所示，我們將固定住第一代的生成器，開始準備訓練第一代判別器，經過許多次的訓練後，判別器當然也會跟著在更上一層樓，可以成功地分辨第一代生成器所產生的假圖片，因此也升級為第二代的判別器。

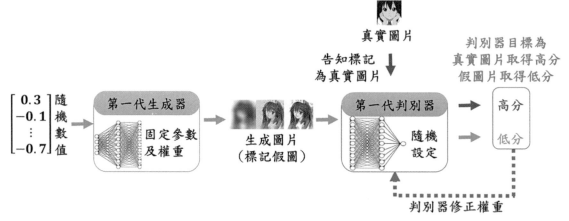

◎ 圖 4-108　第一代判別器訓練成第二代的過程

接著我們將固定住第二代的判別器，再訓練第一代的生成器，直到它所生成的假圖片可以騙過第二代的判別器，這樣生成器便可升級為第二代的生成器。如圖 4-109 所示。

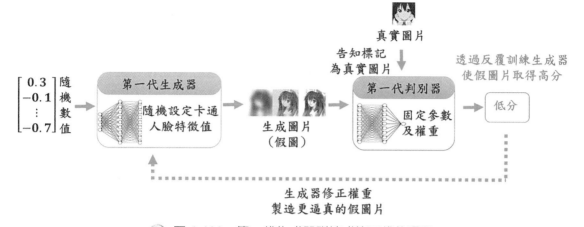

◎ 圖 4-109　第一代生成器訓練成第二代的過程

就這樣，生成器網路與判別器網路會不斷地交替訓練，直到生成器網路可以生成幾乎接近眞實的圖片爲止，而這樣的生成器網路就是我們最終所需要的生成器。

在生成對抗網路(GAN)的架構中，包括生成器網路與判別器網路，其中兩個網路模型設計可以採納各種神經網路，生成對抗網路由兩個網路所形成，採用互相學習的方式來進行深度學習。

2. 生成對抗網路的訓練

訓練生成對抗網路的方式就如第一節所提到個工匠與鑑定師的故事，只是將工匠與鑑定師替換成了深度學習神經網路。整個訓練生成對抗網路的流程是由下列兩個步驟重覆迭代執行而成的。(1)**固定生成器網路的參數，訓練判別器網路，**這樣的訓練如同先培養一個優秀的老師。(2)**固定判別器網路的參數，訓練生成器。**生成器好比是要訓練的學生。所以說，要訓練好一個好學生，我們就必須先訓練出一個好的老師。以下分別說明判別器與生成器網路的訓練細節。

4-6-3　判別器網路(Discriminator Networks)的訓練

簡單來說，判別器網路就是一個神經網路，其有能力可以分辨出眞實的圖片與僞造的圖片。

訓練判別器時，我們會先將生成器網路中的權重等參數固定不變動，接著把許許多多的隨機數值當作生成器的輸入，生成器的輸入資料是從一個給定的數據分布中，

隨機抽取數據點。舉例來說，假設我們使用常態分布(Normal distribution)來隨機決定輸入的數值，其中每一個數值都代表著一個卡通圖片的特徵(如頭髮顏色、眼睛大小、鼻子形狀等)。把這些數值當作生成器的輸入資料，透過生成器的處理，將依數值的特徵來形成卡通的臉部。而判別器的功能就相對直覺，我們會將每張圖像個別輸入至判別器，判別器的神經網路會經過複雜的運算，給定出一個分數(介於 0～1 之間)，越高分代表判別器認為輸入判別器所給的圖片越接近真實的圖片。

由於生成器一開始的參數是隨機的，所以生成出來的圖片也不會特別好，也有可能是非常糟的。如果我們要生成出卡通人物的圖片，我們將收集許多真實卡通人物的圖片，當輸入這些真實卡通圖片時，訓練的目標就是讓判別器能輸出高分(即 1 分);而對於生成器所隨機生成出來的假圖片，輸出目標就是給這組圖片低分(即 0 分)。假如輸入真實圖片後，輸出的圖片分數為 0.1，而 0.1 這個數值會跟我們判別器所認知的目標數值 1 有所誤差，所以我們就會對此判別器網路(神經網路)內的權重進行修正;同樣的，假設生成器以隨機方式生成出來的圖片，其透過判別器運作後所輸出的分數是高分，我們也會對判別器網路內的權重進行修正，如圖 4-107 所示。也就是說，我們使用這樣的規則去訓練判別器，真實圖片使用判別器輸出後所給的分數越接近 1 越好，而生成器隨機生成的圖片，使用判別器輸出的分數越接近 0 越好。

4-6-4 生成器網路(Generate Networks)的訓練

生成器網路(Generate Networks)概念很簡單，它是一個可以產生圖片的網路，該圖片可以讓判別器網路(Discriminator Networks)分辨出來的結果是真實圖片。如圖 4-108 來表示生成器網路的訓練過程。

我們是利用前一步已訓練好的判別器，固定判別器的參數，目標為調整生成器中的參數。假如我們想要生成卡通人物的圖片，給定了隨機參數當作生成器的輸入值，生成器將會生成出來一張卡通人物圖片，這張圖片將成為判別器網路的輸入資料，最後輸出一個分數，生成器訓練的目標，就是要去"騙"過判別器，換句話說，就是希望生成出來的圖片，可以得到判別器更高的分數，假設輸出的分數為 0.1，而 0.1 這個數值跟目標數值 1 的結果有所誤差，這時就會固定住判別器裡的參數，去調整生成器的參數，接下來就是不斷的重複，所要的目標就是希望分數可以越大越好。

在實際上我們要去執行這個步驟的時候,我們會把中間部分(生成器至判別器)當作一個巨大的神經網路,假設生成器有五層的神經網路,判別器也有五層的神經網路,把這兩個五層接在一起,成為了十層的神經網路。而這十層的神經網路,它的輸入是隨機向量,輸出是一個數值。然而在十層神經網路中的其中一個隱藏層很大,它的輸出就是一張圖片。而在訓練這個網路的時候,會固定最後幾個隱藏層,只調整前面幾個隱藏層,讓它輸出的值越大越好。

生成器與判別器都是由類神經網路所構成,實際上訓練裡面的修正包含了反向傳播、梯度下降、梯度上升等演算法來優化目標函數,本書前面章節也包含了相關資料,這些細節在此不再贅述。

4-6-5 條件式生成對抗網路(CGAN,Conditional Generative Adversarial Network)

透過前面章節的說明,相信讀者已瞭解生成對抗網路的運作方式與原理。若在生成的圖片中,有許多條件需要滿足,例如,希望生成的圖片是戴著墨鏡且油頭的卡通人物,那麼我們便可採用擴充版本的生成對抗網路,稱為條件式生成對抗網路(簡稱 CGAN 或 Conditional GAN),在條件式生成對抗網路的架構裡,只需要對原本的生成對抗網路架構做些調整即可。

如圖 4-110 所示,在這條件式生成對抗網路中,輸入的部份,除了要給予生成器許多造圖的特徵向量外,還需要輸入條件向量,說明我們想要生成的圖片需符合的條件(戴墨鏡、油頭)。假設戴墨鏡的條件向量為[0, 1],而油頭的條件向量為[1, 0],戴墨鏡並且油頭的條件向量為[1, 1],那麼戴墨鏡且油頭的條件向量[1, 1],便需要跟隨著生成圖片的特徵向量,一起當作輸入資料,輸入生成器網路中。除了生成器網路的輸入資料需要附上條件向量外,在條件式生成對抗網路中,判別器網路除了要判別圖案的真假之外,也必須學著接收的成品是否符合給定的條件。因此,如圖 4-111 所示,戴墨鏡並且油頭的條件向量為[1, 1],也應該要當作判別器網路的輸入資料,使判別器網路知道,除了評判生成器所產生圖片的真假外,還要判斷所生成器網路所產生的圖片,是否符合條件向量中戴墨鏡及髮型為油頭。

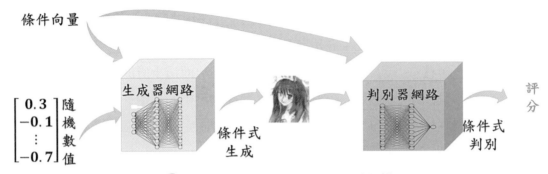

◎ 圖 4-110　條件式生成對抗網路架構

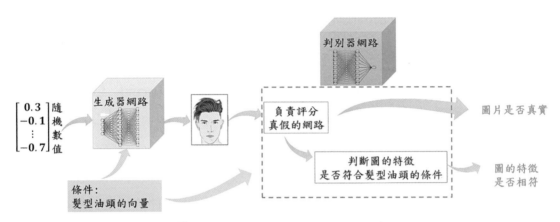

◎ 圖 4-111　條件式判別器網路架構

　　從上述的例子中，可以理解到，生成對抗網路 GAN 是經由小量的真實資料，去產生大量的訓練資料，這儼然是個非監督式學習的模型，對應到其他監督式學習的模型，生成對抗網路是神經網路的一大突破。生成對抗網路是透過類似互相切磋的概念，一方面改善模型準確度，另一方面改善生產高品質的訓練資料，現在除了條件式生成對抗網路之外，也有著各式各樣的對抗網路持續發展中，是一個非常具有潛力的深度學習項目。

CHAPTER

5

實務篇

5-1　人工智慧實務應用-電腦視覺

5-1-1　OpenCV

● 背景介紹

OpenCV (Open Source Computer Vision Library)，是英特爾公司在 2000 年發起並參與開發的跨平台電腦視覺程式庫，它以 BSD 授權條款發行，可以在商業和研究領域中免費使用。OpenCV 可用於開發影像處理、電腦視覺、擴增實境以及圖型識別等，並且可以在 Windows、Linux、Android 和 macOS 作業系統上執行。OpenCV 提供 Python、Ruby、MATLAB、Java 等語言的介面，方便不同語言在各種平台實作。以下先介紹 OpenCV 的應用，之後說明如何在 Windows 環境下安裝和實作 OpenCV。

● 應用介紹

1. 臉部辨識

臉部辨識包含臉部的比例、情緒表達、健康情況,甚至視網膜、虹膜都可以辨識。處理的步驟先從照片中擷取人臉的位置,接著進行人臉偵測、校正,再來是提取人臉的特徵值,最後是人臉識別結果。一開始先處理照片

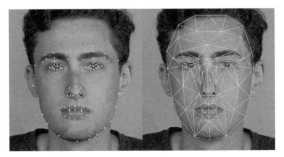

◎ 圖 5-1　人臉辨識模型圖

的預處理,改善照片中的光線、顏色曝光度或是轉成灰階減少識別的誤差。然後做人臉特徵提取,透過數字來表達人臉訊息。例如,兩眼之間的距離、鼻子與面部特徵的幾何關係、臉型的弧度等。接著將資料庫中的人臉資料與訓練好的人臉模型進行比對,找出特徵相似度最高的人臉,判斷是否為同一人。現今臉部辨識應用在機場海關的出入境,海關設有快速通關的通道,第一次辦理時,旅客需上傳照片以及指紋資料。之後快速通關時,攝影機拍攝的照片便會與資料庫中的人臉分析比對後就可以確認旅客的身分,比起海關人員查驗身分,大大地減少排隊與通關的時間,如圖 5-1 所示。

2. 車牌辨識

現今交通發達的情況下,交通工具已然成為人們生活中必需品,每輛交通工具都有自己的車牌,不論是機車、公車、計程車等車牌都有唯一性,因此可以透過車牌得知車主身分訊息。車牌辨識有許多應用,例如,停車場的進出場與繳費,進入停車場時攝影機將拍攝車牌號

◎ 圖 5-2　車牌識別圖

碼,便可入場停車。駛出停車場前只要在繳費機中輸入車牌號碼便可以繳費,出場時攝影機所拍攝到的車牌照片,便會與資料庫中的車牌比對,確認已繳費後便會打開柵欄讓車子駛出,如圖 5-2 所示。此外像是警察在取締違規車

輛時，只需拍攝車牌並上傳到資料庫便可以得知車子訊息，確認車子是否為
贓車並做後續的處理。

● 安裝

在 Anaconda 中，為了避免與其他套件產生版本相容性的問題，我們將建立一個
新環境讓 OpenCV 使用。首先在 Anaconda 左方工具列選擇「Environments」，然後到
下方點選「Create」建立新的環境。此範例中使用 Python 3.7 為核心，並建立
「opencv_env」的環境，如圖 5-3 和 5-4 所示。

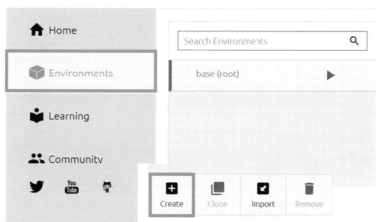

◎ 圖 5-3　建立 OpenCV 的環境

◎ 圖 5-4　選擇 Python 核心版本與命名環境名稱

　　回到 Anaconda 工具列的「Home」選項，選擇剛建立好的「opencv_env」環境，
安裝 CMD Prompt，並進行 OpenCV 套件的安裝，如圖 5-5。在 CMD Prompt 中輸入以
下的指令後便開始下載並安裝 OpenCV 以及相關的套件。

conda install pywget=3.2 opencv=4.5 numpy=1.21.2 jupyter=1.0.0

matplotlib=3.3.4 –c conda-forge

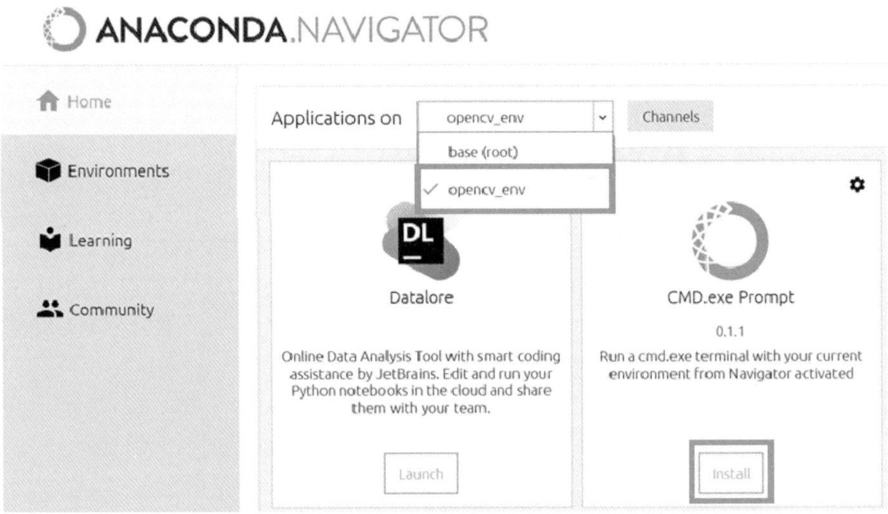

◎ 圖 5-5　切換執行環境與安裝 CMD Prompt

範例程式

　　程式碼 5-1 為讀取圖檔範例，如圖 5-6。

程式碼 5-1：讀取圖片檔案

```
import cv2                          #匯入 OpenCV 的套件
img = cv2.imread('dice.png')        #讀取當前路徑下的圖片名稱
cv2.imshow('Title',img)            #開啟'Title'圖片視窗
cv2.waitKey(0)                      #等待任意按鍵
cv2.destroyAllWindows()             #關閉所有視窗
```

◎ 圖 5-6　讀取的圖檔

程式碼 5-2 爲讀取/儲存圖檔，並另存新檔爲「output.jpg」，如圖 5-7。

程式碼 5-2：讀取/儲存圖檔

```
import cv2                              #匯入 OpenCV 的套件
img = cv2.imread('dice.png')           #讀取當前路徑下的圖片名稱
cv2.imwrite('output.jpg',img)          #另存'output.jpg'圖片
cv2.imread('output.jpg')               #讀取'output.jpg'圖片
cv2.imshow('copy_img',img)             #開啓另存新檔的圖片視窗
cv2.waitKey(0)                         #等待任意按鍵
cv2.destroyAllWindows()                #關閉所有視窗
```

◎ 圖 5-7　開啓另存新檔的圖片

程式碼 5-3 爲開啓攝影機擷取影像。

程式碼 5-3：開啟攝影機擷取影像

```
cap = cv2.VideoCapture("movie.mp4")
#參數值設定爲 0，是使用攝影機擷取畫面
#參數值設定爲影片名稱，則是讀取影片
if cap.isOpened():
    while(Ture):
        ret, frame = cap.read()        #回傳一個影格，ret 則是回傳成功還是失敗
        cv2.imshow("1", frame)
        if cv2.waitKey(2) & 0xFF == ord('q'):
            break
cap.release()
cv2.destroyAllWindows()
```

程式碼 5-4 爲顯示圖片的高、寬、頻道數，如圖 5-8。

程式碼 5-4：顯示圖片的高、寬、頻道數

```
import cv2                              #匯入 OpenCV 的套件
img = cv2.imread('dice.png')           #讀取當前路徑下的圖片名稱
cv2.imshow('output',img)               #開啟'output'圖片視窗
print(img.shape)                       #顯示圖片的高、寬、頻道數
print("高度的像素有: ", img.shape[0])    #顯示高度像素
print("寬度的像素有: ", img.shape[1])    #顯示寬度像素
cv2.waitKey(0)                         #等待任意按鍵
cv2.destroyAllWindows()                #關閉所有視窗
```

(640, 1280, 3)

高度的像素有：640

寬度的像素有：1280

◎ 圖 5-8　顯示圖片的高、寬、頻道數

程式碼 5-5 為圖片從彩色轉至黑白，如圖 5-9。

程式碼 5-5：圖片從彩色轉至黑白

```
import cv2                                        #匯入 OpenCV 的套件
img = cv2.imread('dice.png')                      #讀取當前路徑下的圖片名稱
cv2.imshow('original',img)                        #開啓原始圖片視窗
cv2.waitKey(0)                                     #輸入任意按鍵切換黑白圖片
#彩色轉至黑白
gray_img = cv2.cvtColor(img, cv2.COLOR_BGR2GRAY)
cv2.imshow("GrayscaleImage",gray_img)             #開啓黑白圖片視窗
cv2.waitKey(0)                                     #等待任意按鍵
cv2.destroyAllWindows()                            #關閉所有視窗
```

◉ 圖 5-9　圖片從彩色轉至黑白

程式碼 5-6 為圖片從彩色轉至 HSV 色彩格式，如圖 5-10。

程式碼 5-6：圖片從彩色轉至 HSV 色彩格式

```
import cv2                                             #匯入 OpenCV 的套件
img = cv2.imread('dice.png')                           #讀取圖片
img_HSV = cv2.cvtColor(img, cv2.COLOR_BGR2HSV)         #轉換至 HSV 色彩
cv2.imshow('HSV Image',img_HSV)                        #顯示轉換至 HSV 圖片
cv2.imshow('Hue Channel', img_HSV[:, :,0])             #顯示圖片色相
cv2.imshow('Saturation Channel', img_HSV[:, :,1])      #顯示圖片飽和度
cv2.imshow('Value Channel', img_HSV[:, :,2])           #顯示圖片明度
cv2.waitKey(0)                                          #等待任意按鍵
cv2.destroyAllWindows()                                 #關閉所有視窗
```

◎ 圖 5-10　圖片從彩色轉至 HSV 色彩格式

CHAPTER 5
實務篇

◎ 圖 5-10　圖片從彩色轉至 HSV 色彩格式(續)

程式碼 5-7 為圖片的移動，如圖 5-11。

程式碼 5-7：圖片的移動

```
import cv2                                    #匯入 OpenCV 的套件
import numpy as np                            #匯入 Numpy 的套件

img = cv2.imread('dice.png')                  #讀取圖片
height, width = img.shape[:2]                 #讀取圖片高度和寬度像素
print('圖片像素高度: ', height)
print('圖片像素寬度: ', width)
#高度和寬度移動像素
quarter_height, quarter_width = height / 4, width / 4
print('垂直移動像素: ', quarter_height)
print('水平移動像素: ', quarter_width)
#用 numpy 定義移動矩陣
n = np.float32([[1, 0, quarter_width], [0, 1, quarter_height]])
print('移動矩陣:\n', n)
#將圖片帶入移動矩陣
img_translation = cv2.warpAffine(img, n, (width, height))
cv2.imshow('Before translation',img)
cv2.imshow('After translation',img_translation)
cv2.waitKey(0)
cv2.destroyAllWindows()
```

◎ 圖 5-11　圖片的移動

程式碼 5-8 為圖片的旋轉，如圖 5-12。

程式碼 5-8：圖片的旋轉

```
import cv2                                    #匯入 OpenCV 的套件
import numpy as np                            #匯入 Numpy 的套件
img = cv2.imread('dice.png')                  #讀取圖片
height, width = img.shape[:2]                 #讀取圖片高寬

#定義旋轉矩陣中心, 旋轉角度, 縮放
rotation_matrix = cv2.getRotationMatrix2D((width/2, height/2), 45, .5)
#圖片帶入旋轉矩陣
rotated_image = cv2.warpAffine(img, rotation_matrix, (width,height))
cv2.imshow('Rotated Image',rotated_image)     #顯示旋轉圖片
cv2.waitKey(0)
cv2.destroyAllWindows()
```

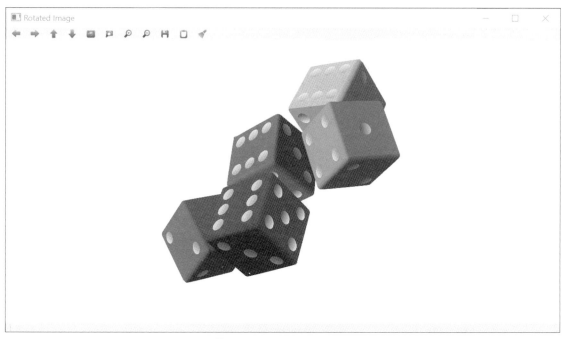

◎ 圖 5-12　圖片的旋轉

5-1-2　OpenPose

　　OpenPose 人體動作識別是由美國卡耐基梅隆大學(CMU)基於卷積神經網路和監督學習，以 Caffe 為框架開發的 Open source，以下將介紹 OpenPose 的特色、功能、安裝和實作。

● **特色**

　　OpenPose 是基於深度學習的即時多人動作識別。OpenPose 應用在體育健身、動作採集、居家照護與表情監測等領域。在體育健身方面可以偵測運動員的動作是否標準；在動作採集方面，可以偵測並蒐集各種動作的影像，像是舞蹈、體操、交通指揮的手勢等；在居家照護方面，可以即時監測老人家是否摔倒、走路的情況等；在表情監測方面，可以偵測嘴巴開合、眉毛彎曲、眼睛等，藉此知道人類的喜怒哀樂各個表情。OpenPose 的用途很廣，是影像辨識中不可或缺的實用工具。

● 功能簡介

OpenPose 主要的功能是在影像中偵測人體的各個部位或是人體的動作。例如，在影像中偵測多人的臉部、身體和手部特徵點，呈現人體的姿勢、臉部的表情等功能。OpenPose 偵測的過程為攝影機擷取 2D 圖像後，透過關鍵點檢測器識別並標記出手、軀幹和臉的位置，藉此了解不同角度下人體的每個姿勢，並呈現出 3D 彩色火柴人的形式。OpenPose 具有 15、18 或 25 個身體/腳部的識別關鍵點、雙手各有 21 個手部識別關鍵點和 70 個臉部識別關鍵點。由於識別的關鍵點太多，所以無論在臉部的表情、手掌的開合或是身體呈現的動作都可以有效地偵測。

● 安裝

使用 Ananconda 下的 OpenCV 4.5 環境下安裝，首先到 OpenPose 的 Github 網址

https://github.com/CMU-Perceptual-Computing-Lab/openpose

下載神經網路模型(.prototxt)和模型權重(.caffemodel)，步驟如下：

(1) 在網站下點選 Code 後，點擊「Download ZIP」進行下載，然後解壓縮，如圖 5-13 所示。

(2) 在解壓縮後的 openpose 資料夾中的 models 資料夾，點擊 getModels.bat 進行下載模型權重，如圖 5-14 所示。

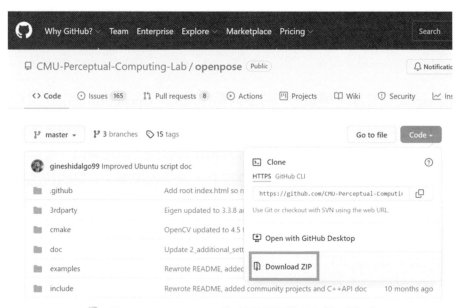

◎ 圖 5-13　Github 下載神經網路模型和模型權重

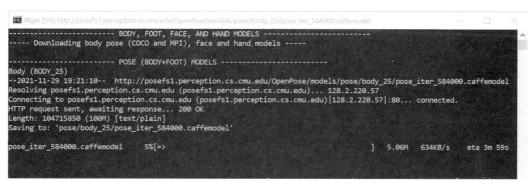

◎ 圖 5-14　執行 getModels.bat，下載權重

範例程式

● **實作範例 1**

　　此範例實作手勢偵測，首先在 openpose-master/models/hand 資料夾裡，將手勢模型 pose_deploy.prototxt 和權重 pose_iter_102000.caffemodel 檔案複製到目前程式的工作目錄下。範例程式如程式碼 5-9，5-10，5-11 所示，OpenPose 輸出的結果如圖 5-15 所示。

　　手勢範例圖檔可從下列的網址中獲取：

❀　https://raw.githubusercontent.com/spmallick/learnopencv/master/HandPose/right-frontal.jpg

❀　程式碼 5-9 為載入套件、圖片和定義手掌節點。

程式碼 5-9：載入套件、圖片和定義手掌節點

```
import cv2, os, time
import numpy as np
import matplotlib.pyplot as plt
%matplotlib inline
# 載入手勢模型和權重路徑
protoFile = "pose_deploy.prototxt"
weightsFile = "pose_iter_102000.caffemodel"
# 手掌節點數
numPoints = 22

# 定義手掌節點連接位置
POSE_PAIRS = [[0,1],[1,2],[2,3],[3,4],[0,5],[5,6],[6,7],[7,8],
[0,9],[9,10],[10,11],[11,12],[0,13],[13,14],[14,15],[15,16],
[0,17],[17,18],[18,19],[19,20]]

# 載入圖片和複製一份做節點繪製
img = 'right-frontal.jpg'
frame = cv2.imread(img)
frameCopy = np.copy(frame)
t = time.time()

# 載入的圖片寬度、高度和比率
fWidth = frame.shape[1]
fHeight = frame.shape[0]
ratio = fWidth / fHeight
```

❀　程式碼 5-10 為圖片前處理和載入模型。

程式碼 5-10：圖片前處理和載入模型

```
# 載入模型和權重
net = cv2.dnn.readNetFromCaffe(protoFile, weightsFile)
# 設定輸入影像大小和門檻值
inHeight = 368
inWidth = int(ratio * inHeight)
threshold = 0.1
# 輸入圖片載入到模型的前處理
inpBlob = cv2.dnn.blobFromImage(frame, 1.0 / 255, (inWidth, inHeight),
                    (0, 0, 0), swapRB=False, crop=False)
# 將前處理好的圖片放入偵測模型
net.setInput(inpBlob)
# 偵測輸出結果
output = net.forward()
```

程式碼 5-11 為偵測節點處理和輸出。

```
# 儲存偵測節點
points = []
# 檢測偵測 22 個節點
for i in range(numPoints):
    # 將每個節點偵測結果放入 probMap
    probMap = output[0, i, :, :]
    probMap = cv2.resize(probMap, (fWidth, fHeight))

    # 找到節點最大信心度 prob 和相對應位置 point
    minVal, prob, minLoc, point = cv2.minMaxLoc(probMap)
    #如果信心度超過門檻值，繪製節點編號
    if prob > threshold:
        cv2.circle(frameCopy, (int(point[0]), int(point[1])), 3,
        (0, 255, 255), thickness=-1, lineType=cv2.FILLED)

        cv2.putText(frameCopy, "{}".format(i), (int(point[0]),
        int(point[1])), cv2.FONT_HERSHEY_SIMPLEX, .8, (0, 0, 255),
        2, lineType=cv2.LINE_AA)
        # 把偵測到的節點儲存
        points.append((int(point[0]), int(point[1])))
    else:
        points.append(None)

# 繪製骨骼，依據上方 POSE_PAIRS 對應節點順序
for pair in POSE_PAIRS:
    partA = pair[0]
    partB = pair[1]
    if points[partA] and points[partB]:
        cv2.line(frame, points[partA], points[partB], (0, 255, 255), 2)

        cv2.circle(frame, points[partA], 8, (0, 0, 255), thickness=-1,
        lineType=cv2.FILLED)

        cv2.circle(frame, points[partB], 8, (0, 0, 255), thickness=-1,
        lineType=cv2.FILLED)

# 繪製骨骼，依據上方 POSE_PAIRS 對應節點順序
plt.figure(figsize=[10,10])
plt.axis('OFF')
plt.imshow(cv2.cvtColor(frameCopy, cv2.COLOR_BGR2RGB))
plt.figure(figsize=[10,10])
plt.axis('OFF')
plt.imshow(cv2.cvtColor(frame, cv2.COLOR_BGR2RGB))

# 輸出圖片，用 opencv 輸出節點圖和骨骼圖
cv2.imwrite('output_keyNode.jpg', frameCopy)
```

```
cv2.imwrite('output_skeleton.jpg', frame)

print("總共花費時間: {:.3f}".format(time.time() - t))
```

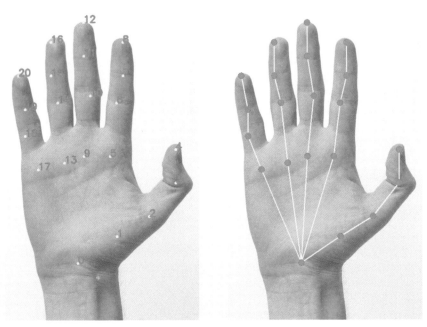

◎ 圖 5-15　OpenPose 輸出結果，左圖為節點圖，右圖為骨骼圖

● **實作範例 2**

　　此範例實作人體骨骼偵測，首先在 openpose-master/models/pose/coco 資料夾裡，將人體骨骼模型 pose_deploy_linevec.prototxt 和權重 pose_iter_440000.caffemodel 檔案複製到目前程式的工作目錄下。範例程式如程式碼 5-12，5-13，5-14 所示，OpenPose 輸出的結果如圖 5-16 所示。

　　人體骨骼範例圖檔可從下列的網址中獲取：

❀　https://raw.githubusercontent.com/spmallick/learnopencv/master/OpenPose/single.jpeg

❀　程式碼 5-12 為載入套件、圖片和定義身體節點。

程式碼 5-12：載入套件、圖片和定義身體節點

```
import cv2, os, time
import numpy as np
import matplotlib.pyplot as plt
%matplotlib inline
# 這裡載入手勢模型和權重路徑
protoFile = "pose_deploy_linevec.prototxt"
weightsFile = "pose_iter_440000.caffemodel"
# 身體節點數
numPoints = 18

# 定義身體節點連接位置
POSE_PAIRS = POSE_PAIRS = [[1,0],[1,2],[1,5],[2,3],[3,4],[5,6],[6,7],
[1,8],[8,9],[9,10],[1,11],[11,12],[12,13],[0,14],[0,15],[14,16],
[15,17]]

# 載入圖片和複製一份做節點繪製
img = 'single.jpeg'
frame = cv2.imread(img)
frameCopy = np.copy(frame)
t = time.time()

# 載入的圖片寬度、高度和比率
fWidth = frame.shape[1]
fHeight = frame.shape[0]
```

❀　程式碼 5-13 為載入模型和權重。

程式碼 5-13：載入模型和權重

```
# 載入模型和權重，設定輸入影像大小和將前處理圖像放入模型獲得 output
net = cv2.dnn.readNetFromCaffe(protoFile, weightsFile)
inWidth = 368
inHeight = 368
inpBlob = cv2.dnn.blobFromImage(frame, 1.0 / 255, (inWidth, inHeight),
                    (0, 0, 0), swapRB=False, crop=False)
net.setInput(inpBlob)
output = net.forward()
# 結果輸出影像大小
H = output.shape[2]
W = output.shape[3]
```

❀　程式碼 5-14 為繪製骨骼。

程式碼 5-14：繪製骨骼

```python
# 建立偵測節點儲存空間
points = []
# 檢測偵測 18 個節點
for i in range(numPoints):
    # 每個節點信心程度
    probMap = output[0, i, :, :]

    # 找出最大最大信心度 prob 相對應的位置 point
    minVal, prob, minLoc, point = cv2.minMaxLoc(probMap)

    # 將辨識圖片還原尺寸
    x = (fWidth * point[0]) / W
    y = (fHeight * point[1]) / H
    # 如果信心度超過門檻值，繪製節點
    if prob > threshold:
        cv2.circle(frameCopy, (int(x), int(y)), 8, (0, 255, 255),
        thickness=-1, lineType=cv2.FILLED)

        cv2.putText(frameCopy, "{}".format(i), (int(x), int(y)),
        cv2.FONT_HERSHEY_SIMPLEX, 1, (0, 0, 255), 2,
        lineType=cv2.LINE_AA)

        cv2.circle(frame, (int(x), int(y)), 8, (0, 0, 255),
        thickness=-1, lineType=cv2.FILLED)
        # 儲存偵測節點
        points.append((int(x), int(y)))
    else:
        points.append(None)

# 繪製骨骼
for pair in POSE_PAIRS:
    partA = pair[0]
    partB = pair[1]
    # 節點之間畫線
    if points[partA] and points[partB]:
        cv2.line(frame, points[partA], points[partB], (0, 255, 255), 3)
plt.figure(figsize=[10,10])
plt.axis('off')
plt.imshow(cv2.cvtColor(frameCopy, cv2.COLOR_BGR2RGB))
plt.figure(figsize=[10,10])
plt.axis('off')
plt.imshow(cv2.cvtColor(frame, cv2.COLOR_BGR2RGB))

cv2.imwrite('output_keyNode.jpg', frameCopy)
cv2.imwrite('output_skeleton.jpg', frame)
print("總共花費時間: {:.3f}".format(time.time() - t))
```

◎ 圖 5-16 OpenPose 輸出結果，左圖為節點圖，右圖為骨骼圖

5-1-3 YOLO

● 特色

人看到一張影像，就知道影像中有那些物體和他們的位置。人的視覺系統非常準確且快速，不用太多的意識思考就可以完成極為複雜的任務，例如駕駛車輛。同樣地，準確且快速的物件偵測演算法，可以幫助電腦駕駛車輛。現今的偵測系統使用分類器來進行偵測，在測試資料上使用物件分類器的多個位置進行評估。許多類似 R-CNN 的偵測系統，使用候選區域方法(Region proposal method) 找出影像中可能的邊界框(Bounding box)，再對這些可能的區域利用分類器進行預測。分類後再調整邊界框、消除重複偵測並且根據影像中其他物件重新估算邊界框。因為每一個部分都必須分開訓練，導致速度十分緩慢而且難以優化。

You Only Look Once (YOLO)是一種即時物體辨識系統，可以在一訊框中辨識多個物體。YOLO 比其他辨識系統更準確、更快地辨識物體。它可以預測多達 9000 個類別，甚至是沒看過的類別。即時辨識系統將從圖像中辨識多個對象，並在對象周圍製作邊界框。可以很容易地訓練和部署在生產系統中。(YOLO 直接從影像的像素計算邊界框座標並且算出分類機率。一張影像透過 YOLO 就可以預測物件類別及位置。從圖 5-17 可看出 YOLO 架構非常簡潔，只要一個 CNN 就可以同時進行多邊界框與其類別機率的預測，對整張影像進行訓練並且直接優化。這種統一模型對比其他傳統的物件偵測方法有許多的優點。

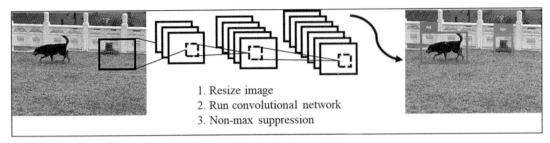

1. Resize image
2. Run convolutional network
3. Non-max suppression

◎ 圖 5-17　YOLO 架構

　　利用 CNN 同時預測多個邊界框，並且針對每一個邊界框來計算物體的機率，訓練時直接將整張影像輸入到神經網路。此端到端的訓練方式，可以避免傳統物件偵測中網路必須分開訓練的缺點，並且大幅加快運算速度。一般 YOLO 版本在 Single Titan X GPU 的環境中，可以達到 45 訊框的處理速度，而輕量化版本甚至達到 150 訊框。

　　相較於滑動窗格和候選區域對局部區域辨識物體，YOLO 在訓練/測試過程中看見整個影像的全貌，因此可以將全局互相關聯的類別資訊以及外觀隱藏在編碼內。相較之下，另一個偵測系統 Fast R-CNN，因為僅看見局部資訊，導致容易將背景誤認為物件。透過 YOLO 訓練學習到的物體特徵很泛化(Generalization)，也就是透過 YOLO 訓練辨識大自然圖片的模型，將之用來測試藝術照，仍然可以勝過 R-CNN 的結果。所以即使在新的領域或是不預期中的圖片，YOLO 還是有很高的辨識成功機率。

● **功能簡介**

　　YOLO 將原本分散的物件偵測整合成一個神經網路，透過整張影像的特徵來預測每一個邊界框，同時計算每個邊界框對於每一個類別的機率。YOLO 不僅從整張影像來偵測物體，並且端到端訓練與即時運算仍維持著高精準度。

　　圖 5-18 的 YOLO 模型中，每個影像切成 S×S 的格子(Grid)，如果格子中有物體，該格子會負責偵測該物體。每個格子又會預測 B 個邊界框與信心分數(Confidence scores)，其中信心分數對應邊界框，含有物體的信心程度以及該邊界框中物體的精準度。如果該邊界框的原生網格單元不含有物體，則理想信心分數應為 0，否則理想信心分數應和 IOU (Intersection Over Union)相同。

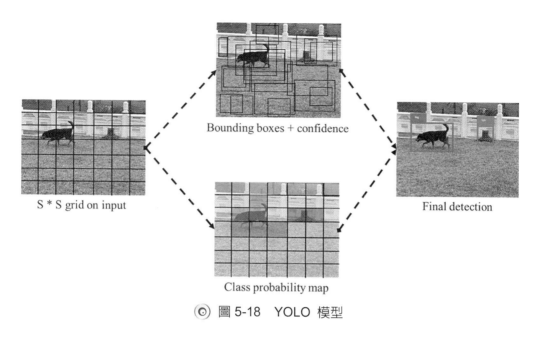

Bounding boxes + confidence

S * S grid on input

Final detection

Class probability map

◎ 圖 5-18　YOLO 模型

　　每個邊界框都有五個預測參數，"x, y, w, h, confidence"，(x, y)表示邊界框中心相對於網格單元的位移，而 w, h 為窗格寬高，信心程度即為 IOU。另外將每一個網格單元對每個類別計算該類別出現的機率，測試時將條件類別概率乘上每個邊界框的信心程度，如此對每個邊界框皆會求出特定類別的信心分數。影像切成 S×S 個網格單元，每個網格單元預測 B 個邊界框與 C 類別的機率，最後的張量維度為 S×S×(B×5 +C)，其中 B×5 是因為 B 有 5 維。

● **架構介紹**

　　YOLO 的神經網路模型是基於 CNN 的架構，如圖 5-19。前端的卷積層用來進行特徵萃取，最後的全連接層則是輸出機率與座標。模型中的網路架構基於 GoogLeNet 的影響，有 24 個卷積層以及 2 個全連接層。YOLO 也使用 3×3 卷積層再接一個 1×1 卷積層進行降維，用以取代 GoogLeNet 中的起始時間模組。同時也訓練一組快速版本的 YOLO 以達到快速偵測物件的界線。Fast YOLO 使用一個僅有 9 層卷積層的 CNN，並減少過濾器數量。除了網路尺寸的差別外，其餘的參數設計都與 YOLO 相同，最後的輸出一樣都是 7×7×30 的張量。

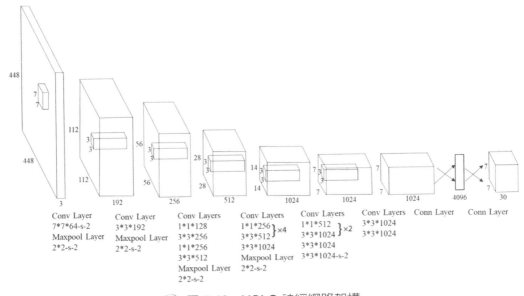

◉ 圖 5-19　YOLO 神經網路架構

　　整個模型的訓練期，先將前面 20 層卷積層連接到一個平均池化層與一個全連接層，利用 1000 個類別的 ImageNet 資料集作預訓練。在 ImageNet 2012 資料集中，驗證資料可以達到 88%的正確率，此結果與 Caffe 模型中的 GoogLeNet 相當。預訓練模型中加入隨機初始化權重的四層卷積層以及兩層全連接層。由於物件偵測通常需要細粒度的視覺資訊，因此增加網路輸入解析度，由 224×224 改成 448×448。模型中最後的全連接層用來預測類別機率與邊界框的座標。藉由標準化影像邊界框的寬與高，使其值介於 0 到 1 之間，同時也利用特定網格位置來參數化邊界框的中心座標 (x, y)，使其值也介於 0 到 1 之間。

　　YOLO 使用誤差平方和(Sum-square error)做為損失函數(Loss function)，此損失函數容易優化，但卻無法符合最大化平均精度的目標。因為它將定位誤差與分類誤差的權重調成一樣，此結果並不理想。另外大部分的圖像中，通常許多的網格不包含任何物件，如果使用之前的誤差平方和損失函數，最後網格計算出來的信賴指數都將趨近於 0，導致整個梯度下降的過程中，權重偏向將所有網格都預測成不含物件。這將導致整個模型不穩定以及造成早期發散。為了解決這種資料不平衡的問題，針對「有物件」及「沒有物件」的網格誤差，另外給予一個權重來調整比例，加強有物件網格的損失函數，而減少那些沒有物件網格的損失函數。

● YOLOv4 介紹

　　YOLOv4 是由中研院資訊科學研究所所長廖弘源及博士後研究員王建堯，與俄羅斯學者博科夫斯基(Alexey Bochkovskiy)於 2020 年所共同研發。此技術一開始是要想如何增進十字路口的交通分析？也就是即時偵測車流量、車速等。因為馬路上的車輛速度很快，必須即時辨識物件，在短時間內就能辨識出車輛，並能持續追蹤，計算車速。YOLOv4 的速度是 EfficientDet 的兩倍，性能相當。另外，平均精準度(Average Precision, AP)和每秒的訓框數(Frames Per Second, FPS)相對於 YOLOv3 提升了 10%和 12%，其架構如圖 5-20 所示。

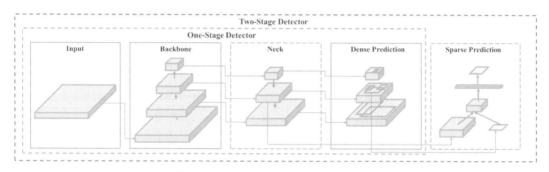

◎ 圖 5-20　YOLOv4 神經網路架構

● 安裝環境與 YOLOv4 模型

　⌘　首先到 Google 的網路雲端平台 Colab
　　　https://colab.research.google.com/
　　　登入 Google 帳號後，新增 Notebook 準備下載 YOLOv4 模型。
　⌘　在 Notebook 的左上角點擊 Edit 選擇 Notebook settings 開啟小視窗，選擇 GPU 增快 YOLOv4 模型預測。
　⌘　輸入以下指令，可查看當前 GPU 訊息，如圖 5-21。

```
!nvidia-smi
```

```
+-----------------------------------------------------------------------------+
| NVIDIA-SMI 495.44       Driver Version: 460.32.03    CUDA Version: 11.2      |
|-------------------------------+----------------------+----------------------+
| GPU  Name        Persistence-M| Bus-Id        Disp.A | Volatile Uncorr. ECC |
| Fan  Temp  Perf  Pwr:Usage/Cap|         Memory-Usage | GPU-Util  Compute M. |
|                               |                      |               MIG M. |
|===============================+======================+======================|
|   0  Tesla K80           Off  | 00000000:00:04.0 Off |                    0 |
| N/A   40C    P8    26W / 149W |      0MiB / 11441MiB |      0%      Default |
|                               |                      |                  N/A |
+-------------------------------+----------------------+----------------------+

+-----------------------------------------------------------------------------+
| Processes:                                                                  |
|  GPU   GI   CI        PID   Type   Process name                  GPU Memory |
|        ID   ID                                                   Usage      |
|=============================================================================|
|  No running processes found                                                 |
+-----------------------------------------------------------------------------+
```

◎ 圖 5-21　GPU 訊息

❀　輸入以下指令，下載 YOLOv4 模型。

　　`!git clone https://github.com/AlexeyAB/darknet`

❀　輸入以下指令，下載 YOLOv4 權重。

　　`!wget -N`
　　`https://github.com/AlexeyAB/darknet/releases/download/da`
　　`rknet_yolo_v4_pre/yolov4-tiny.weights`

❀　輸入以下指令，使用 GPU 設定 YOLOv4 模型。

　　`%cd /content/darknet`
　　`!sed -i 's/OPENCV=0/OPENCV=1/' Makefile`
　　`!sed -i 's/GPU=0/GPU=1/' Makefile`
　　`!sed -i 's/CUDNN=0/CUDNN=1/' Makefile`
　　`!sed -i 's/CUDNN_HALF=0/CUDNN_HALF=1/' Makefile`

❀　輸入以下指令，進行模型編譯。

　　`!make`

❀　輸入以下指令，使用 YOLOv4-tiny 權重辨識圖像。

　　`!./darknet detector test cfg/coco.data`
　　`cfg/yolov4-tiny.cfg ../yolov4-tiny.weights data/dog.jpg`

❀　最後偵測的結果，如圖 5-22。

◎ 圖 5-22　YOLOv4 圖片偵測的結果

範例程式

完整的安裝環境與 YOLOv4 模型如程式碼 5-15。

程式碼 5-15：GPU 訊息與下載 YOLOv4 模型

```
# GPU 訊息與下載 YOLOv4 模型
!nvidia-smi
!git clone https://github.com/AlexeyAB/darknet

# 下載 YOLOv4 權重
!wget -N https://github.com/AlexeyAB/darknet/releases/download/darknet
_yolo_v4_pre/yolov4-tiny.weights

# 使用 GPU 設定 YOLOv4 模型
%cd /content/darknet
!sed -i 's/OPENCV=0/OPENCV=1/' Makefile
!sed -i 's/GPU=0/GPU=1/' Makefile
!sed -i 's/CUDNN=0/CUDNN=1/' Makefile
!sed -i 's/CUDNN_HALF=0/CUDNN_HALF=1/' Makefile

# 模型編譯
!make
```

```
# 使用 YOLOv4-tiny 權重辨識圖像
!./darknet detector test cfg/coco.data
cfg/yolov4-tiny.cfg ../yolov4-tiny.weights data/dog.jpg

# 偵測的結果
import cv2
from google.colab.patches import cv2_imshow

img = cv2.imread("predictions.jpg")
cv2_imshow(img)
```

5-2　人工智慧實務應用-自然語言處理

5-2-1　自然語言處理流程

　　語言是從古至今人們溝通的主要方式，像是中文、英文、法文等日常生活中常聽到的語言，這些語言是隨著人類社會的發展所演變而來的，不僅在溝通上提供了便利性，同時，還是人類學習生活的重要工具。為了讓電腦輕易地理解人類所講的語言，或是運用人類所說的語言，一系列針對自然語言處理(Natual Language Processing，NLP)的方式就因應而生，以下將詳述文字探勘方面的流程。

● **中文斷詞**

　　若要讓電腦理解人類的語言，以中文來說，首先，就是要先將句子進行斷詞、斷句及理解詞，常用的工具為 Jieba 或 CKIP，舉個例子來說：

　　「努力才能成功」

　　這句話我們根據預先設定好的字典，將它進行斷詞斷句後，產生四個字詞，分別為：

　　(努力) (才) (能) (成功)

在初步斷詞後,將斷詞的結果比對是否存在字典中。接著判斷這些字詞中是否存在中文人名或是歐美譯名,再來分析字詞中的詞性結構。因為同一個字或是同一個詞放在不同的句子會產生不一樣的語意,以下述句子為例:

「努力才能成功」

「他的領導才能很突出」

雖然在兩句中都有「才能」二個字,但是所要表達的語意卻不盡相同,所以對一個句子進行斷詞斷句時,必須理解字詞在句子中所代表的意思,才能正確斷詞斷句。

● **字典索引**

句子斷詞後,為了讓電腦容易將字詞進行訓練,我們將字詞進行編碼,使電腦快速地找出句子是由哪些字詞所組成,例如,

(努力, 0) (才, 1) (能, 2) (成功, 3)(他, 4) (的, 5) (領導, 6) (才能, 7) (很, 8) (突出, 9)

努力才能成功 → (0) (1) (2) (3)

他的領導才能很突出 → (4) (5) (6) (7) (8) (9)

從上述例子可以發現,若要電腦讀懂字詞的話,必須將斷詞後的字詞轉換成編碼,如此電腦才能理解人所講的話。

● **文章特徵提取**

特徵提取是將大量複雜的原始數據,例如,文字或音訊等,將其轉化為機器學習演算法容易識別的特徵。特徵提取的目的,主要是利用這些特徵對物件類別進行判別,常用於圖像識別和文字語意辨識等。

常使用的文章特徵提取方法如 TF-IDF 和 TextRank。TF-IDF 可應用於提取文章摘要,以文句中重要關鍵詞出現的詞頻及其逆向文件的關係,推估在文章中句子的重要性,並擷取權重值排行在前的句子用以組合成摘要。

● **文章主題建模**

文章主題建模應用於機器學習和自然語言處理等相關領域,主要是用來尋找一系列文檔的主題模型。簡單來說,假如某一篇文章是專門描述學校,「老師」和「學生」等相關詞出現的頻率會較高。如果一篇文章是在講生病,「吃藥」和「醫生」等詞,其出現的頻率也會相對其餘字詞較高。

通常在一篇文章中可能包含多種主題，而且每個主題所占比例各不相同，因此，假設一篇文章的內容有 20% 和學校有關，80% 和生病有關，那麼和生病相關的關鍵字，其出現的次數大概會是和學校相關的關鍵字出現次數的 4 倍。所以，文章主題建模能夠自動分析每個文檔，並且統計文檔內的詞語，根據統計的演算法來斷定當前文檔含有哪些主題，以及每個主題所占的比例各為多少。

● **詞向量**

經過字典編碼後的詞數量仍然高達數萬個，高維度資訊在機器學習演算法中很難進行學習。詞向量在自然語言處理中是廣泛應用的技術，簡單來說，就是使用一個維度較低的向量來表示每一個詞，並把這樣數值化的資料，送到模型做後續的應用，如圖 5-23 所示。

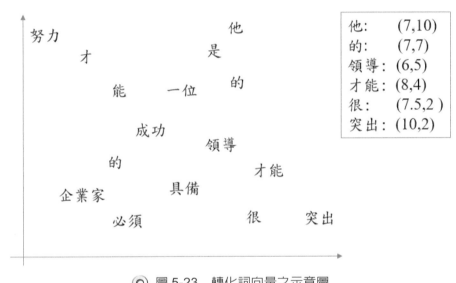

◎ 圖 5-23　轉化詞向量之示意圖

● **語言模型**

語言模型是一種基於機率計算的模型，其主要目標是描述字詞在句子前後文中的出現機率，可以和許多應用相結合，例如，語音識別、情感分析、機器翻譯等領域。常見的語言模型如：Google BERT 與 OpenAI GPT-2 等。對文字探勘有基礎的認識後，以下將針對自然語言處理常用的工具及方法進行詳細的解說。

5-2-2 TF-IDF

● TF-IDF 的簡介

TF-IDF(Term Frequency-Inverse Document Frequency，詞頻-逆文檔頻率)演算法是由兩部分組成，TF 演算法以及 IDF 演算法。TF 演算法是統計一個詞在一篇文檔中出現的頻率。即是一個字詞在文檔中出現的次數越多，其對文檔的表達能力也越強。而 IDF 演算法則是統計一個字詞在語料庫中出現在多少個文檔中，即是如果一個字詞在越少的文檔中出現，則其對文檔的區分能力也越強。

● TF-IDF 的原理

假設在文檔 A 中找到單詞「狗」出現 3 次，在文檔 B 中出現 100 次。我們會覺得「狗」對文檔 B 更比較重要。但是假設當我們發現文檔 A 是給獸醫一封 30 字的電子郵件，而文檔 B 是《戰爭與和平》(約 580,000 字)。現在再來考慮「狗」的重要性可能會有不同的看法。以下的等式考慮字詞在兩個不同長度文檔下的重要性。

TF(「狗」, 文檔 A)=3/30=0.1
TF(「狗」, 文檔 B)=100/580000=0.00017

現在我們可以看到一些描述兩個文檔的以及它們與「狗」一詞的關係以及彼此之間的關係。所以不只是計算單詞在語料庫出現的次數，而是要使用標準化詞頻。

IDF 是文檔總數與字詞出現在文檔中數量之比。例如在一個有 1,000,000 篇文檔的語料庫中，「貓」字詞出現在 1 篇文檔中，所以貓的 IDF 值為

IDF (「貓」) = 1,000,000/1 = 1,000,000

如果「狗」字詞出現在 10 篇文檔中，則狗的 IDF 值為

IDF (「狗」) = 1,000,000/10 = 100,000

當我們比較這兩個單詞的頻率時，例如「貓」和「狗」，在 1,000,000 篇文檔中它們出現 1 次和 10 次，其實是滿相近的次數，但是 IDF 值卻相差 10 倍。因此在計算 IDF 時建議使用 log( )函數，這樣可以確保諸如「貓」和「狗」在頻率上並沒有指數上的不同，確保 TF-IDF 分數更均勻分散式，所以重新計算「貓」和「狗」的 IDF。

IDF (「貓」) = log(1,000,000/1) = 6

IDF (「狗」) = log(1,000,000/10) = 5

因此，現在我們要根據每個事件的發生情況對每個事件的 TF 結果進行加權。最後，對於給定的單詞 t，在給定的文檔 d 及語料庫 D 中，我們將得到：

TF(t, d) = 次數(t) / 次數(d)

IDF(t, D) = log(文檔總數/包含 t 的文檔總數)

TF-IDF(t, d, D) = TF(t, d) * IDF(t, D)

假設有一篇文章的字詞長度為 500 個字詞，其中「今天」出現 30 次、「資安」出現 20 次、「網路」出現 10 次，則這三個詞的 TF 分別為 0.06、0.04、0.02。而在語料庫中共有 1000 篇文章，發現包含「今天」的文章共有 620 篇，包含「資安」的文章共有 80 篇，包含「網路」的文章共有 120 篇。「資安」的 TF-IDF 值最高，「網路」其次，「今天」最低。因此，只選擇一個詞作為關鍵字的話，「資安」就是這篇文章的關鍵詞，如表 5-1 所示。

◎ 表 5-1　字詞的 TF-IDF 值

	包含該字詞的文檔數	TF	IDF	TF-IDF
今天	620	0.06	0.207	0.01242
資安	80	0.04	1.096	0.07624
網路	120	0.02	0.92	0.01840

● **TF-IDF 的使用方法**

接下來會介紹 TF-IDF 的具體使用方法，介紹 TF-IDF 的三種工具，Jieba、Sklearn 和 Gensim。

(1)　Jieba

接下來先介紹 Jieba 的使用方法。在使用 Jieba 之前我們需要有一些文章資料，這些文章資料會儲存為 TXT 的檔案形式。這些資料就是使用者想要了解關鍵字的文章。

第一步：假設我們有四篇文章存在一個 corpus 陣列裡

程式碼 5-16：有四篇文章存在一個 corpus 陣列裡

```
import jieba.analyse
corpus = [
'this is the first document',
'this is the second second document',
'and the third one',
'is this the first document']
```

第二步：使用 Jieba 提取 TF-IDF 關鍵值

程式碼 5-17：使用 Jieba 提取 TF-IDF 關鍵值，print 關鍵字

```
Keywords = jieba.analyse.extract_tags(str(corpus), topK=3,
withWeight=True)
print(keywords)
[('document', 4.4830378135875), ('first', 2.988691875725),
('second', 2.988691875725), ('third', 1.4943459378625)]
```

我們可以透過 Jieba 得到前三個關鍵字。根據使用者的需求可以手動調節 topK 的值來選取關鍵字的個數。

(2)　Sklearn

第一步：讀取文件

程式碼 5-18：讀取文件

```
import os
import uniout # 編碼格式，解決中文輸出亂碼問題
import io
import jieba.analyse
import numpy as np
from sklearn import feature_extraction
from sklearn.feature_extraction.text import TfidfTransformer
from sklearn.feature_extraction.text import CountVectorizer

words = []
text = []
textSorted = {}
textlist = []
title_files = []
def read_news():
    path = "D:\\news" #檔夾目錄(文章.txt 放入文件夾)
    files = os.listdir(path)  #得到檔夾下的所有檔案名稱
    str = ""
    corpus = []
    for file in files:
```

```
        fp = open(path+"\\"+file, "r",encoding='utf-8-sig')
        #-sig 去除首行出現首碼'\ufeff'
        str+=fp.read()
        fp.close()
        corpus.append(str)
        str = ""
        title_files.append(file)
    return corpus
```

第二步：創建停用詞 list

程式碼 5-19：創建停用詞 list

```
def stopwordslist(filepath):
    stopwords = [line.strip() for line in open(filepath, 'r',
                encoding='utf-8').readlines()]
    return stopwords
```

第三步：計算 TF-IDF

程式碼 5-20：計算 TF-IDF

```
def jieba_TFIDF(corpus):
    stopwords = stopwordslist(
                'C:\\Users\\wmnl\\Desktop\\stopwords.txt')
    # 這裡載入停用詞的路徑
    for item in corpus:
        seg_list = jieba.lcut(item,cut_all = False)
        #默認是精確模式
        for i in seg_list:
            if i in stopwords:
                seg_list.remove(i)
        words.append(seg_list)

    for i in range (len(words)):
        text.append(str(words[i]))

    vectorizer = CountVectorizer()
    # a[i][j]:表示 j 詞在第 i 個文本中的詞頻
    X = vectorizer.fit_transform(text)

    #獲取詞語模型中的關鍵詞
    keyword = vectorizer.get_feature_names()

    #構建 TFIDF 權重
    transformer = TfidfTransformer()
```

```
#計算 TFIDF 的值
tfidf = transformer.fit_transform(X)

#TFIDF 矩陣
weight = tfidf.toarray()

#輸出資料的格式(排序，取前五名)
for i in range(len(weight)):
    textlist.append( list(zip(keyword, weight[i])))

for i in range(len(title_files)):
    print(title_files[i])

    textlist[i] = sorted(textlist[i], key=lambda x:x[1],
                         reverse = True)
    for j in range(5):
        print(textlist[i][j])
return textlist
```

第四步：主程式

程式碼 5-21：主程式

```
corpus = read_news()
textlist = jieba_TFIDF(corpus)
```

(3) Gensim

Gensim 是一款開源第三方 Python 的工具包，用於從原始的非結構化的文本中，學習到文本隱藏的主體向量表達。Gensim 和 Jieba、Sklearn 一樣都存在一個語料庫，Gensim 在進行計算 TF-IDF 之前需要做分詞的處理。

第一步：假設我們四篇文章存在一個 article 陣列裡

程式碼 5-22：四篇文章存在一個 article 陣列裡

```
from gensim import corpora
from gensim import models
article = [
'this is the first file',
'this is the second file',
'and the third one one',
'is this the first second file']
```

第二步：將文章做分詞處理

程式碼 5-23：將文章做分詞處理

```
wordList=[]
vector = []
for i in range(len(article)):
    wordList.append(article[i].split(' '))

print(wordList)
[['this', 'is', 'the', 'first', 'file'], ['this', 'is', 'the', 'second',
'file'], ['and', 'the', 'third', 'one', 'one'], ['is', 'this', 'the',
'first', 'second', 'file']]
```

第三步：給予文章中不重複的詞語一個整數 ID

程式碼 5-24：給予文章中不重複的詞語一個整數 ID

```
dic = corpora.Dictionary(wordList)
newArticle = [dic.doc2bow(i) for i in wordList]
print(newArticle)
[[(0, 1), (1, 1), (2, 1), (3, 1), (4, 1)], [(0, 1), (2, 1), (3, 1), (4,
1), (5, 1)], [(3, 1), (6, 1), (7, 2), (8, 1)], [(0, 1), (1, 1), (2, 1),
(3, 1), (4, 1), (5, 1)]]
```

第四步：訓練 Gensim 模型並儲存

程式碼 5-25：訓練 Gensim 模型並儲存

```
tfidf = models.TfidfModel(newArticle)
tfidf.save("TFIDFmodel.tfidf")
```

第五步：載入模型

程式碼 5-26：載入模型

```
tfidf = models.TfidfModel.load("TFIDFmodel.tfidf")
```

第六步：使用訓練好的模型得到字詞的 TF-IDF 值

程式碼 5-27：使用訓練好的模型得到字詞的 TF-IDF 值

```
for i in range(len(article)):
    string = article[i]
    bow = dic.doc2bow(string.lower().split())
    strTFIDF = tfidf[bow]
    vector.append(strTFIDF)
print(vector)
[[(0, 0.33699829595119235), (1, 0.8119707171924228),
```

```
(2, 0.33699829595119235), (4, 0.33699829595119235)],
[(0, 0.3369982959511924), (2, 0.3369982959511924),
(4, 0.3369982959511924), (5, 0.8119707171924229)],
[(6, 0.4082482904638631), (7, 0.8164965809277261),
(8, 0.4082482904638631)], [(0, 0.26161685070891805),
(1, 0.6303450921025098), (2, 0.26161685070891805),
(4, 0.26161685070891805), (5, 0.6303450921025098)]]
```

5-2-3 Word Embedding

文本處理是資料處理中的一個很重要的分支，而要做到文本處理前提是需要將文本資料表示成計算機可以理解且容易處理的數據。但是人類文明成果成千上萬年的進化，人類的語言及文字變的十分抽象及複雜，尤其以中文為甚。要理解一段文字，那麼首先就需要使機器理解詞語本身的意義、整句話的語義關係和單個詞語在整體上下文之中的關係。那麼如何將文字使用計算機語言呈現出來並且盡可能的減少在編碼過程中造成的信息損失便變得尤為重要了。

● Word Embedding 簡介

在進行文字處理的時候有需要選擇一種合適的方法，將文本數據轉換為數值型數據方便讓計算機讀懂這些文字信息。因此引出 Word Embedding 這一概念。Word Embedding 是語言模型和特徵學習技術的總稱，通過這些技術我們會將詞彙表中的單詞看成文本的最小向量，嵌入到另一個由實數構建成的向量空間上。Word Embedding 的目的是使用一個向量來表示每一個詞，因此有了詞向量的數值化資料才可以送到模型裡做後續的應用。

● Word Embedding 功能簡介

使用 Word Embedding 時，先將文章經過分詞系統分出個別的字詞，然後將字詞轉換成編號 ID 的形式。可以想像成拿出一本辭典，從 1 開始把辭典中每個詞都給予一個編號，如圖 5-24 所示，例如「機器學習」是編號 3，「深度學習」是編號 4，再使用 One-hot encoding 將每一個字詞的編號轉成六維的向量，若有十萬個單詞，就會有十萬個維度，每個字詞間都是獨立的。我們知道「喜歡」和「愛」意思很相近，但只依據它們的編號，無法看出它們之間的關係。這也是使用 One-hot encoding 的缺點，無法表示詞義的接近程度。

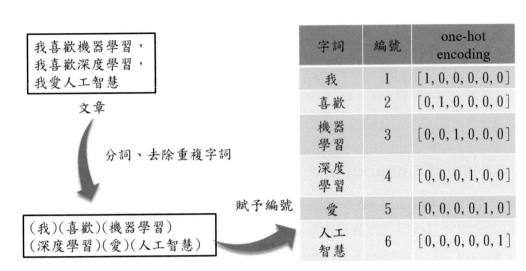

◎ 圖 5-24　字詞的 One-hot encoding

　　一個好的詞向量表示法，會讓意思相似的單詞在向量空間上彼此靠近，透過分布假說的理論，詞意是由周圍的字詞形成的，因為字詞本身沒意義，須由該字詞的「前後字詞」形成詞意。舉例來說，「我喜歡機器學習」和「我喜歡深度學習」，在「機器學習」的附近，出現「喜歡」；在「深度學習」的附近，也出現「喜歡」，因此推論「機器學習」和「深度學習」是意思相近的字詞。使用向量表示字詞為兩種方法「計數手法」與「推論手法」，這兩者都是以分布假說為基礎。

　　計數手法是統計中心詞和上下文詞共同出現頻率的共生矩陣。例如，「我喜歡機器學習」、「我喜歡深度學習」、「我愛人工智慧」，在「喜歡」這個字詞下，假設視窗大小為1，會找距離「喜歡」的前後一個詞，分別是「我」、「機器學習」、「我」、「深度學習」，如圖 5-25 所示。在「喜歡」的這一行中，「我」出現了兩次，「機器學習」和「深度學習」各出現一次，並統計在矩陣中，如表 5-2，算出與鄰近字詞共同出現的機率，稱為共生矩陣(Co-occurrence Matrix)。利用共生矩陣來計算兩個字詞向量間的相似度，例如:「機器學習」是[0, 1, 0, 0, 0, 0]和「深度學習」是[0, 1, 0, 0, 0, 0]，透過餘弦相似度的計算，結果為 1.0，表示「機器學習」和「深度學習」是意思相近的字詞；「愛」和「喜歡」計算結果為 0.57 表示意思有相關；「我」和「人工智慧」算出結果為 0.0，表示兩者的字詞意思無關。而每一個字詞都是在六維空間內，如果是十萬個字詞，維度就會太大，因此需經過降維的方式減少向量的維度，可透過奇異值分解(SVD)的計算，保留重要的資訊，達到降維(Dimensionality reduction)的效果。

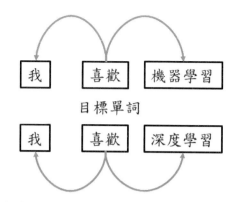

◎ 圖 5-25　視窗大小為 1 的「上下文」範例。以「喜歡」這個字為
目標詞，其左右的 1 個字詞當作上下文使用

◎ 表 5-2　各字詞的共生矩陣

	我	喜歡	機器學習	深度學習	愛	人工智慧
我	0	2	0	0	1	0
喜歡	2	0	1	1	0	0
機器學習	0	1	0	0	0	0
深度學習	0	1	0	0	0	0
愛	1	0	0	0	0	1
人工智慧	0	0	0	0	0	1

最常使用 Word Embedding 的三種技術，分別為 Word2vec、Doc2vec、GloVe，如圖 5-26 所示，這三種技術都是計算字詞在文件(Document)出現的次數，藉由統計的方式，兩個字詞共同出現在文件中的機率大小，已決定兩個字詞之間的相似度，也就表示在向量空間內，字詞之間的向量距離。

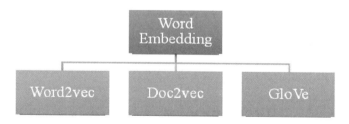

◎ 圖 5-26　Word Embedding 的三種技術

● 元件介紹

(1) Word2Vec

　　Word2Vec 是一種自然語言處理的技術，它根據輸入的「字詞」轉換成「向量」形式，讓字詞能夠在向量空間中進行向量運算，並計算出字詞在向量空間上的相似度，來表示字詞之間的相似度。假設有一個句子是：「我喜歡機器學習」，首先，根據斷詞字典將句子進行斷詞，「我」、「喜歡」、「機器學習」，並給每個字詞一個編號，如圖 5-27 所示，再利用 One-hot 編碼的方式來表達句子每個字詞，而向量長度就是詞彙表的長度。例如，「我」，[1,0,0, 0, 0, 0]、「喜歡」，[0, 1, 0, 0, 0, 0]、「機器學習」，[0, 0, 1, 0, 0, 0]，且每個詞都表示成 1*6 的向量。將字詞編號用 One-hot 編碼後，將會在 Word2Vec 中使用推論手法，由 CBOW 與 Skip-gram 的兩個模型組成，如圖 5-27 所示。

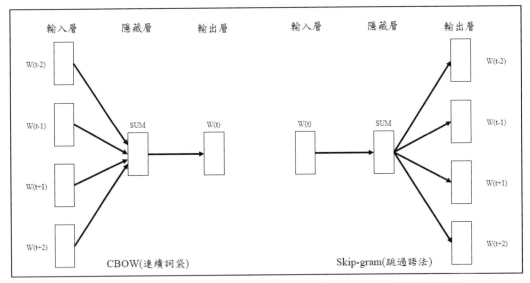

◎ 圖 5-27　Word2Vec 套件中的 CBOW 與 Skip-gram 模型架構圖

　　使用 CBOW 與 Skip-gram 兩個模型時，將先定義 Word2Vec 中的變數 window_size，當 window_size = 1 時，會找出距離目標字為 1 的前後詞。例如，「我喜歡機器學習」，假設目標單詞是「喜歡」，將得到距離目標單詞為 1 的「我」與「機器學習」的單詞。

接下來介紹 CBOW 與 Skip-gram 兩個模型的基本概念。CBOW 模型是設定前後字詞的情況下，去預測出現的字詞，如圖 5-28。CBOW 模型的輸入層就是前後字詞，例如，輸入「我」和「機器學習」的單詞，輸出則為「喜歡」的字詞，如圖 5-29。隱藏層其實就是把每個前後字詞用 One-hot 編碼後的向量乘上權重，得到權重矩陣的向量值，輸出層則是各單詞的預測機率。

◎ 圖 5-28　將相鄰的字詞當作上下文，預測「?」會出現哪個字詞

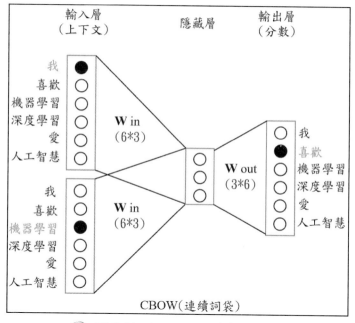

◎ 圖 5-29　Word2Vec 中的 CBOW

再來介紹 Skip-gram 模型的概念，就是在給定單詞的情況下，去預測可能出現在單詞前後的前後單詞，如圖 5-30。輸入層是包含目前的單詞「愛」，輸出層為「我」和「人工智慧」的字詞，如圖 5-31。隱藏層是把單詞用 One-hot 編碼後的向量乘上權重，會得到權重矩陣的向量值，因目標單詞只有一個「愛」[0,0,0,0,1,0]，所以輸入層會是「愛」；輸出層則是預測前後文的詞為「我」和「人工智慧」的字詞。

◎ 圖 5-30　字詞當作輸入值，預測字詞上下文中「?」出現的字詞

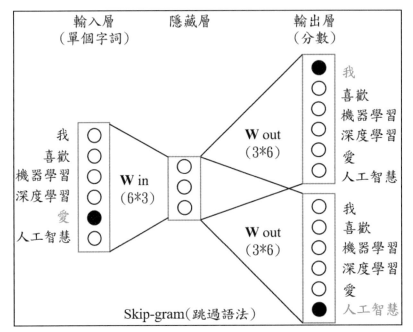

◎ 圖 5-31　Word2Vec 套件中的 Skip-gram

看完上面的介紹後，我們發現到 Word2Vec 這個套件在實作上的應用非常廣泛，例如：關鍵字的搜索、尋找同義字、解析文件的訊息、機器翻譯、語意分析與問答系統等，這些都是要經過自然語言後，才能進行處理。

(2)　Doc2Vec

Doc2Vec(也稱"Paragraph Vector")是一種非監督式演算法，Doc2Vec 是 Word2Vec 的延伸，兩者最大不同在於，Word2Vec 的詞向量只考慮到字詞與字詞之間的相似性，無法將句子和段落用向量的方式表示，而 Doc2Vec 可以透過句子和段落的向量空間，找出相似的文章。Doc2Vec 在訓練上和 Word2Vec 相似，Doc2Vec 的概念是利用 PV-DM (Distributed Memory Model of Paragraph Vectors)和 PV-DBOW (Distributed Bag of Words Version of Paragraph Vector)的兩個模型，將句子／段落轉換成向量後，比較句子／段落之間的相似性。

Doc2Vec 在訓練前，先固定上下文的長度，如圖 5-32 所示。Doc2Vec 在訓練句子／段落向量上與詞向量的方法相同，PV-DM 亦可當作 Word2Vec 的 CBOW，透過每一個句子/段落投射到向量空間中，這個句子/段落向量可用矩陣 D 的一列表示，同時，每一個字詞也投射到向量空間中，字詞向量可用矩陣 W 的一列表示。例如，我喜歡吃蘋果，這一句話會先轉換到向量空間，當作句子矩陣 D 的輸入。我們取「蘋果」這一字詞作為預測值，其他的字詞「我」、「喜歡」、「吃」轉換成詞向量作為 W 字詞的輸入，將句子向量和詞向量作相加求平均值或是累加來預測句子中的下一個字詞。這個句子/段落向量表示從當前上下文而來的缺少的資料，當做一個關於句子主題的儲存。

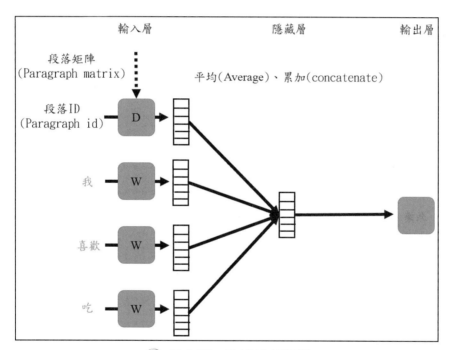

◎ 圖 5-32　PV-DM 的架構

Doc2Vec 的 PV-DBOW 亦可當作 Word2Vec 的 Skip-gram，如圖 5-33 所示。PV-DBOW 會忽略輸入層的上下文，藉由句子／段落矩陣作為輸入，隨機預測句子／段落中的字詞，相較於 PV-DM 來說，PV-DBOW 較簡單且只需要儲存 Softmax 權重，不需要額外儲存字詞向量。使用 Doc2Vec 時，PV-DM 會結合 PV-DBOW 一起使用。

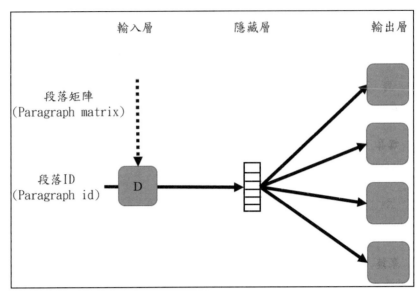

輸入層　　　　　隱藏層　　　　　輸出層

段落矩陣
(Paragraph matrix)

段落ID
(Paragraph id)

D

◎ 圖 5-33　PV-DBOW 的架構

(3)　GloVe

　　GloVe (Global Vectors for Word Representation)，是非監督式的基於全局詞頻統計的詞表征工具。GloVe 是結合了「計數手法」和「Wrod2Vec」的做法，解決「計數手法」和「Wrod2Vec」的缺點。GloVe 可以產生與 Word2Vec 相等的輸入權重矩陣和輸出權重矩陣，還有準確度相當的語言模型，但是花費的時間要少得多。GloVe 透過使用更多文本數據來加快流程。GloVe 可以在較小的語料庫上進行訓練，並且仍然可以收斂。SVD 算法經過數十年的完善，因此 GloVe 在優化算法方面比較擁有優勢。Word2Vec 依靠反向傳播來更新權重形成嵌入詞。神經網路的反向傳播效率低於更成熟的優化算法，例如 SVD 中用於 GloVe 的算法。所以 GloVe 有下列的優點。

◆　快速的訓練

◆　較好的 RAM / CPU 效率(可以處理更大的文檔)

◆　更有效地利用數據(幫助較小的語料庫)

◆　在相同的訓練量下更準確

● **安裝套件**

接下來介紹實作的部分，我們會使用到 Jieba、Gensim、logging 這些函式庫。

(1) 在命令提示元裡進行安裝，輸入 pip install gensim，即可完成安裝。

(2) 到維基百科網站上的資料庫下載頁面，將想要訓練的文章資料集下載，如圖 5-34，框起處為此範例下載的版本為中文版的下載處。

文章下載 [編輯]

資料庫轉儲檔案，也可特指名為 *-pages-articles.xml.bz2 的檔案，大約每周更新一次。此檔案包含了目前版本的條目、模板、圖片描述及基本的元頁面（不包括討論頁和用戶頁面）。這已經可以滿足絕大多數需求了，如有特殊需求，請根據壓縮檔案的描述下載。

- 從維基媒體基金會提供的頁面下載：https://dumps.wikimedia.org/

(※)**注意**，不同語言的條目內容不一定相同，歡迎您協助翻譯不完善的條目或提出翻譯請求。

- 中文版的下載處：http://download.wikipedia.com/zhwiki/
    - 文言文版的下載處：http://download.wikipedia.com/zh_classicalwiki/
    - 粵語版的下載處：http://download.wikipedia.com/zh_yuewiki/
    - 吳語版的下載處：http://download.wikipedia.com/wuuwiki/
    - 贛語版的下載處：http://download.wikipedia.com/ganwiki/
    - 客家話版的下載處：http://download.wikipedia.com/hakwiki/
    - 閩南語版的下載處：http://download.wikipedia.com/zh_min_nanwiki/
    - 閩東語版的下載處：http://download.wikipedia.com/cdowiki/
- 英文版的下載處：http://download.wikipedia.com/enwiki/
- 更多語言的下載處見於ftpmirror.your.org/pub/wikimedia/dumps/，其中多數語種均以ISO 639-1代碼區分。

◎ 圖 5-34　下載要訓練的文章資料集

範例練習

開始實作範例如下：

1. 首先讀取文件

程式碼 5-28：讀取文件

```
import os
import uniout
import io
import jieba.analyse
import numpy as np
from sklearn import feature_extraction
from sklearn.feature_extraction.text import TfidfTransformer
from sklearn.feature_extraction.text import CountVectorizer
from gensim.models import word2vec
from gensim.models import word2vec
from gensim import models
import logging
```

```
stopwords=[]
retD=[]
words = []
textlist= []
title_files=[]
#讀取停字表內的字詞，停字表可由網路上下載
stopwords = [line.strip() for line in open('D:\\工作內容\\word
            segmentation\\TF-IDF\\stopwords.txt', 'r',
            encoding='utf-8').readlines()]
#讀取文件
def read_news():
    path = "D:\\news" #文件夾目錄，將文章放入文件夾內
    files= os.listdir(path) #得到文件夾下的所有文件名稱
    str=""
    corpus = []
    for file in files:
        fp = open(path+"\\"+file, "r",encoding='utf-8-sig')
        #-sig 去除首行出現前綴'\ufeff'
        str+=fp.read()
        fp.close()
        corpus.append(str)
        str=""
        title_files.append(file)
    return corpus
```

2. Jeiba 進行斷詞

程式碼 5-29：Jeiba 進行斷詞

```
def tojieba(corpus):
    # 這裡加載停用詞的路徑
    for item in corpus:
        seg_list = jieba.lcut(item,cut_all = False)   #默認是精確模式
        words.append(seg_list)
    #去除停用詞
    for i in words:
        for j in i:
            if j in stopwords:
                pass
            else:
                retD.append(j)
    #將剩餘的字詞放入 txt 檔
    fp = open("temp.txt","w",encoding='utf-8-sig')
    for line in retD:
        str1 = ' '.join(line)
        fp.write(str1)
    fp.close()
```

3. 模型訓練

程式碼 5-30：模型訓練

```
corpus = read_news()
textlist = tojieba(corpus)
sentences = word2vec.LineSentence("temp.txt")
model = word2vec.Word2Vec(sentences, size=250)
#保存模型，供日後使用
model.save("word2vec.w2v")
model = models.Word2Vec.load('D:\\word2vec.w2v')
q_list=["籃球","足球"]
print("相似詞前 5 排序")
相似詞前 5 排序
res1 = model.most_similar(q_list[0],topn = 5)
for item in res1:
        print(item[0]+","+str(item[1]))

訓練營,0.9061359763145447
棒球,0.885792076587677
樂團,0.8717743158340454
大賽,0.8696169853210449
爵士,0.8672637343406677
#測試籃球、足球相似度
print("計算 Cosine 相似度")
計算 Cosine 相似度
print(model.wv.similarity(q_list[0],q_list[1]))
0.784778
```

5-2-4　Jieba 結巴中文斷詞

　　Jieba 是一個中文斷詞程式，由中國百度的一個開發者所寫，所以它的核心是簡體中文。不過因為 Jieba 是一個開放原始碼的 Project，任何人都可以幫忙修改，目前 Jieba 已經可以支援簡體和繁體中文。

● **特色**

　　Jieba 的名字是來自於將一句話斷成詞的時候，念起來就像結巴一樣。那中文斷詞到底做什麼呢？自然語言處理或是進行文本分析研究的時候，需要先將文本進行斷詞，用「詞」這個最小且有意義的單位來進行分析、整理，因此斷詞可以說是整個自然語言處理最基礎的工作。做好斷詞後才可以進一步發展出問答系統、自動摘要、文件檢索、機器翻譯及語音辨識等功能。

● Jieba 功能簡介

Jieba 是如何運作呢？首先，輸入要斷詞的句子，例如，將「終於，他來到了網易杭研大廈」這個句子進行斷詞。第一步就是使用正規表示式，將符號與文字切開，如此就會先斷成三個部分。第一部分是「終於」，第二部分是逗號「，」，第三部分是「他來到了網易杭研大廈」，然後 Jieba 會將屬於文字的部分進行下一步處理。第二步 Jieba 會載入字典，建立一個 Trie 字典樹，有了 Trie 字典樹後，Jieba 開始比對句子中有沒有 Trie 字典樹中的詞，然後計算出句子有幾種斷詞的組合，例如，「終於 / ，/他 / 來到 / 了 / 網易 / 杭 / 研 / 大廈」，發現有連續的單字詞出現，例如，「杭」及「研」兩個單字詞。此時就可以將這些單字詞組合起來，送到 HMM Viterbi 演算法，判斷是否可以組成一個新的詞。結果得到「杭研」這個詞。最後得到的結果是「終於 / ，/ 他 / 來到 / 了 / 網易 / 杭研 / 大廈」。

● 安裝

當安裝好 Python 時，包含 pip 的套件管理工具。pip 可以很方便安裝第三方套件，所以使用 pip 來安裝 Jieba 套件。只要在 CMD 中輸入 pip install jieba，Jieba 就安裝完成了。

範例程式

接下來我們將使用範例程式介紹 Jieba 的基本用法。

1. 基本斷詞用法

在程式碼中引用 Jieba 套件，如程式碼 5-36。然後在程式碼中輸入想要斷詞的句子，再來使用 Jieba 套件，words 代表 Jieba 斷詞後的詞語。Jieba.cut 就是 Jieba 的斷詞功能，而 sentence 是我們輸入的句子，最後的 cut_all 則是選擇斷詞模式。範例中的 False 代表精確模式，將句子精確分開，適合文本分析使用，True 代表全模式，將所有可以成詞的詞語全部產生出來，速度較快。

程式碼 5-31：基本 jieba 斷詞用法

```
#encoding=utf-8
import jieba#引用 jieba 套件

sentence = "想要輸入的句子。"                    #句子
print("Input：", sentence)                      #顯示輸入句子
words = jieba.cut(sentence, cut_all=False)#使用 jieba
```

```
for word in words:
    print("Output：", word)
Output：想要
Output：輸入
Output：的
Output：句子
Output：。
```

因為預設詞庫是簡體中文，所以繁體中文的斷詞結果可能不是很好。由於 Jieba 提供切換詞庫的功能，並提供繁體中文詞庫，所以可以使用切換詞庫來改善斷詞結果。程式碼中「jieba.set_dictionary」就是切換詞庫，「dict.txt」便是繁體中文詞庫的檔案，各國語言的詞庫檔案都可以在網路上找到。

程式碼 5-32：jieba 斷詞引用詞庫

```
#encoding=utf-8
import jieba

jieba.set_dictionary('dict.txt')      #切換成繁體中文詞庫
content = open('lyric.txt').read()    #讀取文檔
print("Input：", sentence)
words = jieba.cut(sentence, cut_all=False)
for word in words:
    print("Output：", word)
Output：想要
Output：輸入
Output：的
Output：句子
Output：。
```

2. 新增自定義詞

　　當有新詞或特別詞出現時，無法用 HMM 來判斷時，Jieba 提供讓使用者可以在詞庫中新增自定義詞。新增自定義詞的格式為「詞權重值詞性」。圖 5-35 為新增自定義詞的範例。圖 5-36 為沒有加入自定義詞的結果，圖 5-37 則是加入自定義詞的結果。

小毅毅	1	N
小毓	5	N
小毛	11	N
小毛頭	3	N
小毛驢	150	N
小民	32	N
小氣	37	Vi
小氣鬼	4	N
小江	2	N

◎ 圖 5-35　在詞庫中加入「詞=小毛驢、權重值=150、詞性=N」詞

```
Output：我
Output：有
Output：一
Output：隻
Output：小毛
Output：驢
```

◉ 圖 5-36　沒加入自定義詞

```
Output：我
Output：有
Output：一
Output：隻
Output：小毛驢
```

◉ 圖 5-37　加入自定義詞

5-2-5　Gensim

● **特色**

　　Gensim 是一個開源軟體，使用傳統統計和機器學習技術來進行無監督主題建模和自然語言處理。Gensim 主要分為以下三種：索引庫(Corpus)、向量(Vector)、主題模型(Topic model)。Gensim 可透過 TF-IDF 提取出重要詞語成為索引庫，藉由向量的功能將重要字詞轉換成向量空間模型，再透過主題模型演算法包含概率性潛在語義索引(LSI)、隱含狄利克雷分布(LDA)，就可以從文章中自動提取語意主題。

● **功能簡介**

　　索引庫(也稱「字典」)是在專業語言或專業知識上用到的詞彙，將這些詞彙整理成詞庫。因此索引庫裡的字詞是沒有經過分類的詞庫，其中參雜不同類型的字詞，如圖 5-38。詞庫中有運動類和昆蟲類的字詞，而索引庫主要是將文章裡的字詞提取出來作為重要字詞。

　　詞向量(Word vector)是近幾年在自然語言處理中常使用的一種技術，一個字詞使用一個向量來表示。如此，有了多組字詞的詞向量後，就能夠組成一句話，再將這些詞向量的資料，輸入模型做後續的應用。一組好的詞向量，在向量空間中，意思相似的詞會比較接近。Gensim 是基於 Word2Vec，將字詞轉換成詞向量。

　　主題模型是在機器學習和自然語言處理等領域中使用，主題模型用來分類該篇文章中屬於哪一類主題，如圖 5-38 所示，該篇文章中，屬於政治類為 0.81、社會為 0.67、運動為-0.7 等，其中政治類的分數最高，由此可判斷該篇文章是屬於政治新聞。

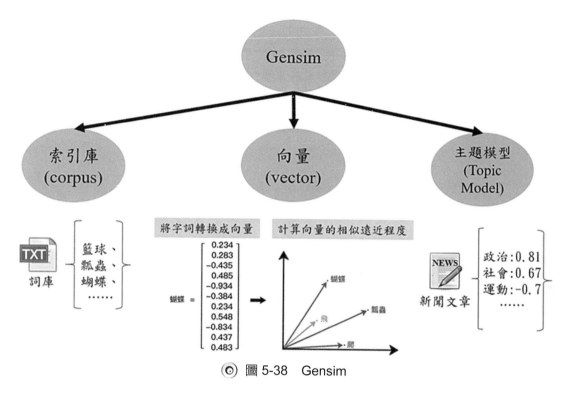

● **主題模型**(Topic model)

❀ 特色

　　文章中存在數以千計的字詞，這些字詞經由人們直覺判斷該篇文章屬於哪一類別的文章，經過這樣的判斷及處理，最後做為文章的分類輸出。為了有效地解決各種文章分類問題，因此發展出主題模型，藉此具有分類文章的能力。使用主題模型時，會將字典裡的字詞透過模型訓練，找出最適合的主題，如圖 5-39 所示。當有一篇新文章需找出最適合的類別主題時，首先，將文章經過分詞，再輸進主題模型中，會得出該篇文章屬於所有類別主題的比例，依據類別主題的分數決定該篇文章的主題。

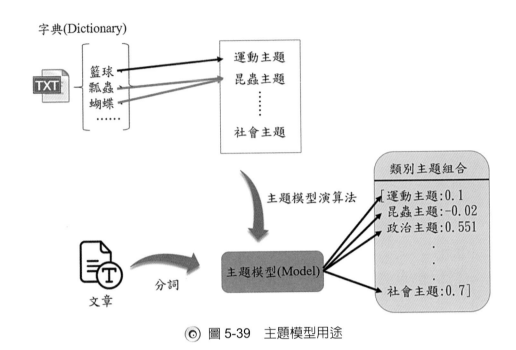

◎ 圖 5-39　主題模型用途

❀　功能簡介

　　主題模型描述了一個潛在語義分析(Latent Semantic Analysis, LSA)，主要用於分析文章中的隱藏詞語，將這些詞意歸在一類。基於潛在語義分析，提出隱含狄利克雷分布(Latent Dirichlet Allocation，LDA)，LDA 可以將每篇文章的主題按照相似度，精確分類每篇文章的類別。

　　在文章處理中，主題模型不同於我們經常使用機器學習的分群演算法。雖然主題模型與分群演算法都是得到文章主題的概率分布，但是兩者還是有區別的。分群演算法從樣本特徵的相似度將資料分群，而資料分群可能透過樣本間的歐式距離、曼哈頓距離的大小分群。而主題模型是針對文字中隱含在主題裡建立模型的方法。比如從「蝴蝶」和「瓢蟲」這兩個詞語，我們很容易發現相對應的文章，彼此間具有很大的主題相似度，蝴蝶和瓢蟲都是屬於「昆蟲類」。但是如果只是通過詞語特徵向量來分群，很難找出詞語間的文章關聯性，因此分群演算法不會考慮到隱含的主題。

　　隱含主題是指每一個主題均可找出一些詞語來描述它，比如昆蟲類中，蝴蝶和瓢蟲皆屬於昆蟲主題，那蝴蝶和瓢蟲就是隱含在昆蟲主題中的字詞，可代表隱含主題。若要找到隱含的主題，一般常用的方法是基於傳統統計學的方式。每一篇文章都由幾個主題所組成，而每一個主題背後都有一些重要的詞語，主題分數較高者便是該篇文章的主題，而主題背後少數重要的詞語就是隱含主題。

◆ 元件介紹

❀ 潛在語義分析(Latent Semantic Analysis, LSA)

　　潛在語義分析也叫作潛在語義索引(Latent Semantic Indexing, LSI)，在同樣情境中使用的詞語一般都具有相似的詞意，並建立之間的關聯。例如，機器學習和深度學習同時出現在大量不同的文章中，潛在語義分析會認為機器學習和深度學習建立在相同的情境中，兩個字詞彼此間具有語意關聯，機器學習和深度學習會成為該篇文章中的潛在語義分析。潛在語義分析能夠提取出一篇文章的具體內容，而不會只是提取文章中具體的關鍵字。潛在語義分析能夠在大量的文章中找出詞彙間的關係，當兩個詞彙或一組詞大量出現在同一篇文章中，這些詞語彼此間就可以被認定為語意相關，而機器並不知道這些詞代表什麼意義。

　　例如，蘋果、三星、華為和華碩這些詞語同時出現在一篇文章時，蘋果很可能表示手機品牌的意思。可是如果蘋果這個詞語和芭樂、橘子、柳丁一起出現在一篇文章時，蘋果極有可能是水果的涵義。潛在語義分析就會認為這一些詞語具有相似的隱含詞意，雖然不知道蘋果指的是什麼，但卻可以從語意上把蘋果和三星或是蘋果和芭樂連繫在一起，而蘋果和三星或是蘋果和芭樂皆是屬於潛在語義分析。

　　我們藉由關鍵字來找出相關文章，而想要去比較的不是關鍵字，而是隱藏在關鍵字後的意義和概念。潛在語義分析試圖去解決這個問題，潛在語義分析把詞語和文章都投影到維度空間上，並在這維度空間內進行語意關聯性。潛在語義分析是基於向量空間模型(Vector space model)為基礎，透過奇異值分解(Singular Value Decomposition, SVD)與降維(Dimension reduction)的方法，將文章從高維空間投影到低維空間，透過低維空間內進行語意關聯性的模型。此技術能捕捉詞語間隱含的語意關聯，形成語意空間(Semantic space)得到文章的主題。奇異值是在機器學習領域廣泛應用的降維算法，不只用於降維算法中的特徵提取，還可用於推薦系統、自然語言處理等領域。奇異值分解是很多機器學習算法的基礎，而潛在語義索引就是基於奇異值分解得到文章的主題。

　　由於潛在語義分析在文章處理的優異表現，因此與文章相關的應用都可以看到潛在語義分析的身影，其中最常見的是搜索引擎優化(Search Engine Optimization, SEO)。搜索引擎優化可說是潛在語義分析的最大受益者，自從潛在語義索引出現，搜尋引擎優化的準確度逐漸上升，達到廣泛應用於商業上的程度，透過潛在語義索引分析出，使用者在搜尋引擎上想要的資訊。

❀　隱含狄利克雷分布(Latent Dirichlet Allocation, LDA)

　　隱含狄利克雷分布基本上和潛在語義索引是同一類的概念，都是找出隱含在主題中的字詞和分類，它們都是一種無監督學習的算法，在訓練期間不需要手工標記訓練資料，只需要文章集和指定多少主題的數量即可。

　　如圖 5-40 所示，這篇文章分為三個主題，第一個主題是人類學(藍色)、第二主題是機器學習(黃色)、第三主題是攝影(綠色)。一開始就決定主題數量為三個，圖中顯示該篇文章的機器學習主題分數為最高，該篇文章主題為機器學習，被歸類在主題之下的詞語，皆是隱含主題中的詞語。每一篇文章中都是由多個主題所組成，每一個主題之中都會有隱含主題的詞語，如圖 5-41 示，藉由這些隱含主題的詞語去對應主題中熱門度最高的前 N 個字詞，並找出與該篇文章中主題相似的文章。

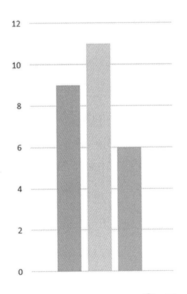

機器學習	人類學	攝影
無監督學習	眼睛	快門
深度學習	鼻子	光圈
神經網路	耳朵	照片
CNN	嘴巴	圖片
⋮	⋮	⋮

◎ 圖 5-40　隱含主題中的詞語

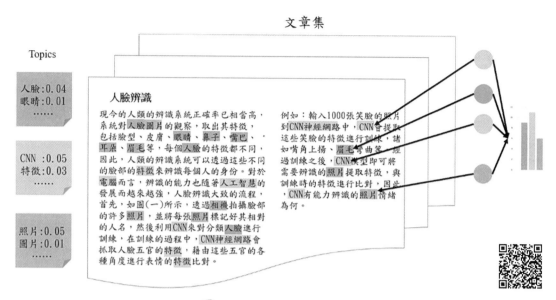

◎ 圖 5-41 文章主題模型

表 5-3 為 LSA 和 LDA 的優缺點比較，LSA 在建立模型時較簡單，不需過多的人為調整，但模型訓練時間上較 LDA 長。

◎ 表 5-3 LSA 和 LDA 的優缺點比較

	優點	缺點
潛在語義分析 (LSA)	建模簡單	模型訓練較為耗時
隱含狄利克雷分布 (LDA)	1. 計算快速 2. 主題概率模型較易懂	需要對模型做不少人為調整

近幾年潛在語義分析和隱含狄利克雷分布的技術不斷地應用在其他領域中，得到不錯的效果。例如在推薦系統中，這些技術能夠透過使用者的操作行，對相應事件進行自動分群，將事件歸類到不同主題或類別上，並可進行分析使用者的興趣，推薦相似事件給使用者。

❀ 安裝

可以直接安裝在 Anaconda 或是 visual studio 裡，在 CMD 中輸入 pip install --upgrade gensim，或者在 conda 環境輸入 conda install -c conda-forge gensim，便可安裝。Gensim 可在 Linux、Windows 和 macOS 上運行，可支持 Python 2.7、3.5、3.6 和 3.7 版，也可在 NumPy 或 smart_open 的平台上運行。安裝 LDA：pip install lda。安裝 LSI：pip install lsi。

5-2-6　Google Trends/Search

　　在日常生活中，如果需要尋找某個網站查詢事物，便需要借助 Google 搜尋或是其他搜尋入口網站，連接至想到的網站或是想瀏覽的內容。當我們在 Google 上進行搜尋時，其實每一筆的搜尋請求都儲存在 Google 的伺服器中，並且加以分析。Google 是如何活用這些資料進行資料處理與運用，可以透過 Google Trends 來一窺究竟。

● Google Trends 背景

　　Google Trends 是 Google 於 2006 年所推出的免費服務，只要輸入使用者感興趣的關鍵字，Google Trends 便可以透過指定地點、時間、所屬領域、資料來源範圍，進行關鍵字時間序列以及流行度的分析，可以了解 Google Search 在特定時間段內關鍵字搜索的趨勢。目前已經應用在許多領域，例如社會學研究、傳染病疫情監控、股票與金融市場、以及 SEO 關鍵字研究等。

　　❈　Google 搜索解析(Google Insights for Search)

　　Google Trends 有一個功能極為相似的服務，叫做 Google 搜索解析，在 2008 年推出。Google 搜索解析服務類似 Google Trends 的擴展，主要的使用者為行銷人員，在功能上提供直觀的圖像化界面。不同於 Google Trends，Google 搜索解析服務可在一個國家的地圖上直觀顯示區域性興趣。它顯示可能有助於關鍵字研究的熱門搜索和不斷上升的搜索。並且可以使用每個搜索詞顯示的類別來縮小搜索範圍。而關鍵字的順序在搜索中很重要，如果以不同的順序放置，則會發現不同的結果。

　　❈　Google Trends 以及 Google Insights for Search 的合併

　　Google Trends 以預測流行或是趨勢為主，而 Google 搜索解析服務具有數據分類和組織的能力，尤其按地理區域劃分的信息分類。由於 Google Trends 及 Google 搜索解析在功能上的重疊性非常高，並且互相彌補彼此的缺點，因此在 2012 年，Google 搜索解析服務正式關閉，並正式合併到 Google 趨勢中。

　　❈　Google Trends 的崛起

　　在 Google 內部的研究與開發中心學者對於 Google Trends 的潛力大感興趣，其中一群學者於 2008 年到 2012 年發表了一系列有趣的趨勢研究：

(1)　歐巴馬於 2008 年的美國總統選舉：在該研究中，學者們發現「黑鬼」一詞的搜索量可用於衡量美國不同地區的種族主義。於是學者們將歐巴馬投票比例

與該詞語進行互相關聯比較，發現歐巴馬因為種族歧視而在 2008 年的美國總統大選損失了約 4 個百分點的投票。

(2) 同性戀以及社會觀感：在第二個研究中，他們發現當美國使用者在搜尋開頭以「我的丈夫是不是...」時，最受歡迎搜索後綴詞為「同性戀」。

另一方面，學者也從搜尋社會觀感的詞語中嗅出了一絲特別的氣味。在美國父母進行搜尋時，比起搜尋「我的女兒是否有天賦？」更有可能搜尋「我的兒子有天賦嗎？」。而同一時間，父母們對於女兒的體重卻相對在意許多，搜尋「我的女兒有超重嗎？」遠比搜尋「我的兒子有超重嗎？」的流量還多。在經過了一系列論文的研究與證明後，更多不屬於 Google 團隊的學者們開始探索 Google Trends 在其他領域能否擦撞出更燦爛的火花。其中有一派學者開始研究醫學主題，他們尋找像是香菸的替代品、自殺發生的前兆、氣喘、寄生蟲所造成的病痛等。以相關的連接想辦法尋找並讓研究擴展 Google 在醫療保健趨勢中的用途。

另一派學者則研究商業金融主題，一群學者發現了一個奇妙的關聯，根據 Google Trends 的搜索數據量來訂定交易策略，往往可以規避大規模的虧損。該群學者建立了一個以 98 個關鍵詞搜尋權重為規則的系統，而其中 98 個關鍵詞囊括了他們所認為與總體經濟風向十分貼近的詞彙。利用這個股市風向指標系統，他們能夠先行看出股票市場走勢的先兆。但是遺憾的是，最後這個股市風向指標系統的分析被證實是有誤導性的，因為有其他學者以毫無相關金融市場主題的字詞來進行替代，像是「骨癌」、「TOYOTA ALTIS」、「電腦遊戲」等沒有任何關連性之字詞來取代，竟然令這個系統的效能比原本的組合更加優秀，著實令人咋舌。

最後一派學者使用 Google 趨勢數據則真正的發現了某些關聯，即來自人均國內生產總值(GDP)高的國家的網路用戶，相比於過去的關鍵字，更有可能搜索關於未來的關鍵字。他們發現，通常以即將到來的明年為搜尋關鍵字的地區 GDP，都會比以去年為搜尋關鍵字該地的 GDP 還要高。該群學者以這種現象命名了一種新的指標，稱之為「未來定位指標(Future Orientation Index)」，並以這種指標與每個國家的 GDP 進行了比較。最後發現，對於傾向搜尋有關未來關鍵字的 Google 用戶所處的國家通常呈現出更高的 GDP 趨勢。這個結果表明，一個國家的經濟成功與他的國民在網路上搜尋的這個行為之間可能存在著某種關係。

由於 Google Trends 已然成為一種新的搜索方式，尤其是 SEO 產業更是倚重該服務所能獲的資料。因此目前 Google 在使用上是有搜索的配額限制，每個使用者設備 IP 的可用搜索次數是被限制的。Google Trends 的核心概念就是著重在於「關鍵字」。根據使用者所查詢的特定關鍵字在特定時間內所產生的熱門程度變化，我們可以根據一些顯示出來的結果進行資料分析或進一步資料探勘。

在 Google Trends 中，有四個重要的功能可以防止我們在進行分析關鍵字時，不被繁雜的圖表所迷惑，進而做出正確的判斷。

(1) 趨勢功能

當我們在搜索某個關鍵字時，是否也會想到在不同的時空背景之下，這個關鍵字的熱門程度究竟如何？考慮這種情況，首先介紹第一項 Google Trends 的功能「趨勢功能」。趨勢功能讓我們觀察關鍵字在特定時空環境下所產生的變化趨勢，該功能包含了時間和空間二個不同的面向。

◆ 時間序列的長短極度影響趨勢結果

我們以一些曾經在台灣風靡一時的爆紅商品來看看時間所造成的影響。最有名的例子是曾在 1990 年代末期，台灣所掀起的一波「葡氏蛋塔風潮」。在當時，由於葡氏蛋塔的知名度，造成許多店家爭相模仿製作。全盛時期，一條街上同時有好幾間蛋塔店，且皆人潮滿滿，誇張程度甚至曾造成蛋價上漲的情況。然而在葡氏蛋塔退燒之後，許多專賣店接連收攤，而原來兼賣葡氏蛋塔的店家也不再供應。這段蛋塔之亂，甚至造就了「蛋塔效應」、「蛋塔現象」等名詞，形容事物在短時間內因一窩蜂而造成暴起暴跌的現象。

再舉一些例子像是近幾年產生的一蘭拉麵排隊風波以及厚奶茶搶購風潮。一蘭拉麵在 2017 年於台北市開設了台灣的第一家台北總店，其特色是以正宗豚骨湯拉麵為招牌，力求與日本店一致的道地原味，大受台灣民眾歡迎，也因此引爆排隊熱潮，如圖 5-42 所示。

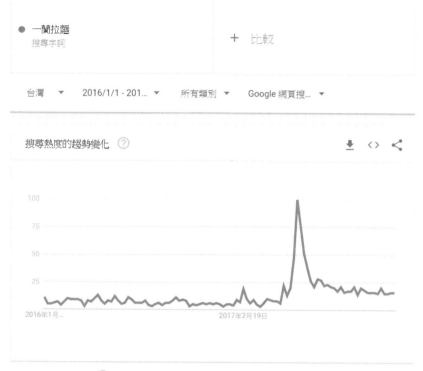

● 一蘭拉麵
　搜尋字詞

＋　比較

台灣　▼　　2016/1/1 - 201... ▼　　所有類別　▼　　Google 網頁搜... ▼

搜尋熱度的趨勢變化　②　　　　　　　　⬇　〈〉　＜

100

75

50

25

2016年1月...　　　　　　　　　　2017年2月19日

◎ 圖 5-42　一蘭拉麵在台灣的搜尋熱度

　　厚奶茶則是義美在好市多(Costco)於 2017 年底開始獨家販售的商品。由於每次進貨數量有限，在僧多粥少的情況下，造成了當時許多民眾在賣場開門營業之前就在門口等，待大門一開，成群的顧客蜂擁而入的畫面曾被網友貼上網，笑稱「如同喪屍」，甚至還有民眾開冷凍車搶購的誇張現象。

　　以上例子都能夠說明時間序列所能產生的巨大影響，在 2017 年以前，可能根本不會有人知道一蘭拉麵及厚奶茶是甚麼？但是當網路搜尋的數量開始上漲，我們就能夠從這些數據的變化來嗅出一絲先機。

◆ 空間亦顯著影響趨勢結果

在 2017 年紅極一時的一蘭拉麵和厚奶茶兩項商品的相關關鍵字，在當時的時空背景中(2017 年的台灣)，有著巨大的搜尋流量。但是在同一時間，這兩個關鍵字在台灣以外的地方幾乎沒有任何流量，這是因為這個關鍵字的熱門情況是只存在於台灣內部而已，而相對於台灣之外的地方則完全沒有受這兩項商品的影響，這可以很明確的點出空間所帶來的影響究竟是甚麼樣子了，如圖 5-43 所示。

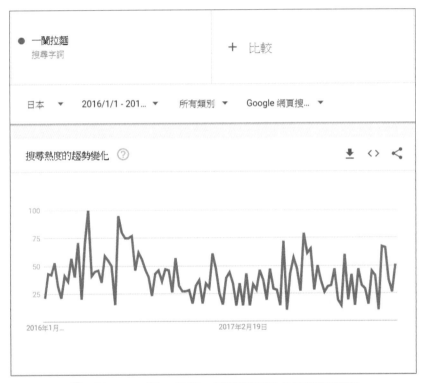

◎ 圖 5-43　同一時間一蘭拉麵在日本的搜尋熱度

(2) 比較功能

比較功能可以說是整個 Google Trends 的核心功能，該功能可以提供非常直觀的流行度差異趨勢，做為關鍵字的參考。

◆ 比較競爭者趨勢

讓我們以五個搜尋引擎 Google、Yahoo、Bing、百度、Ask 為例，比較他們在台灣的搜尋流行度，如圖 5-44 所示。從 2004 年至今的相關流量來觀察，我們可以發現 Yahoo 曾經是搜尋引擎的最大龍頭。但是自從 2012 年後，便不停地走下坡，到今天已經和 Google 搜尋流行度差不多了。且從趨勢看來，未來可能會進一步下降。

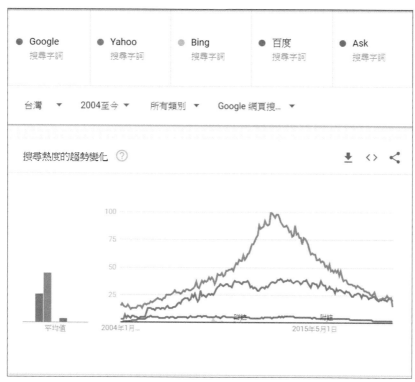

◎ 圖 5-44　比較五個搜尋引擎 Google、Yahoo、Bing、百度、Ask

◆ 關鍵字延伸

有時候關鍵字不單單是一個詞彙那麼簡單，關鍵字也能包含複數詞語。而 Google Trends 在這種情況下便能發揮他的擴展能力。我們以搜尋「吸管」為例，從其相關搜尋中就可以發現，搜尋吸管的人，同時也會搜尋什麼不同的主題如圖 5-45。我們發現各種材質的環保吸管大行其道，成為最熱門的話題。

相關搜尋 ⑦   人氣竄升 ▼   ⬇   ⟨⟩   ⦓

1   甘蔗 吸管   飆升 ⋮

◎ 圖 5-45   環保吸管像是甘蔗吸管在搜尋中十分熱門

(3) 規劃功能

很多關鍵字是有週期性的，Google Trends 可以幫助我們預測流量的高峰。以「金鐘獎」為例，每年的規律其實非常明顯，通常只要是在公布入圍名單以及頒獎典禮的時間區間，都會有一個峰值產生。對於前面所提到的 SEO 業者來說，如果他們的網站需要針對金鐘獎來生產內容，以吸引目光。這時就可以選擇在剛剛所提及的兩個時間點前準備好，來保證他們的網站與其他網站比起來能夠獲得最佳競爭力！

(4) 優化功能

最後一個功能，也是相對於上面三個功能最晚才加入 Google Trends 中的一項功能，主要用途就是跳脫於網頁搜尋而去觀察影片或多媒體的搜索。雖然 Google 擁有 YouTube，但這並不意味著特定搜索查詢的關鍵字在兩個搜索引擎中的受歡迎程度都是相同的。以「Python」為例，Google 網頁搜尋、YouTube 搜尋分別有著不同的趨勢，網頁搜尋上升趨勢穩定，而 Youtube 搜尋已經大不如前。此意味如果要獲得更新或更相關的內容，使用搜尋引擎所搜尋出的網頁會提供比較好的內容。

我們將介紹基本的函式以及相關功能，供讀者了解如何使用 Pytrends。

步驟 1：我們將引入 Pytrends，使用 TrendReq()功能，並創建關鍵字表 kw_list。

程式碼 5-33：引入 TrendReq()功能

```
from pytrends.request import TrendReq
kw_list=['一蘭拉麵']
```

步驟 2：指定 TrendReq()功能給變數 pytrends，並且使用該變數承接我們的參數(包含關鍵字、時間區間以及地區)，最後指定使用其中的 interest_over_time()功能，該功能的目的為確認搜尋熱度的趨勢變化。

程式碼 5-34：使用 TrendReq()功能

```
pytrend = TrendReq(hl='zh-TW')
pytrend.build_payload(kw_list, timeframe='2017-01-01
2017-12-31',geo='TW')
interest_over_time_df = pytrend.interest_over_time()
```

步驟 3：我們得到了一張名為 interest_over_time_df 表，仔細觀察該表能夠發現一蘭拉麵於 5~6 月時在網路上非常熱門，如圖 5-46 所示。

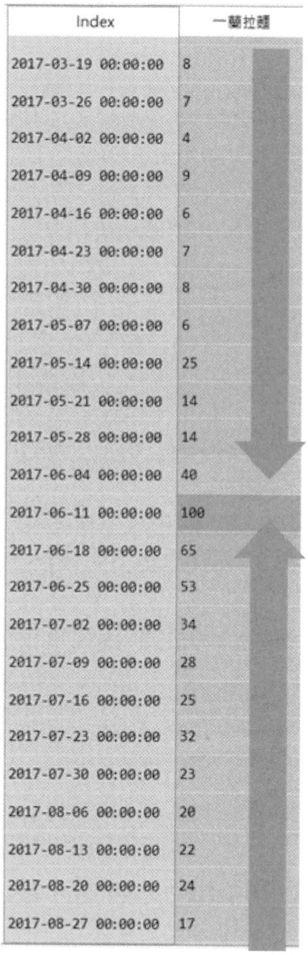

Index	一蘭拉麵
2017-03-19 00:00:00	8
2017-03-26 00:00:00	7
2017-04-02 00:00:00	4
2017-04-09 00:00:00	9
2017-04-16 00:00:00	6
2017-04-23 00:00:00	7
2017-04-30 00:00:00	8
2017-05-07 00:00:00	6
2017-05-14 00:00:00	25
2017-05-21 00:00:00	14
2017-05-28 00:00:00	14
2017-06-04 00:00:00	40
2017-06-11 00:00:00	100
2017-06-18 00:00:00	65
2017-06-25 00:00:00	53
2017-07-02 00:00:00	34
2017-07-09 00:00:00	28
2017-07-16 00:00:00	25
2017-07-23 00:00:00	32
2017-07-30 00:00:00	23
2017-08-06 00:00:00	20
2017-08-13 00:00:00	22
2017-08-20 00:00:00	24
2017-08-27 00:00:00	17

◎ 圖 5-46　我們根據該熱門程度百分比，能夠發現一蘭拉麵於 5～6 月時在網路上非常熱門，並在 6 月 11 日時達到巔峰

步驟 4：使用了另一個功能，即 interest_by_region()，該功能主要是找出按地區劃分的興趣。

程式碼 5-35：使用 interest_by_region()

```
region_interest = pytrend.interest_by_region(
resolution='CITY', inc_low_vol=True, inc_geo_code=False)
```

步驟 5：我們得到另一張名為 region_interest 表，我們仔細觀察該表可以發現一蘭拉麵在台北市跟新北市比較熱門，而中南部則相對不熱門，如圖 5-47 所示。

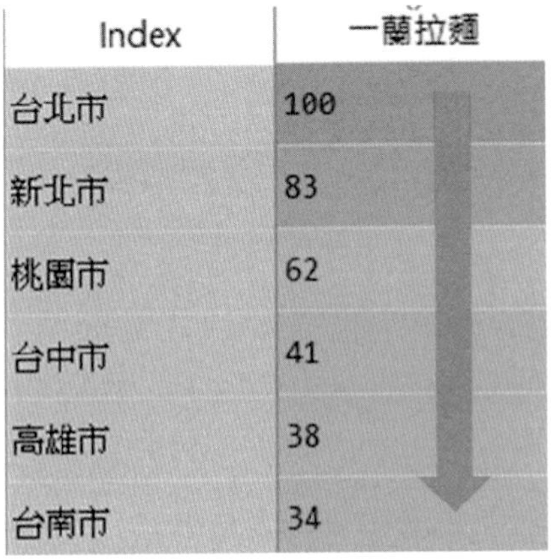

Index	一蘭拉麵
台北市	100
新北市	83
桃園市	62
台中市	41
高雄市	38
台南市	34

◎ 圖 5-47　一蘭拉麵在台北市跟新北市比較熱門，而中南部則相對不熱門

步驟 6：我們使用 related_topics()功能來找出相關主題。

程式碼 5-36：使用 related_topics()

```
related_topics = pytrend.related_topics()
```

步驟 7：我們得出了一個以字典儲存的表格 related_topics，內含兩張表格 top 以及 rising，其中 top 代表的是搜尋量大的項目，如圖 5-48 所示。而 rising 則是快速上升的趨勢，如圖 5-49 所示。

Index	topic_title	topic_type	value
0	一兰拉面	主题	100
1	一兰 台湾台北本店	台北市的拉面馆	10
2	方便面	面条	8
3	日本拉面	主题	7
4	东京	日本的都市	3
5	大阪市	日本的都市	3
6	信义区	台北市	3
7	上野	日本东京的周边区域	2
8	浅草	日本东京的街区	1
9	新宿区	日本东京特别区	1
10	一兰 上野山下口店	日本东京的拉面馆	1
11	京都市	日本的城市	1
12	九州	日本的岛	1
13	博多区	主题	1
14	松仁路	主题	1
15	一兰 道顿堀店本馆	日本大阪市的拉面馆	1
16	莺 Tsuta Taiwan	台北市的拉面馆	1
17	库拉寿司	主题	0
18	一兰 博多店（sun plaza …	日本福冈市的拉面馆	0

◎ 圖 5-48　表格 top

Index	topic_title	topic_type	value
0	松仁路	主题	21500
1	一兰 道顿堀店本馆	日本大阪市的拉面馆	18950
2	莺 Tsuta Taiwan	台北市的拉面馆	15750
3	库拉寿司	主题	12750
4	一兰 博多店（sun plaza …	日本福冈市的拉面馆	12150
5	一兰 台湾台北本店	台北市的拉面馆	550
6	信义区	台北市	500

◎ 圖 5-49　表格 rising

● 安裝

這裡將介紹一下如何安裝 Google Trends 的 Python API 套件 Pytrends，在 CMD 中鍵入 pip install pytrends，即可自動安裝完成。附上 Pytrends 這個套件的 github 網址 (https://github.com/GeneralMills/pytrends)，如有任何問題皆可查詢。其中有些套件需要先行安裝：Requests, lxml 及 Pandas。該套件可運行於 Python 2.7+及 Python 3.3+的版本。

5-2-7 爬蟲

● 特色

爬蟲是一種能夠自動化抓取網頁並且儲存的工具。我們在日常生活中多多少少會遇上需要擷取網頁的資訊與內容的時候，不論是因為想要記錄下什麼、或是個人的相關興趣想要將網路上的資料有效的保存下來。我們通常第一個念頭就是想辦法利用複製以及貼上，想辦法將網路上的資料一筆一筆的擷取下來然後在本地端電腦儲存，以利後續的使用。

在資料量不多的情況下，基本上沒有什麼大問題，但是如果我們需要大量擷取網頁的資訊，例如幾百筆資料、抑或幾千筆資料。遇到這種情況，我們該如何是好？假設我們不計成本的將網頁上的資訊一筆一筆的擷取下來，在經過長久的循環動作之後，我們可以用三個步驟來分解這個工作：

(1) 一開始，會先進入到所需要的網頁，

(2) 將所需的資料擷取下來，

(3) 最後儲存在電腦中。這些步驟不斷地輪流執行直到將所需資訊都儲存完成後，方可結束。

上述的三個步驟好像十分容易，但是實際上卻非常辛苦。爬蟲可以做到的事情很多，像是爬取文字，並且篩選出某些特定的文字範圍，而爬取到的圖片，可以是一張或是全部範圍之螢幕截圖。在爬行開始之前，可以準備某些檔案讓爬蟲逐行讀取；之後指定資料擷取後的存放位置，完成自動化。這便是爬蟲的好處。對於重複的動作，爬蟲能有效率地幫我們處理。下面我們會介紹爬蟲的架構及原理，讓讀者能夠了解爬蟲是如何運作的。

- 功能簡介

Python 爬蟲是用 Python 程式語言所實現的網路爬蟲，主要的功能是用於網路數據的擷取和處理，相較於使用其他語言，Python 是一個十分適合用來實作網路爬蟲的程式語言，它包含了大量的函式庫，能夠幫助我們簡單並快速的實現網路爬蟲功能，尤其在資料的擷取方面。以下介紹 Python 爬蟲的架構：

- URL 管理器：URL 管理器的工作主要管理尚在等待爬取的網頁鏈結集合以及已經爬取過的網頁鏈結集合，將等待被爬取的網頁鏈結傳送至網頁下載器，以方便工作的進行。

- 網頁下載器：網頁下載器的工作是依據 URL 管理器所提供的網頁鏈結來爬取其相對應的網頁，將擷取出的內容儲存成字串的形式，並將該資料傳送給網頁解析器以利後續的分析。

- 網頁解析器：網頁解析器的工作能夠解析出網頁中具有價值的數據，並且儲存下來，同時補充網頁鏈結到 URL 管理器中的等待爬取的網頁鏈結集合。

在講解完爬蟲架構後，現在來解說它的工作原理。首先，爬蟲會透過 URL 管理器，並根據等待爬取的集合判斷是否有等待被爬取的 URL，如果其中有等待被爬行的 URL，URL 管理器會透過程式通知並且進行傳遞給網頁下載器，以便進行下載 URL 內容的工作。在該工作完成之時，網頁下載器亦會透過程式通知並且將擷取到的資料傳送至網頁解析器，使其能夠解析 URL 內容。最後將有價值的資料和新的待爬取 URL 列表傳遞至應用程式主體，並輸出或儲存有價值的訊息。由於上述的爬蟲是較為進階的框架，因此我們將重點放在爬蟲所需的兩個非常重要的 Python 函式庫，即 Requests 和 BeautifulSoup。

- 元件介紹

如果想利用 Python 來擷取網頁上資料的話，最簡單的方式就是使用名為 Requests 的模組來建立合適的 HTTP 請求，並且透過 HTTP 的請求從網頁伺服器去擷取使用者所指定的網頁資料，目前大部分的網路爬蟲都可以靠著使用這個簡易的架構來解決擷取網頁上資料這項問題。BeautifulSoup 是一個 Python 函式庫中的模組，其目的是為了可以讓使用者只需要撰寫少量的程式碼，就能夠快速的解析 HTML 的網頁架構，並且從中抓取出使用者所想要擷取的資料。

　　介紹了以上兩種工具後，我們將透過一個範例說明如何擷取想要的網頁資料。以下是從 PTT 網路論壇中抓取網頁資料的步驟：

　　步驟 1：首先進入 PTT 網路論壇的 Movie 板(網址：https://www.ptt.cc/bbs/movie/index.html)，如圖 5-50 所示。

◎ 圖 5-50　PTT 網路論壇的 Movie 板

　　步驟 2：在 Python 中載入 Requests 以及 BeautifulSoup 模組，如程式碼 5-42。

程式碼 5-37：引入 Requests 以及 BeautifulSoup

```
import requests
from bs4 import BeautifulSoup
```

　　步驟 3：加入兩個變數，url 為網址，headers 是使用者瀏覽器的相關資訊，如程式碼 5-43。

程式碼 5-38：設定想要抓取的網頁以及設定 headers。

```
url = "https://www.ptt.cc/bbs/movie/index.html"
headers = {'User-Agent':'Mozilla/5.0 (Windows NT 10.0; Win64; x64)
AppleWebKit/537.36 (KHTML, like Gecko) Chrome/78.0.3904.87
Safari/537.36'}
```

步驟 4：在該網頁點選滑鼠右鍵，選擇「檢查」，如圖 5-51，便可以看到該網頁的 html 格式和內容，如圖 5-52 所示。

◎ 圖 5-51　在 PTT 網路論壇的 Movie 板，點選滑鼠右鍵，選擇「檢查」

◎ 圖 5-52　網頁的 html 格式和內容

步驟 5：在圖 5-53 中，點選上方的「Network」選項、勾選左半部的「index.html」選項，可以在右半部的最下方找到「user-agent」，所包含的內容即是 headers 所需的資料。

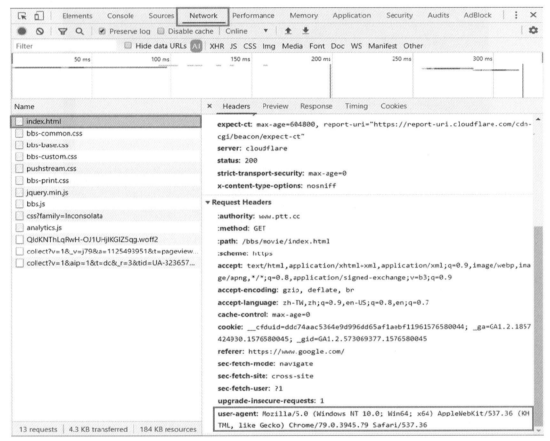

◎ 圖 5-53　點選 F12->network->index.html，即可找到 user-agent 的內容

步驟 6：我們透過程式使用 request.get() 函數取得網頁資料，並將網頁所回傳的資料放到變數 response 中，最後透過 response.text 來獲得內容，並且放到變數 input_html 中，如程式碼 5-44。

程式碼 5-39：取得網頁資料

```
response = requests.get(url,headers=headers)
input_html = response.text
```

步驟 7：透過 BeautifulSoup 解析剛才所蒐集到的網頁資料，將 input_html 當作 BeautifulSoup 的輸入參數，並且放到變數 soup，然後使用 soup.select() 得到指定抓取的資料，如程式碼 5-45，爬蟲抓取的內容如圖 5-54 所示。

程式碼 5-40：解析網頁資料

```
soup = BeautifulSoup(input_html,"html.parser")
selects = soup.select("div.title a")
```

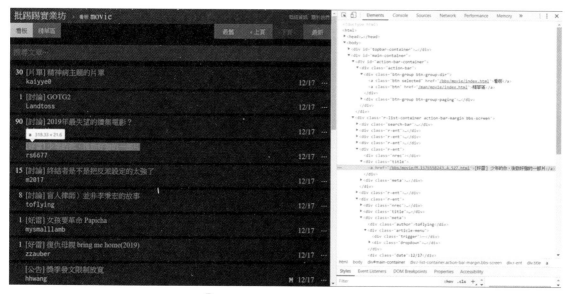

◎ 圖 5-54　爬蟲抓取的內容

最後是完整的網路爬蟲程式碼，如程式碼 5-46。

程式碼 5-41：完整的網路爬蟲程式碼

```
import requests
from bs4 import BeautifulSoup

url = "https://www.ptt.cc/bbs/movie/index.html"
headers = {'User-Agent':'Mozilla/5.0 (Windows NT 10.0; Win64; x64)
AppleWebKit/537.36 (KHTML, like Gecko) Chrome/78.0.3904.87
Safari/537.36'}

response = requests.get(url,headers=headers)
input_html = response.text

soup = BeautifulSoup(input_html,"html.parser")
selects = soup.select("div.title a")
```

● 安裝

(1) Request 安裝：於 CMD 中鍵入 pip install requests。

(2) BeautifulSoup 安裝：於 CMD 中鍵入 pip install beautifulsoup4。

6

人工智慧的未來與挑戰

　　人工智慧歷經幾次的起伏，現今它又迎來了另一個榮景，不管在學術界亦或是在產業界，無不如火如荼地積極研製開發人工智慧相關技術與產品，人工智慧無疑已成為當今的顯學。不管你喜不喜歡，亦或是相不相信人工智慧，它都已悄悄地進入你我的生活中，且正慢慢地影響，甚至改變你我的生活。

　　人工智慧依其智慧的強弱，分為弱人工智慧及強人工智慧。在提到強人工智慧的同時，另外一個詞彙，弱人工智慧經常也會跟著出現。首先來瞭解一下弱人工智慧，其實目前接觸的人工智慧差不多都可以歸結在弱人工智慧的範疇，其不要求機器具有人類完整的認知能力，而只需要通過大量的數據來建立一個模型，進而使用這個模型來處理一些問題。例如垃圾郵件的分類，只需要系統能夠分辨出哪些文字屬於垃圾郵件的機率比較高，以及用戶更有可能將何種內容的郵件歸類成垃圾郵件，並利用貝葉斯理論來進行建模即可實現。另外，貓與狗圖片的辨識，只是卷積神經網路對於像素塊的一種抽象的認識，他們會對於某些特徵非常的敏感，在面對不同種特徵的時候，其屬於各類動物的得分也會不同，進而產生判斷。這些技術在某些特定的領域具有幫助人類的功用，但是一旦進入另外一些領域，則完全無用。而與之相對的強人工智慧，

則要求機器能夠像人類一樣處理各種各樣的事件，並且模擬出人類才擁有的意識、感性、知識和覺悟等特徵。

近年來，隨著電腦硬體的發展，科學家在計算機上模擬生物神經元系統的嘗試有了突破性的進展，他們能夠在電腦中模擬人腦的神經處理機制，這種機制與人腦接受刺激以後產生電訊號的回饋類似，神經網路能夠通過反向傳播這一設定模擬回饋。因此，在比較低層次的生物行為，例如生物視覺上，人工智慧的學習能力已經不亞於人類，通過大量的照片學習，機器能夠做到比人類更準確的圖片辨識率。然而在高層次的人類行為，例如心理的模擬上，機器仍不具有相關的能力，想要獲得具有強人工智慧的機器，就需要能夠模擬人類的一些抽象、複雜的行為。而使機器能夠獲得自主學習的能力就是其中一個重要的研究議題。

弱人工智慧的具體應用已展現在我們生活的許多層面，諸如：自動駕駛車、無人商店、車牌辨識系統、大陸的「天眼」監控系統等。因此，我們現在所謂的人工智慧，若不特別說明，一般指的都是弱人工智慧。我們現在就幾個層面來看看人工智慧在這些方面的應用：

6-1　人工智慧未來趨勢

6-1-1　人工智慧在交通上的應用

人工智慧技術與日常生活彼此結合運用，具體展現於交通上，解決種種都市交通問題，並建構既安全又便利的交通環境。目前已經有人工智慧自動駕駛汽車，透過感知技術辨識交通號誌與標誌、其他車輛、自行車和路上行人等周圍環境，另外還得偵測來物的距離與速度，做出能夠像人一樣駕駛的反應，擁有人類駕駛決策的屬性和技巧。這有效的減少交通事故，因為自動駕駛汽車不像人類駕駛，是以肉眼觀察環境，感知環境能力有限，而是利用感測器(如光學雷達)做大範圍的感測，如圖 6-1，因此對於潛在危險可以做出安全的反應，且反應速度較人類快速。在交通壅塞方面，也可利用設置於路口的攝影機，蒐集路口的數據匯入雲端分析，並算出在尖峰時段與離峰時段最合適的紅綠燈秒數來調節車流，以號誌自動化解決塞車問題。

AI 接管交通號誌

走在科技前列，芬蘭無人巴士率先上路，AI 自動駕駛還會遠嗎？

◎ 圖 6-1　自動駕駛車

　　目前全球的自動駕駛已經進入試運行的階段，在台灣是以公共運輸交通率先運行測試。近期將在淡海新市鎮劃定一個區域作爲實驗場域，在淡水輕軌最終站崁頂站到淡海美麗新影城廣場之間劃定一個口字型的區域，作爲自駕車試車的實驗場域。而在台北市政府也已經有進行自駕車測試，如圖 6-2 所示，在凌晨的台北市信義路，將雙向公車專用道封閉進行測試無人小巴。如此使得自駕車技術有機會可以在這裡透過眞實場域運行。若無人巴士正式上市後，相關的交通法規、停車空間、交通號誌及道路設施等都需要進行必要的調適與更新。另外，哪些路段開放自駕車試車、交通號誌如何標準化等也都需要規畫，才能帶動自駕車發展。因應國際趨勢，現在汽車業者自組台灣自駕車技術聯盟，要開始生產台灣國產自駕車，中華智慧運輸協會也協助交通部成立台灣自駕車推動小組，要全力應戰，跟上國際的趨勢[1]。

而在美國最著名的廠商 Tesla 推動的自動駕駛一直被業界所矚目，Tesla 的輔助駕駛系統就取名為自動駕駛(Autopilot)，關於自動駕駛車在美國汽車工程師學會(SAE)已經有明確而嚴格的定義，將自動化程度分為 Lv0-Lv5，如圖 6-3 所示。目前在市面上能買到的車款，大多數介於 Lv 2-3 之間，有專家認為 Tesla 的 Autopilot 可以稱為 Lv2+，是能夠在開車時可以將注意力移開，像是看手機或影片，但還是需要在必要的時候控制車輛，而 Tesla 的官網也有強調，目前的功能需要駕駛人主動監督，應將手保持在方向盤上。不管怎麼說，當前的科技對於全自動駕駛，還是有一段艱難的距離，若 Lv5 完全自動化的無人自動駕駛車輛能真正的問世，政府也應該推出相應法規以及交通規則，且提供一個安全的環境也是必須的[2]。

自動化程度	SAE名稱	定義	國際立法狀況	國際產業發展進度
警示　Lv0	無自動化	有警報系統支援，但所有狀況仍由駕駛人操作車輛		
駕駛輔助　Lv1	輔助駕駛	依據駕駛環境資訊，由系統執行1項駕駛支援動作，其餘仍由駕駛人操作	已立法	2015年
駕駛輔助　Lv2	部分自動化	依據駕駛環境資訊，由系統操控或執行多項加減速等2項以上的駕駛支援，其餘仍由駕駛人操作		
自動駕駛　Lv3	有條件自動化	由自動駕駛系統執行所有的操控，系統要求介入時，駕駛人必須適當的回應(眼注視前方/手不須握住方向盤)		2020年
自動駕駛　Lv4	高度自動化	於特定場域條件下，由自動駕駛系統執行所有的駕駛操控(Hand free/Mind free/不須要駕駛人)	各國推動中	2025年
自動駕駛　Lv5	完全自動化	各種行駛環境下，由自動駕駛系統全面進行駕駛操控(Hand free/Mind free/不須要駕駛人)		2030年

◎ 圖6-3　自動駕駛定義(資料來源：工研院產科國際所)

人工智慧在全世界是最重要的技術，未來在智慧交通上會有各方面要解決的問題，從交通壅塞，到安全事故、疲勞駕駛。要解決這些問題，就需要在各個區域運用科技資訊及運算，即時知道有多少交通工具在運行著，什麼地方可能車流量龐大，造成擁堵。在未來人工智慧與交通的整合越趨成熟時，隨著重整的路口越來越多，以及車聯網的車越來越普及，能夠用於緊急交通事故發

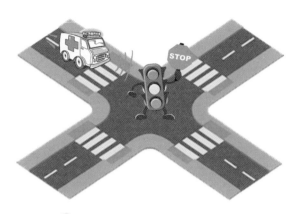

◎ 圖6-4　救護車行經十字路口

生時，車輛可持續前進的條件[3]。以救護車為例，現今救護車在前往救援的路上時，往往駕駛都是在聽到鳴笛之後才意識到要讓道，另一方面，救護車為了把握黃金救援時間，冒著發生意外的風險闖越紅綠燈及超速。而未來隨著車聯網越來越普及，如圖6-4，當有救護車行駛路口時，可以向鄰近路線的智慧車輛進行警示，也與號誌系統做警示資訊，能夠將紅綠燈做即時的調整，為救護車提升救援速度，同時也能保障路上行車安全[4]。

　　未來，AI 會融入每一台汽車，讓每種交通工具變成真的無人駕駛，汽車可以彼此提醒，爆胎了，或是失控發生事故了，提醒周圍的其他車輛小心行駛或改道。這個時代來臨，會給人類帶來很大的改變。汽車自動化交通帶來許多好處，但也帶來一些潛在問題，像軟體的可靠性，是否能在不同的天氣類型下不受影響，或是在車輛數量龐大的情況下，是否受到干擾；資訊安全性，是否會遭到駭客侵入系統，影響行車安全，也失去個人隱私。自動駕駛車能不能獲得廣泛使用目前仍不清楚，但如果真的獲得廣泛採用，將會面臨許多要解決的障礙。

6-1-2　人工智慧在教育上的應用

目前人工智慧在教育方面的運用，相較於其他產業來說，進度比較落後。目前大多屬於輔助的角色。多應用在老師教學時，透過一些評量，再經由人工智慧分析，讓老師可以了解學生的學習狀況，透過這些數據來給予老師們在教學上建議以及輔助。

目前市面上產品，有 SMART SPARROW 而在紐約也有公司推出機器人可以跟小孩子對話，透過對話的數量多寡，來學習與小孩的相處與應對[5]。日本東京理科大學也做出一個機器人教師(如圖 6-5)，機器人被命名為「薩亞」。他們讓它走進東京的一所小學課堂進行教課實驗，它會講約 300 個短句和 700 個單字，甚至臉部也已經

◎ 圖 6-5　機器人教師
(資料來源：http://scitech.people.com.cn/
BIG5/25509/9397266.html)

相關影片

AI 機器人教英文

可以表達 6 種表情。這個測試最後結果，小孩子有觸摸機器人的臉，因為機器人的臉是由精細橡膠制成，所以學生們都覺得它是真的人，最後機器人也在課堂上點名，讓學生們真的把它當成老師[6]。

由於近年來人工智慧的發展趨勢強烈，進步速度也越來越快。許多的應用都在融入我們的生活中，而教育方面，當然就是朝向如何讓教學內容更多元，讓即時的時事可以隨時加入到課程中。人工智慧在教育這一環上，目前還有許多問題需要克服。例如：如何了解學生在學習當下是否了解？當學生發生問題時，如何獲得幫忙？這些人際上的互動、情感上的交流等。

當現在人人至少一支智慧型手機時代，擁有智慧型裝置的人年齡越來越小，甚至小孩童年就是玩著平板電腦長大。隨著這樣的改變，未來學習不懂可以隨時在家透過線上教學來複習。而人工智慧教學，可以有考試、學習上的數據分析，對於教師可以有更多時間用在發現學生的問題。但這些智慧裝置的學習，給家長帶來的是需要花更多的心思在督促小孩的學習[7]。

　　而這些人工智慧教學與 ICT(資訊與通信科技 Information and Communication Technology，簡稱 ICT)結合所帶來的便利，可以讓家長知道小孩學習內容外，也可以讓學生對於不熟的地方，可以多次複習。這是在當前學校教學中，比較少使用的一環。另一方面，在學生之間發生衝突時，可以還原事情發生的經過，避免有處分錯誤的發生[5]。

6-1-3　人工智慧在居家上的應用

　　居家生活中最常見的人工智慧設備不外乎是智慧音箱(如圖 6-6)(如：Amazon Echo、Google Home 等)或者是智慧型手機附帶的語音助理。由於這兩種設備絕大多數的運算都是透過雲端回傳至伺服器，故對於設備的處理器能力要求並不高，價格也變得親民許多，其中智慧音箱更是如此。

◎ 圖 6-6　智慧型音箱

(資料來源：https://www.amazon.com/)

　　家裡的燈、電冰箱、窗簾等等，這些設備都可以透過語音助理來控制，而語音助理還可以透過不斷的學習以及接收更多外界的資訊來達到更好的回應效果。例如：以往下給語音助理的開燈指令，可能會因為語音助理得到外界資訊(溫度、室內亮度等)，發現室內溫度較低以及亮度較低，而將原來開燈的預設指令(亮度 400 流明的白色燈光)更改為(亮度 800 流明的黃色燈光)，根據色彩心理學，黃色燈光會給使用者帶來溫暖的感覺。

　　我們生活中的人工智慧產品還有一項也很常見，就是掃地機器人(規劃式)[8]，每一部掃地機器人都是從工廠生產出來一模一樣的，要如何因應每個家庭不同的格局以及擺設呢？當然是透過一開始的學習，就像隨機式的掃地機器人，一開始先隨機掃，透過碰撞(或偵測)來確認這個室內空間的格局，未來就會更有效率地進行打掃。再更高階的甚至能透過鏡頭來判斷障礙物是否可以推開還是像沙發、冰箱等，無法推開而必須繞過的大型家具，甚至是一面牆，這可以加速室內平面圖的繪製以達到更高的打掃效率。

近年來人工智慧的發展越來越快，也慢慢的融入普通民眾的生活中。在居家應用的大方向都是朝著使用人工智慧來當作家裡的管家，能夠替使用者打理家中大小事務這個方向來發展。目前市面上大多數的人工智慧管家都只是一台固定式的設備，外型看起來可能是個設計感十足的音響放在家中，不但是個人工智慧管家，某種程度上也可以稱為一個藝術品。

漸漸的也有廠商看到不一樣的商機，正在逐步開發更貼近人們口中所謂的「管家」，將外型跟行為設計的更像個真正的人，就像即將在 2019 年 AIOT Taiwan(台灣國際人工智慧暨物聯網展)參展由王道機器人股份有限公司所開發的 Cruzr 1S [9]，其外型設計有雙手以及頭部，功能包含人臉辨識、立體導航、高清會議等，還能透過文字、語音、視覺、動作、環境來達成人機交互，主要設計用途為辦公助理。這類可用於特定地點的人工智慧助理目前也逐漸地問世，可以想像未來當用戶回到家後看見人工智慧管家走出來迎接用戶，幫用戶提公事包去放並打點好家中的一切的日子指日可待。

6-1-4 人工智慧在醫療上的應用

隨著時代的進步，機器漸漸地可以像人一樣會思考會學習，因此如今已經有一些機器人可以做一些人類可以做到的事情。以醫療為主的人工智慧技術，基本上可以分為以下幾種：醫療機器人、智能診療、智能影像識別、智能藥物開發、智能健康管理等[10]。舉例來說：現在醫療人員嚴重不足，因此為了節省時間，各家醫院都利用自動付費機來取代櫃台的收費人員、利用中央病床監控系統來減少所需的護理人員。

台灣較為著名的醫療機器人，便是各大醫院皆有使用的達文西手術機器人做手術。外科醫生只需透過顯微鏡畫面以及控制機器手臂來做手術，因此外科醫生可以不用站在手術台上，如圖 6-7 [11]，而其他護理人員則是需要在旁邊幫忙輔助，這樣的手術方式可以讓病

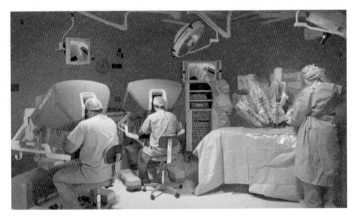

◎ 圖 6-7　達文西手術機器人手術

患的傷口較小，恢復得快還能提高手術的效率，如圖 6-8。舉例來說：長庚醫院有設置一個達文西微創手術中心，適用於泌尿科、婦產科、胸腔外科等手術，它使用 3D-HD 超高解析度視野與仿真手腕手術器械，讓醫師擁有立體感覺，可以清晰準確的進行器械操作以及提升手術的精準度與靈活度，增加了更多完成手術的可能性 [12]。

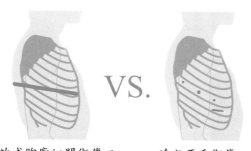

VS.

開放式胸廓切開術傷口　　　達文西手術傷口

相關影片

最夯醫療手術－
達文西手臂解碼

◎ 圖 6-8　傳統手術 vs 達文西微創手術

　　然而在智慧影像識別的部分，我們知道在過去所有的醫學影像檢查的資料都必須要給醫生看過才能確定病因。然而只要做一次電腦斷層掃描或磁振造影，電腦就會產生大量影像資料，因此為了找出異常的影像，醫師必須一張一張看，但是這樣的方式十分耗時，且需要長時間集中精神，所以可能導致醫生誤診的情形。為了解決以上問題，人工智慧能協助醫生做判斷腫瘤的部分，現在台灣部分醫院也開始使用人工智慧影像辨識的技術。舉例來說：臺北榮總和交通大學研發團隊現在發展的「腦部腫瘤影像判讀 AI 系統」正是要教導、訓練電腦學人腦，看懂醫學影像，達到判讀診斷人工智慧化的醫療新境界[13]。判讀診斷人工智慧化的訓練方式是醫生需要將許多腦瘤影像圖標註好後讓人工智慧去訓練以及測試，教電腦分辨不同型態的腦部腫瘤及影像特性，才可以提高判讀的機率[13]。而未來人工智慧能幫醫師從每個檢查動輒數百、數千張影像中迅速過濾出關鍵影像，協助診斷。如圖 6-9 中可以看到有五個影像圖，其中最上面的部分是原始的影像圖，而下面四個部分則是分成兩個步驟：右半部是醫生先找到腫瘤後，再利用人工智慧來複檢；而左半部則是讓人工智慧去判讀腫瘤的位置，之後醫生再做一次確認的工作。這樣一來醫生若不小心誤判，就可以馬上發現，或是人工智慧判斷後，醫生可以再做確認的動作，這樣一來人工智慧若判讀錯誤的話也可以馬上發現。然而要讓人工智慧判讀影像的話需要將許多腦瘤影像圖標註好後讓人工智慧去訓練以及測試，才可以提高判讀的機率。

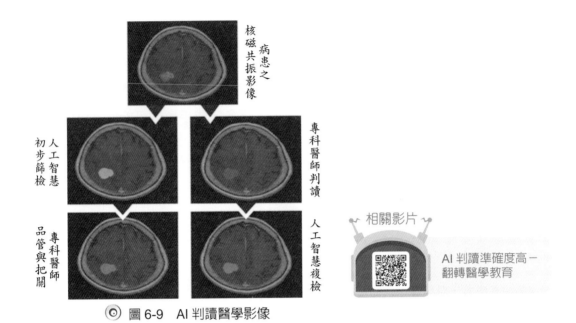

核磁共振影像 病患之

人工智慧 初步篩檢

專科醫師判讀

專科醫師 品管與把關

人工智慧複檢

相關影片

AI 判讀準確度高－翻轉醫學教育

◎ 圖 6-9　AI 判讀醫學影像

　　在未來或許我們可以讓人工智慧單獨去判斷病患的症狀[14]，或是讓醫療機器人能直接掃描病患的身體從而得知病患是否有骨折等問題，如圖 6-10。另外，現在有醫院已經在使用醫療服務機器人，讓一些病患可以詢問一些問題或是做醫療教育[15]。因此有些簡易的服務業或製造業未來可能會被機器人所取代。

　　我們知道人工智慧機器人不會累，不需要休息也不會生病，還可以在長時間的工作中不會因為疲勞而導致誤診，所以它將可以有效減少醫師的勞力負擔[17]，且人工智慧具有驚人的快速的記憶力和高容量儲存力，所以可以讓人工智慧去統計病患的病歷，或是去判讀影像等部分事務，這樣不但可以幫助診斷、預防誤診，還可以縮短醫生診斷的時間。

　　另一方面，醫療數據的隱私是人工智慧醫療系統成敗的關鍵因素，因為醫療數據都是儲存於雲端，因此可能會出現個人資料等隱私洩露的風險。個人數據一旦洩露，將會打擊人們對人工智慧的信任。另一個問題也是一個很重要的部分，那便是責任的問題。如果沒有醫生參與診斷，這時醫生卻接受人工智慧的錯誤建議時，那麼若是出現醫療過失時，應該要由誰要對這個醫療錯誤負責[17]？

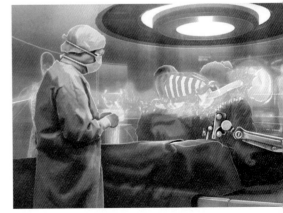

◎ 圖 6-10　未來醫療[16]

6-1-5 人工智慧在養老上的應用

人工智慧時代來臨，人性化設計的各種仿生機器和智慧化工具也能應用於養老方面，其中，智慧服務型機器人的市場極具潛力。台灣因為少子化問題，未來將對年輕人造成巨大的壓力。照目前趨勢來看，未來可能一個壯年人要養將近一個老年人，所以開發相關功用的智慧機器人，有助於年輕一代減輕勞力、節省時間、確認安全、防治疾病、管理財富等等，有更好的選擇，提供更多的高齡家庭獲得人工智慧機器人完善的服務，如圖 6-11。

◎ 圖 6-11　AI 時代來臨？(資料來源：https://kknews.cc/tech/3ovny9y.html)

在養老照護上，擁有設備完善的養老照護機構協助或者是在家請個傭人來打理行動不便老人的日常生活，若利用一些輔助型人工智慧機器人[18]，它可以做的事好比說端端茶水食物、輔助行動、身體狀況自動偵測、疾病管理等。跟一般機器不同點在於人工智慧機器人工作的時候，並不是重複性的照著既有的設定反覆執行，而會藉由以往的行為模式達到學習效果，能夠有效減輕照護人員的工作負擔。現階段已有人工智慧機器狗，有多種仿生的小狗行為模式，可以表達不同情緒模式和行為模式，可以在生活中陪伴老人，透過和機器狗的互動玩耍，達到心理上的滿足和快樂。軟體銀行(Softbank)投資的專門照護人工智慧機器人 Romeo [19]動作靈活，可以上下樓梯、拿取物品、監護老人在家的狀況等功能，更可以透過攝像頭紀錄物品位置資訊。

　　如何分辨老人當下的需求呢？如果科技進步到配合學習肢體動作慣性、語言表達、時間、空間等條件來分析他們需要什麼，利用精良靈敏的感測能力，即使老人行動不方便、口語表達不清，機器人也可以透過學習常規行為模式或是偵測到其他某些關鍵的要點來判斷並執行動作，當然這需要相當強大的人工智慧學習能力、分析感測能力及足夠的資料量。對於現今的情況來說，即使有許多科學家研發了許多功能完善周到的人工智慧照護機器人，如圖 6-12 所示。試圖解決養老和照護的問題，但真正進入家庭的仍非常稀少，因為製造一個機器個體的價格要花費幾十萬甚至幾百萬，並不是一般家庭能夠負擔。所以研發人員正極力將成本壓低至一般家庭可以接受的範圍內，這可能還需要好幾年的時間，人工智慧照護的目標才能逐漸的普及[20]。

◎ 圖 6-12　完善周到的人工智慧照護機器人

　　在未來幾十年，超高齡社會的來臨，伴隨大量醫療和照護的需求，隨著人工智慧科技的進步，無論省電效能、價格、人性化設計程度、安全機制的升級等等，發展整合趨於成熟穩定，並且能夠大量生產，不僅是家庭養老人工智慧機器人的普及化，所有相關產業也將積極轉型成自動化或半自動化的營運模式。因此陸續出現人工智慧診所 [21]可以幫忙二十四小時全天候看病，人工智慧養老院也廣為設立，在未來部分勞動力或許會轉為操作機器的人員，如圖 6-13。

◎ 圖 6-13　養老人工智慧機器人(資料來源：https://zhuanlan.zhihu.com/p/37233649)

　　然而如此亦可能造成一些衝擊，例如：在生產層面來說，機械原料需求增加、電力需求增加、水資源需求增加等等。而當這些人工智慧診所或養老院設立所帶來的直接影響，不外乎就是人力需求減少，醫生、護士、照護人員、家庭傭人的需求量自然會降低，雖然人工智慧機器人可以是個好幫手，可以有效率的解決人類的種種問題，但也無法忽視它所帶來的負面影響。

6-1-6 人工智慧在娛樂上的應用

娛樂一向能帶給人們快樂與幸福的感覺，在早期大多數的娛樂往往都是建立在單獨的一項活動上，例如：遊戲、音樂、閱讀、電影和各式各樣具備高吸引力的事情。但隨著科技日新月異，使得娛樂漸漸加入科技的成分，就遊戲而言可能不再侷限棋藝之間的切磋，而是與其他人之間同時專注在同一件事物並且具有同一目的上的競爭，例如：電子競技(如圖 6-14)。

而從音樂來看不再只是單純樂器美聲與人聲的交融，也加入需要電子合成所產生的電子音樂[22](圖 6-15)。而在閱讀上不再受到時空背景和場所的限制，在任何地方都可以使用個人行動裝置來觀看、享受自己喜愛的讀物，而最為經典的就是電影。電影產業讓所有人都可以享受逼真的故事和畫面，同時也逐漸導入除了用視覺和聽覺外，增加觸覺跟味覺，帶給我們身歷其境的冒險。

◉ 圖 6-14　電子遊戲(英雄聯盟)的世界冠軍
(圖片來源：https://www.twipu.com/
VANVANprj/tweet/1117044344249171971)

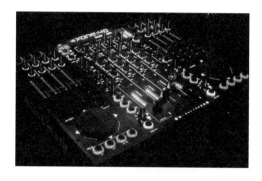

◉ 圖 6-15　Disc Jockey 所使用的電子調音盤

因此，除了這些日常生活中垂手可得的簡單的娛樂項目，其中，漸漸的有一股新興勢力正異軍突起，大幅度的改變我們對於娛樂這項事物上的方式、想像。我們將這全新的力量稱為人工智慧，人工智慧也稱為機器智慧，在本書中前面已介紹大量的人工智慧定義和解釋，那這跟娛樂有什麼關聯呢？答案是息息相關。在現在的生活周遭充斥著許多人工智慧的影子，舉凡交通、教育、醫療、居家生活，不得不承認，人工智慧已經和我們早已息息相關，甚至形影不離，因此探討人工智慧在娛樂方面做出什麼樣的貢獻跟改變。

人工智慧通常隱藏在事物中默默地服務使用者,首先在遊戲這方面,不再像以前只是單純的破解關卡,許多遊戲大廠在他們的軟體中加入所謂的機器學習,透過機器學習可以改變遊戲中的關卡難度,不再只是一成不變。因此在 2014 年時 DeepMind 開發了人工智慧圍棋軟體:AlphaGo,利用蒙地卡羅樹搜尋法與深度神經網路來設計。因此,電腦可以結合樹狀圖的數據來推斷,又可像人類的大腦一樣自我學習進行直覺訓練,藉此提高下棋實力[23],並在 2016 年 3 月時使用「AlphaGo Lee」的版本擊敗韓國職業棋士李世乭[24](圖 6-16)。截至今日,DeepMind 已經開發出能夠和人類在線上遊戲對戰的人工智慧,在 2019 年 1 月 25 日,AlphaStar 在《星海爭霸 II》以 10:1 戰勝人類職業玩家,由此可見,經過深度學習的 AI 可以成為人類最大的對手[25]。

◎ 圖 6-16　南韓圍棋九段棋手李世乭與 AlphaGo 對弈中

(資料來源:https://theinitium.com/article/20160309-dailynews-alphago/?utm_medium=copy)

而在音樂上,日本的開發商:Yamaha Corporation 開發了軟體核心引擎 VOCALOID(圖 6-17),這個軟體可以合成語音和音樂,就好像歌手一般[26],因此如果再與動畫做搭配,虛擬歌手(圖 6-18)就誕生了,它可以栩栩如生的在畫面上載歌載舞,以及和觀眾互動,宛如真人一般[27],使得唱歌不再是人類及動物們的專利。接著在閱讀上,大多數愛好閱讀的使用者都會有自己特別閱讀的口味,有些人喜歡小說,雜誌等等,透過大數據及人工智慧的應用,系統可以判斷出使用者的喜好,並加以歸類和排序,就可以讓使用者知道哪些書是他會感興趣的。如此一來,使用者可以

很快的調閱書本，大幅減少了找書的時間。最後是電影的部分，透過上述所說的這些技術的應用，人工智慧可以分析出那些劇本題材和演員是觀眾最會想看的，因此除了觀影時的體驗之外，也可以大幅的影響觀眾的觀後感。

◎ 圖 6-17　VOCALOID 釋出的最新版本 (VOCALOID 5)

◎ 圖 6-18　Crypton Future Media 基於 VOCALOID 2 所開發的虛擬歌手(初音未來)

　　上述所提到的都是現階段在日常可以碰到的例子，隨著時間的推移，人工智慧可能會讓以上的情境變得更加新穎，慢慢地逐漸取代真人。拿音樂來舉例，除了上述所提到的虛擬歌手外，未來還很有可能會利用機器學習的特性讓人工智慧執行編曲寫詞的工作[28] (圖 6-19)，除此之外，在未來電影這方面，可不是單單的分析觀眾的喜好取向，目前電影業正在嘗試讓人工智慧做一些專業的事情，比如剪輯、編劇等，這些都能夠透過人工智慧完成。

◎ 圖 6-19　會演奏的機器人

相關影片

Toyota 產業技術紀念館
機器人演奏小提琴

6-1-7　人工智慧在 COVID-19 上的應用

2019 年年底，中國武漢開始爆發新冠肺炎(COVID-19, Coronavirus Disease 2019)，令世界各國無不發生恐慌。美國、日本、南韓等國家接連實施境管措施、撤離僑民等官方應對措施，民間也掀起搶購口罩、酒精等衛生用品的風潮。在這人人自危之際，新興科技—人工智慧，為我們提供前所未有的幫助。藉由監測大數據資料及透過人工智慧的運作，達到對未來的預測。對於有可能爆發的疫情，人工智慧的預測可以起到防範未然的作用。

來自加拿大的新創公司 Bluedot，是一家使用自然語言處理與機器學習技術來進行傳染病監控的公司，他們透過分析全世界 60 種語言以上的新聞報導、動植物疾病報告及官方公告等，經大數據分析後，再由公司內部的專業人員判定資料正確性，最後才對他們的客戶進行警告，以避開疾病可能爆發的危險區域[29]。

雖然美國疾病管制與預防中心(CDC)以及世界衛生組織(WHO)分別在 2020 年的 1 月 6 日和 1 月 9 日發布 COVID-19 疫情的官方公告，但其實 Bluedot 早已預測 COVID-19 疫情爆發的區域及擴散路徑，並在 2019 年 12 月 31 日就向他們的客戶發出警告。相比 CDC 和 WHO 發布官方公告提早了一周[30]。

利用人工智慧的技術分析數據能夠掌握大量且即時的資訊，並降低人為的影響。政府單位可能因為行政流程而拖慢資訊傳遞效率，或是沒有完善的疫情數據統計，但使用人工智慧可以透過媒體報導、網路言論、或是行為模式等資訊，取得疾病的相關訊息，協助相關單位防疫。藉由醫療和人工智慧的結合，可以達到協助預測疾病的傳播，提升防疫效能。

● **人工智慧在防疫上的應用**

在 COVID-19 疫情期間，為了防止疫情的散播，在捷運站、校園、百貨公司等人流眾多的地點，均要求民眾配戴口罩，並安排工作人員協助對顧客進行體溫量測及症狀評估，倘有發燒或呼吸道症狀者，予以勸導避免進入(如圖 6-20)。為確保民眾配戴口罩及體溫量測，往往需要在各個出入口增派人力管控，這不僅形成人力的浪費，也增加企業的負擔(圖 6-20)。

相關影片

微軟 Azure X 醫療科技－打造體溫、口罩 AI 偵測

　　然而，若是能在出入口架設 AI 溫測儀，透過影像處理、機器學習技術配合紅外線溫度感測，即可獲得非接觸式且高精準度的體溫篩檢系統(如圖 6-21)。能自動辨識民眾是否佩戴口罩，並且能測量體溫，無須將臉面對著鏡頭，就可以辨識完成，若有問題則可即時通報。這樣能在人流眾多的地方有效落實防疫自動化，也可以減少人力駐守，並降低因排隊檢測而造成人群壅塞的狀況，有些學校或公司甚至加入了身分辨識，減少不相關的人員進出[31]。

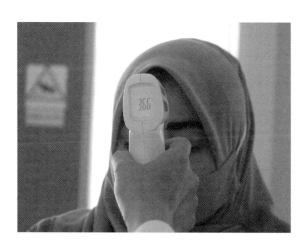

◎　圖 6-20　人力測量體溫(資料來源：
https://unsplash.com/photos/yqLsYiuQgwo)

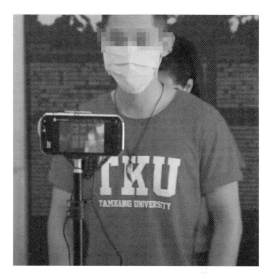

◎　圖 6-21　自動化感測體溫(資料來源：
https://www.youtube.com/watch?
v=IPDIUK0xAUE)

● 　人工智慧在診斷疫情上的應用

　　由於 COVID-19 的篩檢過程十分重要，可是篩檢的患者數量過多，或是醫護人員人手不足，都可能造成篩檢上的疏失，導致防疫上的缺口。而藉由人工智慧的機器學習演算法可以快速的判斷肺部 X 光影像中的疑似 COVID-19 的病徵(如圖 6-22)。當患者拍攝胸部 X 光後，AI 會先進行檢測，若 AI 判斷為高機率疑似 COVID-19 的 X 光影像，則優先提醒醫師判讀[32]。

相關影片

AI 防疫大作戰！

相關影片

人工智慧加入防疫：
機器人幫你送藥量體溫

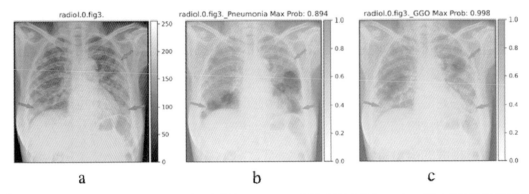

◎ 圖 6-22　肺部 X 光片：(a)醫師手動標記，(b)AI 判定肺炎區域，(c)AI 判定毛玻璃狀區域
（資料來源： http://trh.gase.most.ntnu.edu.tw/tw/article/content/113）

　　國立成功大學資訊工程系蔣榮先教授率領的團隊「MedChex」，參加世界衛生組織(WHO)所舉辦的「國際 COVID19 科技防疫黑客松大賽」，在 1560 個團隊中脫穎而出，成為臺灣唯一獲選的團隊。團隊以 AI 人工智慧判讀胸部 X 光片，套用蔡依珊醫師提供的大量新冠肺炎陽性及陰性結果的胸部 X 光片，讓機器學習與判讀，一秒就能辨識是否具有新冠肺炎特徵，MedChex 系統即可自動檢測高危險患者並向醫生示警[33]。

　　另外，麻省理工學院研究團隊開發 AI 模型，透過卷積神經網路(Convolutional neural network, CNN)訓練，不斷將咳嗽聲資料給 AI 訓練，透過辨識「咳嗽聲是否源自 COVID-19」，藉此能更迅速的過濾潛藏的無症狀感染者(圖 6-23)，然而 COVID-19 對於肺部影響較大，因此在分辨 COVID-19 肺炎患者與其他肺炎患者之間的差異，仍需更嚴謹的科學數據去輔助 AI 辨別[34]。

◎ 圖 6-23　咳嗽聲訓練 AI

（資料來源：https://pixabay.com/illustrations/cough-cold-flu-woman-disease-face-4316095/）

● 人工智慧在製藥上的應用

　　自 2020 年 2 月 13 日，中央研究院召開「國內學研單位 COVID-19 合作平台」會議，其目的是爲了共享研究材料、資訊及研究成果從而加速研發進展[35]，並由臺灣大學、陽明大學及中研院等國內學研單位與台灣人工智慧實驗室 (Taiwan AI Labs) 的 COVID-19 合作平台，使用 AI 模擬當藥物與 COVID-19 病毒結合時會發生的結果，將模擬預測的結果建成資料庫「DockCoV2」，運用這些數據能大大地降低實驗失敗的成本[36] (圖 6-24)。

　　除了模擬藥物成效外，結合 AI、深度學習、機器學習及自然語言處裡更能大幅縮短臨床試驗的前置作業，例如：透過 AI 加速比對大量研究數據病患資料、AI 文案自動生成等[37] (圖 6-25)。

　　上述所提到的人工智慧的應用，在大家的眼裡可能認爲都是好的，然而讓人工智慧包辦上述這些事情不外乎都指向一個結果，那就是有些工作再也不需要人類去做，而這不外乎可能會對現有的產業結構造成影響，被取代的那些人該何去何從？這是我們需要去思考的問題。

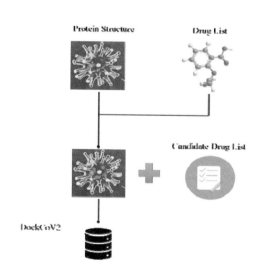

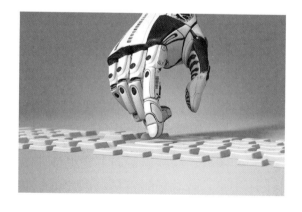

◎ 圖 6-24　DockCoV2 資料庫示意圖
(資料來源：https://academic.oup.com/
nar/article/49/D1/D1152/5920447)

◎ 圖 6-25　AI 文案自動生成
(資料來源：https://www.52112.com/pic/
46008.html)

6-2　人工智慧省思與挑戰

當前，計算機的深度學習和人類的自主學習相比，仍具有相當的差距。其主要的差距在於人類能夠從非常少的數據中學習到一個模型，以及人類可以能夠以直覺和心理學來建構一些模型，然而目前人工智慧在這一塊技術上還具有相當大的進步空間。

在此議題下，如何使計算機具備自主發展和學習的能力就非常的重要，當前大部分的深度學習系統要求工程師為每個新的任務手動指定任務特定的目標函數，並通過大型訓練數據庫的離線處理系統來訓練。相反地，人類的學習是開放性的，由他們自己決定目標，以及通過與同伴之間的互動，依靠自己的好奇心或者目標來決定學習的方向。這種學習過程也是漸進的，持續在線的。隨著學習的進行，其複雜性會逐漸增加，這種學習也具有順序性，在時間推移中慢慢獲取和建立技能。最後另外一點也與機器學習不同，人類的學習發生在現實社會當中，其具有能量、時間和計算資源上的嚴格限制，而反觀目前的機器學習則不太注重這方面的考量，機器可以使用成百上千的 GPU 進行運算，也可以廢寢忘食的學習幾天以得出一個模型。

6-2-1　我的工作是否會被人工智慧取代

在過去的二十年中，認知機器人領域、發展心理學與神經科學方面的專家，通過研究人類嬰兒，在機器的自主學習方面取得一些進展。他們建立一些相關的模型，這些模型討論大型、開放環境下多個智能系統之間的相互作用，以及如何讓智慧系統獲得好奇心與內在動機，使其可以主動進行一些學習。

目前而言，深度學習通常側重推理與優化，雖然這是必不可少的，但是科學家提出，學習是一整個動態的過程，其包含推理、記憶、注意力、動機、低級運動系統、社會交往等等多個因素。正是這一系列的複雜行為動態交互形成人類系統。未來，這其中將有越來越多的因素會被納入人工智慧模型建制的考量當中。

人工智慧在未來的發展只會越來越聰明，能夠做的事也會越來越多。不可避免的，它亦將取代部分人類的工作。舉例來說，瑞典包裝公司 BillerudKorsnas 已將機器人安置在一些需要重複任務的崗位上。另外 Amazon 公司在他們的倉庫管理中，也大量地使用機器人取代人工勞動，如圖 6-26。雖然人工智慧可以減少人類的就業機會，有一部分人們將失去生計。

相關影片

AI 新世界，人工智慧不能取代的工作有哪些？

◎ 圖 6-26　Amazon 機器人(資料來源：Amazon 官方網誌)

　　一般來說，現在在人工智慧領域中對於問題的解決還基於非常基本的認知和判斷的階段，對於事物的理解和運用，在人工智慧領域依舊是空白。並且人工智慧是基於大量的資料和現有資料進行統計分析，然而要對實務的理解和運用並不是以此而來的。所以，在有新的人工智慧模型誕生之前，人工智慧的發展還是在一個非常初步的階段，即便它解決問題的能力已經很強，並且已經有大量的崗位被人工智慧所取代。

　　能被人工智慧所取代的行業大都是進行重複繁瑣的勞動，最顯著的就是運輸和物流。雖然人們現在還不能購買完全自動駕駛的汽車，但已有數千輛無人駕駛汽車上路運行。一些用於測試目的，而另一些則提供乘坐共用或計程車服務。業內人士表示，自動駕駛汽車的第一個真正的市場可能是非常有價值的卡車運輸業。與人類駕駛員不同，自動駕駛系統不需要休息，並且這些新車可以使貨運更快、更安全。另外，在中國大陸，人工智慧已經進入零售市場。從貨物的廣告到顧客完成支付，整個過程全為無人刷臉自動付款，從支付寶中扣除，這樣減少大量的人員花費，使零售行業逐漸趨向於無人化和自動化。

　　現今人工智慧雖然發展的如火如荼，但是本質上其實還只是一個個模型，並不具有自己的思想。在人工智慧世代，創新是非常重要的一個元素。因為目前來看，人工智慧還不懂創新。所以，許多依靠熟能生巧的工作，在未來大多都有可能被人工智慧

所取代。近來許多的裝配車間已經可以做到完全通過電腦來操控以節省人力；未來機器人可以取代保潔人員，司機，甚至是醫生、律師這樣看起來需要很多經驗的工作。但機器也有做不了的事情，例如它對人類感情一竅不通，所以像是藝術家或者是文學家這樣需要創新的工作，就相對非常的安全。

許多人因為害怕人工智慧擁有超過人類的智慧而去抵觸它，是非常不理智的。在人工智慧世代，每個人都應該對人工智慧技術有個初步的認識。從整個人工智慧產業的角度來說，人工智慧只是為人類服務的一種工具，這會推動人類的進步，讓人們減少重複勞動和搞複雜的計算勞動，使人類的智力和能力提升到一個更高的水準，也就是說，人類將從事更高級的勞動，進而把一些低階的、繁瑣的勞動交給人工智慧進行處理。

6-2-2　水能載舟亦能覆舟

當人工智慧深入我們的生活之後，我們除了可以享受它所帶來的便利性之外，我們是否想過，它有可能為我們帶來麻煩嗎？

以上講了這麼多應用，看似如此美好的生活環境，靠的就是人工智慧透過蒐集數據來做出相對的回應，那這背後是不是包含了一些風險呢？想像一下家裡有個人一直盯著你看，了解你的日常作息，知道你幾點上班，幾點下班，喜歡甚麼類型的音樂，喜歡購買哪種產品，即便產品再可愛，就是透過一雙眼睛看著你生活，這些使用者訊息都是會被上傳的，這樣一想還是有點怕怕的吧。當然不僅僅是這樣，這只是看起來有點可怕，真正可怕的是上傳的資料真的只有人工智慧看過嗎？開發此產品的公司開發人員呢？

這些人工智慧產品的背後都有一間公司，當你的房子裡充滿各式各樣的物聯網產品，而這些產品都由人工智慧助理來管理，那開發這個人工智慧助理的公司是不是可以很清楚地了解你，即便你不認識他，如果被有心人利用，那是不是有一天當你前腳剛走出門上班，後腳有心人可能就到你家門口直接走進去了(智慧門鎖)，連你家那厚重的防爆門都檔不住，當他進入屋內後你花錢所購買的產品還會對他好生伺候，就像對你一樣，以上說的是人類對人類可能造成的危害。

電影機械公敵中所描述的則是機器人對人類的反撲，電影中演的或許是誇張了一點，但誰又敢保證這不會發生呢？當我們一昧地追求人工智慧要更像個人更加的智慧

的時候，是不是有想到當某一天這些產品成爲擁有眞正思想的生命的時候該怎麼辦？普通電子壞了舊了可以丟棄，當他具有思想後，發現自己即將被淘汰了會如何呢？

再說幾個實際的例子，亞馬遜所推出的產品 Echo，許多用戶表示 Echo 曾經在未經喚醒的情況下發出竊笑聲 [38]，對此亞馬遜公司並沒有解釋原因，而只是將太容易辨識錯誤的語句禁用，例如：Alexa, laugh(Alexa, 笑吧），改爲 Alexa, can you laugh?(Alexa，你可以笑嗎？)也會將收到指令後的反應改成「Sure, I can laugh(是啊，我可以笑）」，而不是直接發出笑聲。也有 Google Home Mini 的用戶表示，該產品在未經喚醒的情況下自動錄音將錄音回傳至 Google 伺服器，Google 也在此事發生後採取修補措施，用戶依舊對自己的隱私產生疑慮。

在網路普及的現代，大家都知道，也多少有體驗過，當網路中斷時，大家無不怨聲載道，無所適從，無不期待網路能即時修復。試想，若干年後，當人工智慧已深深地融入我們的生活之後，不管是智慧型機器人，或是任何智慧型系統，提供我們全方位的服務。但是，當我們在享受他的服務的同時，萬一哪一天，這些系統停擺了，我們是否還可以不受影響的生活呢？例如，大家引頸期待的無人駕駛車，可以不用人爲操控即能自動行駛於道路上。若是大家都習慣了乘坐無人駕駛車，會不會以後大家都忘了如何開車了呢？萬一哪一天，自動駕駛系統故障了，是不是你哪裡都去不成了呢？另一方面，當人工智慧的決定影響到你的生命安全時，那又是另一個問題了。比如說，今天某一人工智慧系統根據你的生理特徵，診斷出你將得癌症，你要不要相信呢？再者，若是人工智慧被不肖人士利用於智慧型犯罪，這會讓人更加難以防範呢。

科技始終來自於人性，適時發展科技，對於我們生活帶來便利，是我們非常樂見的情形。但凡事都該有上限，一昧追求便利之餘，我們也要多多思考高科技所帶來可能的負面因素，而去加以避免，對於未來生活品質的提升，可以多一份安心。

相關影片

十大世界末日危機「AI 人工智慧」竟排第一？

相關影片

李開復：「AI 會給我們敲響什麼警鐘」？

參考資料

1. 自駕車行不行？https://autos.udn.com/autos/story/12168/3963502

2. 台灣自駕車產業規劃與發展策略
   https://www.automan.tw/news/newsContent.aspx?id=2725

3. 自動駕駛汽車維基百科，自由的百科全書
   https://zh.wikipedia.org/wiki/自動駕駛汽車

4. 無人駕駛車/自駕車技術探索
   https://ictjournal.itri.org.tw/Content/Messagess/contents.aspx?MmmID=654304432061
   644411&MSID=745621454255354636

5. AI 在教育行政與教學上的應用 - 財團法人中技社
   http://www.ctci.org.tw/media/7240/7-%E5%BD%AD%E6%A3%AE%E6%98%8E%E6
   %95%99%E6%8E%88_ai%E5%9C%A8%E6%95%99%E8%82%B2%E8%A1%8C%E
   6%94%BF%E8%88%87%E6%95%99%E5%AD%B8%E7%9A%84%E6%87%89%E7
   %94%A8.pdf

6. 教師機器人 http://scitech.people.com.cn/BIG5/25509/9397266.html

7. 未來不需要教室了 AI 為教育帶來這 14 個改變
   https://www.limitlessiq.com/news/post/view/id/1493/

8. 家電好控部落格 https://applianceinsight.com.tw/blog/post/305344000

9. CRUZR1S-王道機器人 http://www.kinglyrobotics.com/m/2010-1600-250177.php

10. 人工智慧在醫療領域的 5 大應用 https://kknews.cc/zh-tw/tech/k6r45np.html

11. 達文西機械手臂助外科醫師一臂之力
    https://www.mombaby.com.tw/pregnacy/notes/articles/4855

12. 長庚醫院 http://www.chang-gung.com/featured-1.aspx?id=45&bid=5

13. AI 判讀醫學影像 https://health.udn.com/health/story/10561/3315559

14. 人工智慧即將衝擊與改變現有醫療方式
    https://www.ctimes.com.tw/DispArt/tw/AI/%E5%A4%A7%E6%95%B8%E6%93%9A/
    %E4%BA%BA%E5%B7%A5%E6%99%BA%E6%85%A7/%E6%A9%9F%E5%99%
    A8%E4%BA%BA/1804021543IS.shtml

15. AI 衝擊醫療業 9 大領域

https://www.bnext.com.tw/article/50656/ai-health-care-industry-report-9-trends

16. 未來醫療圖 https://www.teepr.com/850067/tinayi/科技醫療革命/

17. AI 人工智慧未來在醫療中能扮演怎樣的角色？

https://panx.asia/archives/59334

18. 愛・長照 https://www.ilong-termcare.com/Article/Detail/2866

19. 數位時代・酷品

https://www.bnext.com.tw/px/article/42494/softbank-robot-romeo-elderly-care-medical

20. 自由時報 https://ec.ltn.com.tw/article/paper/1192627

21. 科技橘報 https://buzzorange.com/techorange/2019/03/15/smart-hospital-for-elder/

22. Dubstep 理論研究院 https://zhuanlan.zhihu.com/p/20622202

23. 維基百科 https://zh.wikipedia.org/wiki/AlphaGo

24. 端聞 https://theinitium.com/article/20160309-dailynews-alphago/

25. engadget

https://www.engadget.com/2019/01/24/deepmind-ai-starcraft-ii-demonstration-tlo-mana
/?guccounter=1&guce_referrer=aHR0cHM6Ly96aC53aWtpcGVkaWEub3JnLw&guce_
referrer_sig=AQAAAFkrrt0lzQrCRltfnjqvzHgOYz_4gPcdnPlJhO_mdT6Vyiob-xN6fL
HLwu9PcpacdPOuyHkro7oK_EOvMyqkT0VhAFHLJ-HKr46KklgU9OKxc86QJ_wHd
6gKZ-hIFPUzwu0hgb89nYgaluzk1brimhkKhPuFrmJcod-TP2w-7U04

26. VOCALOID

http://www.vocaloid.com

27. CRYPTON

https://www.crypton.co.jp

28. 關注前沿科技 https://mp.weixin.qq.com/s/_ipt0oRQW4m1xw2VMhWC4w

29. The News Lens 關鍵評論 https://www.thenewslens.com/article/133300

30. TechOrange 科技報橘

https://buzzorange.com/techorange/2020/01/31/ai-predict-wuhan-pneumonia/

31. 中保無限+ 生活誌

https://www.sigmu.tw/articles/%E9%98%B2%E7%96%AB%E9%9B%99%E9%96%80
%E7%A5%9E%E4%B8%AD%E4%BF%9D%E7%A7%91%E6%8A%80%E5%95%9
F%E5%8B%95%E6%99%BA%E6%85%A7%E9%96%80%E7%A6%81%E3%80%8C
3d%E4%BA%BA%E8%87%89%E8%BE%A8%E8%AD%98%EF%BC%8B%E7%86
%B1%E9%A1%AF%E5%83%8F%E6%BA%AB%E6%B8%AC%E3%80%8D%E4%
B8%80%E7%A7%92%E5%97%B6%E5%87%BA%E7%99%BC%E7%87%92%E5%9
3%A1%E5%B7%A5%E9%80%9A%E5%A0%B1%E4%B8%BB%E7%AE%A1

32. 臺灣研究亮點 https://trh.gase.most.ntnu.edu.tw/tw/article/content/113

33. Heho 健康 https://heho.com.tw/archives/78453

34. 新興科技媒體中心 https://smctw.tw/7752/

35. 中央研究院網站 https://www.sinica.edu.tw/ch/news/6487

36. 科技部全球資訊網

https://www.most.gov.tw/folksonomy/detail/f37996df-fb05-47fa-8590-5f6a8203c954?l=
ch

37. 勤業眾信(Deloitte & Touche)

https://www2.deloitte.com/content/dam/Deloitte/tw/Documents/about-deloitte/tw-Covid
19/nl200505-covid19-lshc2.pdf

38. 風傳媒

https://www.storm.mg/lifestyle/408391?srcid=7777772e73746f726d2e6d675f36636537
3966323533264363730346265_1565123338

習題

人工智慧

CH1　人工智慧起源

1. 從 2016 年起，AlphaGo 陸續擊敗世界頂尖圍棋棋士，請說明 AlphaGo 使用的人工智慧技術及策略。

_____

_____

_____

2. Apple iPhone X 智慧型手機所搭載的 Face ID，可算是人工智慧在智慧型手機上的代表性應用，請說明 Face ID 的運作概念。

_____

_____

_____

3. 國內玉山銀行推出的「玉山小 i 隨身金融顧問」使用人工智慧技術，提供許多客製化諮詢以及多元金融服務，請以貸款服務為例，描述玉山小 i 如何協助客戶量身訂作最適合的方案。

_____

_____

_____

4. Amazon Echo、Google Home 及 Apple HomePod 都是近幾年 AI 智慧音箱的代表性產品，請說明智慧音箱結合哪些人工智慧技術？

_____

_____

_____

5. 請說明中國的「天網」監控系統如何能在演場會抓到通緝犯？

_____

_____

_____

6. 人工智慧發展歷程大概分為誕生期、成長期、重生期及進化期四個階段，請簡述各個階段發生的重要事件。

_____

_____

_____

7. 在人工智慧的發展歷程中，圖靈測試(Turing Test)是一個重要里程碑，請說明何謂圖靈測試？

_____

_____

_____

8. 人工智慧的發展經歷兩次寒冬，請描述導致這兩次寒冬的原因。

_____

_____

_____

習題

人工智慧

CH2 應用篇

1. 請舉出五個影像辨識的應用。

_____

_____

_____

_____

2. 請簡述車牌辨識的過程。

_____

_____

_____

3. 請簡述自然語言處理是透過哪些步驟？

_____

_____

_____

_____

4. 請敘述聊天機器人是如何運行的？

_____

_____

_____

_____

5. 請舉例現今的聊天機器人類型有哪些？

_____

_____

_____

_____

6. 關鍵字與輸入法選字的優點是甚麼？

_____

_____

_____

_____

7. 請試著簡述邏輯原理？

_____

_____

_____

_____

8. Alpha Go 中使用的兩個神經網路與一個算法為何？

_____

_____

_____

_____

9. 承上題，請分別簡述各個神經網路與演算法？

_____

_____

_____

_____

10.「基於內容的推薦」 (content-based)的優缺點為何(請舉出 2 個例子)？

_____

_____

_____

_____

11.「協同過濾」的核心理念為何？

_____

_____

_____

_____

12. IBM 推出全球第一個人工智慧醫療相關系統，請問它的功用及名稱為何？

_____

_____

_____

_____

習題

人工智慧

CH3　機器學習篇

1. 請說明 Python 的特色和編輯與執行的工具。

_____

_____

_____

_____

2. 請說明 Keras 的特色。

_____

_____

_____

_____

3. 請說明什麼是監督式學習，可以用來解決甚麼問題？

_____

_____

_____

_____

4. 請說明什麼是非監督式學習，可以用來解決甚麼問題？

_____

_____

_____

_____

5. 請說明什麼是強化學習？

_____

_____

_____

_____

6. 何謂過度擬合的現象？

_____

_____

_____

_____

7. 請說明決策樹的優缺點。

_____

_____

_____

_____

8. 支持向量機主要的分類方法為何？

_____

_____

_____

_____

9. K-最近鄰居法如何進行分類？

_____

_____

_____

10. K-平均分群法如何進行分群？可以用在哪些應用？

_____

_____

_____

11. 描述 DBSCAN 如何進行分群？

_____

_____

_____

12. 描述階層式分群法如何進行分群？

_____

_____

_____

_____

13. 說明什麼是關聯規則學習，應用在何處？

_____

_____

_____

_____

習題

人工智慧

CH4　深度學習篇

1. 常見的啓動函數有五種，這些函數大多是非線性的函數，請問爲哪五種？

2. 一般而言，要教會電腦辨識影像中的物體，有兩種方式，其中的深度學習是如何學習的？

3. 卷積神經網路由哪幾層所組成？

4. GAN 生成對抗網路中主要的網路模型可分爲哪二種？兩者之間如何互相運作？

5. 訓練生成對抗網路的流程爲何？

6. 分別舉出兩個使用 GAN 生成對抗網路的優點和缺點

_____

_____

_____

7. 類神經網路學習的目的為何？

_____

_____

_____

8. 神經網路學習過程中有甚麼樣的函數可以影響模型的好壞？

_____

_____

_____

9. 透過什麼方法可以讓損失函數達到最佳化？

_____

_____

_____

10. 梯度下降法會有什麼缺點？

_____

_____

_____

11. 如何改善梯度下降法的缺點？其目的為何？

_____

_____

_____

12. 請簡述自編碼網路(Autoencoder Network, AE)的功能

_____

_____

_____

13. 請簡述自編碼網路(Autoencoder Network, AE)的架構

_____

_____

_____

14. 請試著簡述 RNN 的運作原理？

_____

_____

_____

15. RNN 引入了迴圈的概念，但是在實際過程中卻出現了初始資訊隨時間消失的問題，即長期依賴(Long-Term Dependencies)問題，所以引入了 LSTM。請試著簡述 LSTM 如何解決訊隨時間消失的問題？

_____

_____

_____

16. 請試著簡述 LSTM 如何防止梯度消失？

_____

_____

_____

17. 請試著簡述 LSTM 中遺忘閥門的功能？

_____

_____

_____

習題

人工智慧

CH5 實務篇

1. 試比較 OpenCV 和 OpenPose 的特色和應用場景。

_____

_____

_____

2. 請說明 YOLO 的特色和架構。

_____

_____

_____

3. 請說明 TF-IDF 的功能和原理。

_____

_____

_____

4. 請說明 Word Embedding 的功能和原理。

_____

_____

_____

5. 請說明 Word Embedding 的 Word2vec、Doc2vec、GloVe 技術。

_____

_____

_____

6. 請比較 word2vec 中 CBOW 和 Skip-gram 的差異。

_____

_____

_____

7. 請說明 Jieba 的功能。

_____

_____

_____

8. 請說明主題模型的特色和功能。

_____

_____

_____

9. 請說明 Google Trends 中，有哪四個重要的功能。

_____

_____

_____

10. 請說明爬蟲程式架構中的三個主要部分。

_____

_____

_____

班級：＿＿＿＿＿

學號：＿＿＿＿＿

姓名：＿＿＿＿＿

CH6　人工智慧的未來與挑戰

1. 何謂弱人工智慧？請舉例說明。

_____

_____

_____

_____

2. 何謂強人工智慧？請舉例說明。

_____

_____

_____

3. 目前自動駕駛分級制度依據不同程度（從駕駛輔助到完全自動化系統）共分為六個等級。請問目前台灣較適合利用何種自動駕駛等級的車種？

_____

_____

_____

4. 自動駕駛(無人駕駛)的優缺點為何？

_____

_____

_____

_____

5. 請試著舉出有關未來人工智慧帶給電影產業方面的改變，以及達成的方式或技術？

_____

_____

_____

_____

6. 人工智慧在醫療產業應用的 3 大面向有哪些？

_____

_____

_____

7. 請寫出目前人工智慧應用在醫療領域中的案例？

_____

_____

_____

_____

8. 若 AI 發展越來越成熟，機器人教師對於教育產業會有什麼影響？

_____

_____

_____

_____

9. AI 指的是人工智慧，AI 正逐步融入居家應用，請舉出三個 AI 融入居家應用的產品，那 AI 融入生活中有甚麼好處以及壞處呢？爲什麼？

_____

_____

_____

_____

10. 請思考並舉例說明 AI 機器人應用於養老所要克服的問題。

_____

_____

_____

11. 請問哪種類型的工作較易被人工智慧所取代？

_____

_____

_____

_____

歡迎加入 全華會員

● 會員獨享
會員享購書折扣、紅利積點、生日禮金、不定期優惠活動…等。

● 如何加入會員
掃 ORcode 或填妥讀者回函卡直接傳真 (02) 2262-0900 或寄回，將由專人協助登入會員資料，待收到 E-MAIL 通知後即可成為會員。

如何購書 全華書籍

1. 網路購書
全華網路書店「http://www.opentech.com.tw」，加入會員購書更便利，並享有紅利積點回饋等各式優惠。

2. 實體門市
歡迎至全華門市（新北市土城區忠義路21號）或各大書局選購。

3. 來電訂購
(1) 訂購專線：(02) 2262-5666 轉 321-324
(2) 傳真專線：(02) 6637-3696
(3) 郵局劃撥（帳號：0100836-1 戶名：全華圖書股份有限公司）
※ 購書未滿 990 元者，酌收運費 80 元。

OpenTech 全華網路書店 .com.tw

全華網路書店 www.opentech.com.tw
E-mail: service@chwa.com.tw

※ 本會員制如有變更則以最新修訂制度為準，造成不便請見諒。

讀者回函卡

掃 QRcode 線上填寫 ▶▶

姓名：＿＿＿＿＿＿＿

生日：西元＿＿＿＿年＿＿＿＿月＿＿＿＿日　性別：□男 □女

電話：（　　）＿＿＿＿＿＿＿　手機：＿＿＿＿＿＿＿

e-mail：（必填）＿＿＿＿＿＿＿

通訊處：□□□□□

註：數字零，請用 Φ 表示，數字 1 與英文 L 請另註明並書寫端正，謝謝。

學歷：□高中・職　□專科　□大學　□碩士　□博士

職業：□工程師　□教師　□學生　□軍・公　□其他

學校/公司：＿＿＿＿＿＿＿　科系/部門：＿＿＿＿＿＿＿

・需求書類：

□A. 電子　□B. 電機　□C. 資訊　□D. 機械　□E. 汽車　□F. 工管　□G. 土木　□H. 化工　□I. 設計

□J. 商管　□K. 日文　□L. 美容　□M. 休閒　□N. 餐飲　□O. 其他

・本次購買圖書為：＿＿＿＿＿＿＿　書號：＿＿＿＿＿＿＿

・您對本書的評價：

封面設計：□非常滿意　□滿意　□尚可　□需改善，請說明＿＿＿＿＿＿＿

內容表達：□非常滿意　□滿意　□尚可　□需改善，請說明＿＿＿＿＿＿＿

版面編排：□非常滿意　□滿意　□尚可　□需改善，請說明＿＿＿＿＿＿＿

印刷品質：□非常滿意　□滿意　□尚可　□需改善，請說明＿＿＿＿＿＿＿

書籍定價：□非常滿意　□滿意　□尚可　□需改善，請說明＿＿＿＿＿＿＿

整體評價：請說明＿＿＿＿＿＿＿

・您在何處購買本書？

□書局　□網路書店　□書展　□團購　□其他

・您購買本書的原因？（可複選）

□個人需要　□公司採購　□親友推薦　□老師指定用書　□其他

・您希望全華以何種方式提供出版訊息及特惠活動？

□電子報　□DM　□廣告（媒體名稱＿＿＿＿＿＿＿）

・您是否上過全華網路書店？（www.opentech.com.tw）

□是　□否　您的建議＿＿＿＿＿＿＿

・您希望全華出版哪方面書籍？＿＿＿＿＿＿＿

・您希望全華加強哪些服務？＿＿＿＿＿＿＿

感謝您提供寶貴意見，全華將秉持服務的熱忱，出版更多好書，以饗讀者。

填寫日期：　　　／　　　／

2020.09 修訂

親愛的讀者：

感謝您對全華圖書的支持與愛護，雖然我們很慎重的處理每一本書，但恐仍有疏漏之處，若您發現本書有任何錯誤，請填寫於勘誤表內寄回，我們將於再版時修正，您的批評與指教是我們進步的原動力，謝謝！

全華圖書　敬上

勘　誤　表

書號 頁數	行數	書名 錯誤或不當之詞句	作者 建議修改之詞句

我有話要說：（其它之批評與建議，如封面、編排、內容、印刷品質等...）